Peter P. Bothner
Wolf-Michael Kähler

Programmieren in **LISP**
Eine elementare und
anwendungsorientierte Einführung

Die Deutsche Bibliothek - CIP-Einheitsaufnahme

Bothner, Peter P.:
Programmieren in LISP : eine elementare und
anwendungsorientierte Einführung / Peter P. Bothner ; Wolf-
Michael Kähler. - Braunschweig ; Wiesbaden : Vieweg, 1993
  ISBN 3-528-05323-2
NE: Kähler, Wolf-Michael:

ISBN 978-3-528-05323-9   ISBN 978-3-322-87237-1 (eBook)
DOI 10.1007/978-3-322-87237-1

Das in diesem Buch enthaltene Programm-Material ist mit keiner Verpflichtung oder Garantie irgendeiner Art verbunden. Die Autoren und der Verlag übernehmen infolgedessen keine Verantwortung und werden keine daraus folgende oder sonstige Haftung übernehmen, die auf irgendeine Art aus der Benutzung dieses Programm-Materials oder Teilen davon entsteht.

Druck und buchbinderische Verarbeitung: Lengericher Handelsdruckerei, Lengerich
Gedruckt auf säurefreiem Papier

Peter P. Bothner
Wolf-Michael Kähler

Programmieren in LISP

Eine elementare und
anwendungsorientierte Einführung

Springer Fachmedien Wiesbaden GmbH

(LIST 'unseren (+ (+ 1 2) (+ 1 3)) 'Frauen)

Vorwort

Um die Lösung einer Aufgabenstellung auf einem Rechner zur Ausführung zu bringen, muß sie in einer Programmiersprache beschrieben sein. Neben den klassischen Einsatzfeldern von Programmiersprachen – wie etwa dem kommerziell-administrativen bzw. dem technisch-wissenschaftlichen Bereich – steht das Anwendungsfeld der "Künstlichen Intelligenz" in zunehmendem Maße im Mittelpunkt des Interesses. In diesem Bereich wird versucht, bei der Lösung von komplexen Aufgabenstellungen die Denkweisen der menschlichen Intelligenz nachzuempfinden, so daß sich Lösungen durch den Einsatz von Rechnern ermitteln lassen.

Bei der Programmierung im Anwendungsfeld der "Künstlichen Intelligenz" nimmt die dialog-orientierte Programmiersprache **LISP** eine bedeutende Stellung ein. Diese Sprache wurde in den Jahren 1958 – 1962 am MIT (Massachusetts Institute of Technology) unter Leitung von J. McCarthy entwickelt. Im Laufe der Jahre entstand eine Vielzahl von LISP-Dialekten, aus denen in den letzten Jahren eine standardisierte Sprache ("Common Lisp") hervorging.

Die Programmiersprache LISP ist eine *funktionale* und *symbolische* Sprache. Dies bedeutet, daß sich Lösungspläne in Form von "Funktionsaufrufen" angeben lassen und daß sich die Sprachelemente besonders gut zur Verarbeitung von Zeichenmustern eignen.

In dieser Schrift wird eine problembezogene Einführung gegeben, die sich an einfachen Beispielen orientiert. Zur Ausführung setzen wir den LISP-Interpreter "XLISP" ein, dessen Sprachvorrat die wesentlichen Elemente der LISP-Dialekte "Scheme" und "Common Lisp" umfaßt. Dadurch können die entwickelten Programmlösungen von den meisten LISP-Interpretern zur Ausführung gebracht werden.

Die Autoren haben sich vornehmlich deswegen für den Einsatz von XLISP entschieden, weil dieser LISP-Interpreter zur "Public Domain Software" zählt. Daher entstehen für den interessierten Leser keine Kosten, wenn er diesen Interpreter für den nicht-kommerziellen Einsatz beziehen will. Die zur Beschaffung erforderlichen Hinweise sind im Anhang dieses Buches angegeben.

Im Hinblick auf den Programmierstil werden in dieser Einführungsschrift die Grundgedanken der "Funktionalen Programmierung" beachtet, d.h. zur Ablaufsteuerung werden allein die Verschachtelung und Reihung von Funktionsaufrufen, die Fallunterscheidung und die Rekursion verwendet.

Dieser Programmierstil wird an einfachen Beispielen vorgestellt. Hervorzuheben sind hierbei Anwendungen aus dem Einsatzfeld der Mustererkennung und der Suchverfahren, die die Aufgabenstellung "Prüfung von möglichen Verbindungen in einem Wegenetz" lösen. Dazu werden die Verfahren der Breitensuche, der Tiefensuche und der Bestwegsuche erläutert und deren Formulierung in LISP dargestellt.

Die dialog-orientierte Arbeitsweise und die einfache Syntax von LISP erlauben einen schnellen Zugang und ein Erlernen durch Experimentieren, so daß auch Anfänger schon nach kurzer Zeit in der Lage sind, Problemlösungen zu entwickeln und zur Ausführung zu bringen.

Zur Lernkontrolle sind Aufgaben gestellt, deren Lösungen in einem gesonderten Lösungsteil angegeben sind.

Das diesem Buch zugrundeliegende Manuskript wurde in Lehrveranstaltungen eingesetzt, die am Rechenzentrum und am Zentrum für Netze der Universität Bremen durchgeführt wurden.

Die Darstellung ist so gehalten, daß keine Kenntnisse aus dem Bereich der Elektronischen Datenverarbeitung vorausgesetzt werden. Das Buch ist sowohl als Begleitlektüre für Lehrveranstaltungen als auch zum Selbststudium zu empfehlen.

Herrn Dr. Klockenbusch vom Vieweg Verlag möchten wir für die gewohnt gute Zusammenarbeit danken.

Bremen/Ritterhude   Peter P. Bothner und Wolf-Michael Kähler
im Dezember 1992

Inhaltsverzeichnis

1 Funktionsaufrufe als Listen   **1**

  1.1 Programmiersprachen 1

  1.2 Die Programmiersprache LISP 2

  1.3 Funktionsaufrufe 4

  1.4 Evaluierung durch den LISP-Interpreter 7

  1.5 Bindung von Ausdrücken an Variable (SETQ) 14

  1.6 Schachtelung von Funktionsaufrufen 19

  1.7 Arithmetische Funktionen 23

  1.8 Aufgaben 26

2 Datenstrukturen als Listen   **28**

  2.1 Listen und S-Ausdrücke 28

  2.2 Quotierung (QUOTE) 32

  2.3 Zugriff auf Listenelemente (CAR, CDR) 35

  2.4 Verschachtelte Listen 40

  2.5 Das Schlüsselwort "NIL" 42

  2.6 Aufbau von Listen (CONS, LIST) 45

  2.7 Aufgaben 50

3 Prädikatsfunktionen   **52**

  3.1 Die Prädikatsfunktionen ATOM und EQUAL 52

  3.2 Weitere Prädikatsfunktionen 56

4 Anwenderfunktionen **62**

4.1 Basisfunktionen und Systemfunktionen 62

4.2 Definition von Funktionen (DEFUN) 63

4.3 Lokale Variablen (LET) 76

4.4 Aufgaben 82

5 Ein-/Ausgabe **86**

5.1 Bildschirmausgabe und Tastatureingabe 86

5.2 Protokollierung der Evaluierungsergebnisse 91

5.3 Protokollierung eines Dialogs 97

5.4 Formatierte Datenausgabe 97

5.5 Bearbeitung von Dateien 99

6 Ablaufsteuerung in Funktionsrümpfen **104**

6.1 Die Sequenz 104

6.2 Die Konditionalform (COND) 106

6.3 Die Spezialformen AND und OR 115

6.4 Die Rekursion 121

6.5 Aufgaben 137

7 Verarbeitung von Listen **140**

7.1 Länge einer Liste (LENGTH) 140

7.2 Prüfung von Listenelementen (MEMBER) 141

7.3 Anfügen von Listen (APPEND) 143

7.4 Invertierung von Listen (REVERSE) 143

7.5 Entfernen von Listenelementen (REMOVE-IF) 144

7.6 Vergleich von Listen (Pattern Matching) 146

7.7 Aufbau und Evaluierung von Funktionsaufrufen
(EVAL, APPLY, FUNCALL) 158

7.8 Simultane Verarbeitung von Listenelementen (MAPCAR) . . 162

7.9 Einsatz anonymer Funktionen (LAMBDA) 164

7.10 Aufgaben 167

8 Einsatz von Eigenschaftslisten **171**

  8.1 Aufbau und Änderung von Eigenschaftslisten 171

  8.2 Abfrage und Überschreiben von Eigenschaftswerten 177

  8.3 Eintragen und Ergänzen von Eigenschaftswerten 180

  8.4 Auskunft über Verbindungen 181

    8.4.1 Prüfung von Direktverbindungen 181

    8.4.2 Prüfung von Verbindungen 182

    8.4.3 Prüfung durch Breitensuche 188

    8.4.4 Prüfung durch Tiefensuche 192

  8.5 Ermittlung von Zwischenstationen 198

  8.6 Prüfung in einem Netz 202

  8.7 Aufgaben 208

9 Einsatz von Assoziationslisten **209**

  9.1 Aufbau und Änderung von Assoziationslisten 209

  9.2 Abfrage und Überschreiben von Assoziationslisten 211

  9.3 Eintragen und Ergänzen von Assoziationslisten 214

  9.4 Auskunft über Verbindungen (Bestwegsuche) 215

  9.5 Aufgaben 235

Anhang **237**

  A.1 Der LISP-Interpreter "XLISP" 237

  A.2 Darstellung von Listen 242

Lösungsteil **252**

Literaturverzeichnis **271**

Index **272**

Kapitel 1

Funktionsaufrufe als Listen

1.1 Programmiersprachen

Heutzutage stehen für viele Aufgabenstellungen, die sich durch den Einsatz von EDV bearbeiten lassen, maßgeschneiderte Softwaresysteme zur Verfügung. In bestimmten Anwendungsbereichen ist es jedoch – genau wie zu den Anfängen der Datenverarbeitung – aufgrund der *Individualität* einer Problemstellung unumgänglich, den zur Lösung einer Aufgabenstellung entwickelten Plan in einer Programmiersprache zu beschreiben.

Eine *Programmiersprache* ist eine künstliche Sprache, in der man seine Anforderungen in formalisierter Form angeben kann. Wenn irgend möglich, wird man bestrebt sein, eine *höhere* Programmiersprache einzusetzen. Dies hat den Vorteil, daß sich die Anforderungen für den Anwender gut lesbar und leicht nachvollziehbar verwenden lassen und daß man nicht an eine bestimmte EDV-Anlage gebunden ist.

Im Hinblick auf das jeweilige Einsatzfeld unterscheidet man Programmiersprachen danach, ob sie besonders gut zur Beschreibung von Lösungsplänen im kaufmännisch-verwaltenden Bereich oder aber im technisch-wissenschaftlichen Bereich zu verwenden sind. Darüberhinaus steht heutzutage als besonderes Anwendungsgebiet zunehmend das Einsatzfeld der *"Künstlichen Intelligenz"* (KI, engl.: "artificial intelligence") im Vordergrund des Interesses. In diesem *"KI-Bereich"* wird versucht, bei der Lösung von komplexen Problemen die Denkweisen der menschlichen Intelligenz nachzuempfinden, so daß sich Problemlösungen durch den Einsatz von EDV ermitteln lassen.

Zur Anwendung im KI-Bereich gelangen besondere Programmiersprachen. Zu ihnen zählen die logik-basierten, die symbolischen sowie die funktionalen Sprachen.

Während bei *logik-basierten* Sprachen logische Abhängigkeiten zwischen Informationen durch Regeln beschrieben werden, die auf den Prinzipien logischer Schlußweisen beruhen, eignen sich *symbolische* Sprachen besonders gut zur Verarbeitung von Zeichenmustern. Bei der Programmierung in *funktionalen* Sprachen werden Anforderungen in Form von "Funktionsaufrufen" angegeben, die sich durch Verschachtelungen und Reihungen zur Lösung einer Aufgabenstellung verketten lassen.

1.2   Die Programmiersprache LISP

Zu den bedeutenden funktionalen Programmiersprachen zählt die klassische höhere Programmiersprache LISP, die bereits um 1960 von John McCarthy am Massachusetts Institute of Technology entwickelt wurde. "LISP" ist eine Abkürzung für "List Processing"[1]. Dadurch wird hervorgehoben, daß die *Anforderungen* innerhalb dieser Sprache als "Listen" angegeben werden müssen.

Unter einer "Liste" wird dabei ein Zeichenmuster, d.h. eine Aneinanderreihung von Zeichen verstanden, die durch die öffnende Klammer "(" eingeleitet und durch die schließende Klammer ")" beendet wird. Listen sind somit etwa die Zeichenmuster "(* 3 60)" sowie "(+ 180 23)".

Hinweis: Diese Beispiele geben eine erste Vorstellung von dem, was innerhalb von LISP unter einer "Liste" verstanden wird. Eine genaue Erläuterung dieses Begriffs und eine damit verbundene Präzisierung wird in Abschnitt 2.1 gegeben.

Bei der Programmierung in LISP werden nicht allein die Anforderungen als "Liste" formuliert. Vielmehr ist es möglich, auch Daten, die im Rahmen eines Lösungsplans zu verarbeiten sind, als "Listen" anzugeben. Somit ist die Frage von besonderer Bedeutung, *wie* unterschieden wird, wann es sich bei "Listen" um *Anforderungen* und wann um zu verarbeitende *Daten* handelt. Es wird sich zeigen, daß Listen *quotiert* werden müssen, damit sie als Daten – innerhalb von Anforderungen – aufgeführt werden können.

Bei der Programmierung in LISP werden Anforderungen *interpretativ* bearbeitet. Dies bedeutet, daß der Anwender einen Dialog mit einem Interpreter – dem sogenannten *LISP-Interpreter* – führen muß, bei dem jede Anforderung unmittelbar, nachdem sie über die Tastatur eingegeben wurde, auf ihre syntaktische Richtigkeit hin untersucht und bei Fehlerfreiheit direkt ausgeführt wird.

---

[1]Eine andere "Interpretation" ist: *Lots of insidious silly parentheses.*

Wir können uns dazu vorstellen, daß der LISP-Interpreter ständig auf die Eingabe einer Anforderung (Anweisung) wartet, diese einliest, sie auswertet (evaluiert) und anschließend das Ergebnis der Anforderung am Bildschirm anzeigt. Diese Schritte führt der LISP-Interpreter solange wiederholt durch – man sagt, daß der Interpreter sich in einem Einlese-, Auswertungs- (Evaluierungs-) und Ausgabezyklus befindet[2] –, bis der Anwender das Ende des Dialogs mitteilt.

Die Möglichkeit, LISP-Interpreter schon sehr frühzeitig auf Mikrocomputern zur Ausführung bringen zu können, hat die Verbreitung der Programmiersprache LISP erleichtert. Allerdings hat dies auch die Entwicklung unterschiedlicher *LISP-Dialekte* wie zum Beispiel "Common Lisp", "InterLISP", "TLC-LISP", "FranzLISP", "Scheme", "MacLISP", "UCI-LISP" und "mu-LISP" gefördert.

Bei der LISP-Programmierung muß man sich grundsätzlich bewußt machen, für welchen LISP-Dialekt man einen Lösungsplan formuliert. Wegen der vielfältigen Möglichkeiten erscheint es daher sinnvoll, sich bei einer Einführung in die Programmiersprache LISP auf Sprachelemente des genormten Sprachumfangs von "Common Lisp" zu beschränken[3].

Ist der Leser mit den Grundlagen von "Common Lisp" vertraut, so wird er den Bezug zu einem anderen LISP-Dialekt sofort herstellen und seine Anforderungen ohne größere Schwierigkeiten an den jeweiligen LISP-Interpreter richten können.

Um unsere nachfolgend angegebenen Lösungspläne zur Ausführung zu bringen, werden wir unterstellen, daß wir mit dem LISP-Interpreter "XLISP"[4] arbeiten. Dies hat für unsere Darstellung zur Konsequenz, daß die Form des Dialogs und die Art der Bildschirmanzeige auf diesen Interpreter bezogen ist. Der Leser kann jedoch davon ausgehen, daß nur geringfügige Abweichungen gegenüber der Arbeitsweise anderer LISP-Interpreter bestehen.

---

[2] Man spricht auch davon, daß der LISP-Interpreter eine "READ-EVAL-PRINT-Schleife" durchläuft.

[3] Der Sprachumfang von "Common Lisp" ist z.B. veröffentlicht in: Steele G.L., Fahlman S.E. et al.: Common LISP – The language, Digital Press, Digital Equipment Corp., 1984.

[4] Der LISP-Interpreter "XLISP" wurde von David M. Betz – in der Programmiersprache "C" – entwickelt und ist als "Public Domain Program" im nicht-kommerziellen Bereich frei verfügbar. Der Sprachvorrat umfaßt die wesentlichen Elemente der LISP-Dialekte "Scheme" und "Common Lisp". Außerdem sind in "XLISP" Sprachelemente zur objektorientierten Programmierung enthalten. Eine Sprachbeschreibung ist zu finden in der Dokumentation von Betz D. M. "XLISP: An Object-oriented Lisp" und in: Leckebusch J., XLisp – Die Programmiersprache der KI-Profis, München, Systhema Verlag, 1988.

1.3   Funktionsaufrufe

Aufgabenstellung

LISP ist eine *funktionale* Programmiersprache, d.h. der Anwender muß seine
Anforderungen in funktionaler Form an den LISP-Interpreter richten. Was
dies bedeutet, erläutern wir am Beispiel der folgenden Aufgabenstellung:

- Es soll die Zeitdauer (zeitliche Differenz) zwischen zwei Zeitpunkten –
  z.B. dem Zeitpunkt "3 Uhr und 23 Minuten" (symbolisch abgekürzt:
  "3 h 23 min") und dem Zeitpunkt "5 Uhr und 12 Minuten" ("5 h 12
  min") – errechnet und das Ergebnis in Stunden und Minuten angegeben werden.

Hinweis: Dabei wird unterstellt, daß der zuerst angegebene Zeitpunkt der frühere Zeitpunkt ist und daß sich beide Zeitpunkte auf denselben Tag beziehen.

Lösungsplan

Um diese Aufgabe zu lösen, sind zunächst die Minuten-Werte beider Zeitpunkte zu errechnen. Nachdem die Differenz dieser Werte gebildet ist, muß
der daraus resultierende Minuten-Wert in Stunden und Minuten umgewandelt werden.

Somit läßt sich der Lösungsplan – für die beiden oben angegebenen Zeitpunkte – in die folgenden Vorschriften gliedern:

- Ermittle einen 1. Minuten-Wert, indem zunächst die Stundenzahl "3"
  mit dem Faktor "60" multipliziert und anschließend zu diesem Produkt
  der Minuten-Wert "23" hinzuaddiert wird;

- ermittle einen 2. Minuten-Wert, indem zunächst "5" mit "60" multipliziert und anschließend zum Produkt der Wert "12" hinzuaddiert
  wird;

- subtrahiere den 1. Minuten-Wert vom 2. Minuten-Wert;

- teile den errechneten Differenzwert *ganzzahlig* durch "60"; daraus resultiert der Stunden-Wert der gesuchten Zeitdauer als *ganzzahliger Anteil* und der Minuten-Wert als *Divisionsrest*.

Funktionsname und Funktionsargumente

Wir betrachten zunächst die 1. Vorschrift dieses Lösungsplans. Sie läßt sich
in die beiden folgenden Forderungen gliedern:

- Multipliziere die Zahl "3" mit der Zahl "60", und

- addiere zum Produkt die Zahl "23" hinzu!

Um die Zahl "3" mit der Zahl "60" multiplizieren zu lassen, können wir die
folgende *Anforderung* an den LISP-Interpreter richten:

```
(* 3 60)
```

Diese Anforderung stellt einen *Funktionsaufruf* dar, der wie folgt struktu-
riert ist:

> (funktions_name   argument_1   argument_2)

Der Funktionsaufruf hat die Form einer "Liste". Er wird durch die öffnende
runde Klammer "(" eingeleitet und durch die schließende runde Klammer ")"
beendet. Innerhalb dieser Klammern sind "funktions_name", "argument_1"
und "argument_2" als *Platzhalter* aufgeführt.
Anstelle der Platzhalter müssen jeweils konkrete Ausdrücke angegeben werden. Diese Ausdrücke müssen Zeichenmuster sein, die in LISP an dieser
Position zugelassen sind.
Bei der Formulierung unserer Anforderung haben wir für den Platzhalter
"funktions_name" den Ausdruck "*" (das Sternzeichen), für den Platzhalter
"argument_1" den Ausdruck "3" (eine Zahl) und für den Platzhalter "argu-
ment_2" den Ausdruck "60" (eine Zahl) aufgeführt.
Hinter der öffnenden Klammer "(" , die den Funktionsaufruf einleitet, folgt
der Platzhalter "funktions_name". Der Ausdruck, der für diesen Platzhalter
angegeben wird, beschreibt die Art der Anforderung und wird *Funktionsname* genannt.

Hinweis: Der Funktionsname muß der Klammer nicht unmittelbar folgen, sondern es dürfen ihm ein oder mehrere Leerzeichen vorausgehen.

Hinter dem Funktionsnamen muß mindestens ein Leerzeichen angegeben
werden. Die anschließend aufgeführten Platzhalter "argument_1" und "ar-
gument_2" stehen stellvertretend für zwei konkrete *Funktionsargumente*, die
durch ein oder mehrere Leerzeichen zu trennen sind.

Aufruf der Multiplikationsfunktion

Der Funktionsname "*" kennzeichnet eine *arithmetische Funktion*, durch
deren Ausführung ein numerischer Wert ermittelt wird. Durch den Funktionsnamen "*" ist festgelegt, daß eine Multiplikation numerischer Werte
(Zahlen) durchgeführt werden soll.

Die Syntax für den Aufruf der *Multiplikationsfunktion* "*" läßt sich somit
allgemein wie folgt angeben:

> **(* argument_1 argument_2)**

Die numerischen Werte, die miteinander zu multiplizieren sind, müssen hinter dem Funktionsnamen – als *Argumente* des Funktionsaufrufs – aufgeführt
werden. Durch die Ausführung der Multiplikation wird das Produkt gebildet, das den Ergebniswert des Funktionsaufrufs darstellt.

Um z.B. die Zahlen "5" und "60" miteinander multiplizieren zu lassen, ist
der *Funktionsaufruf*

```
(* 5 60)
```

als Anforderung an den LISP-Interpreter zu richten.

Symbolische Atome

Bei Funktionsnamen handelt es sich um "atomare" Ausdrücke (Atome[5]) der
Programmiersprache LISP. Die Gesamtheit der Atome läßt sich nach ihren
Bedeutungsinhalten gliedern.

Funktionsnamen werden zu den symbolischen Atomen gezählt.

Symbolische Atome bestehen aus einem oder mehreren Zeichen. Dabei ist zu
beachten, daß das Leerzeichen – und weitere Zeichen wie z.B. "(" und ")" –
nicht verwendet werden dürfen.

Beispiele für symbolische Atome sind etwa die Funktionsnamen "*" für die
Multiplikation, "+" für die Addition, "−" für die Subtraktion, "/" für die
Division sowie "SQRT" für die Berechnung einer Quadratwurzel.

---

[5] Dies sind die kleinsten syntaktischen Sprachelemente von LISP, die nicht weiter un-
terteilt werden können.

Numerische Atome

Genau wie die Funktionsnamen zählen auch die numerischen Werte (Zahlen) zu den "atomaren" Ausdrücken von LISP. Zahlen kennzeichnen numerische Werte und werden daher als numerische Atome bezeichnet.

Numerische Atome bestehen jeweils aus einer Folge von Ziffern, die gegebenenfalls durch das Vorzeichen "−" bzw. "+" eingeleitet werden. Ohne Angabe eines Dezimalpunktes handelt es sich um eine ganze Zahl. Bei Dezimalbrüchen wird der Nachkommastellenanteil durch einen *Dezimalpunkt* vom ganzzahligen Anteil abgegrenzt.

Beispiele für numerische Atome sind die in der oben angegebenen Anforderung verwendeten Argumente "3" und "60". Weitere Beispiele sind etwa die Zahlen "6.5", "−6.5", "+0.5" und "6.".

1.4 Evaluierung durch den LISP-Interpreter

Dialogbeginn

Um die Anforderung "(∗ 3 60)" an den LISP-Interpreter richten zu können, muß der LISP-Interpreter zuvor gestartet werden. Wie dieser Systemstart abgerufen wird, ist durch die jeweilige Installation bedingt.

<u>Hinweis:</u> Meistens läßt sich der Systemstart über das Kommando "LISP" anfordern, s. Anhang unter A.1.

Nach dem Systemstart erscheinen systemspezifische Meldungen auf dem Bildschirm, die dem Anwender mitteilen, mit welchem LISP-Interpreter er arbeitet. Daran schließt sich die Ausgabe eines Kurztextes an, der "Prompt" genannt wird. Dieser *Prompt* signalisiert dem Anwender, daß der LISP-Interpreter auf die Eingabe einer Anforderung wartet.

<u>Hinweis:</u> Da wir bei dieser Beschreibung die Arbeit mit dem LISP-Interpreter "XLISP" vorstellen und dieser Interpreter das Zeichen ">" als Prompt verwendet, kennzeichnen wir den Prompt fortan durch ">"[6].

---

[6] Andere verwendete Zeichen für den Prompt sind z.B. "==>", "EXPR" oder "eval>".

Somit stellt sich der Dialog, in dem die Multiplikation der Zahl "3" mit der Zahl "60" angefordert wird, wie folgt dar[7]:

```
> (* 3 60)
180
>
```

Hinter der Anforderung wird – mit Beginn der nächsten Bildschirmzeile – der vom LISP-Interpreter ermittelte Ergebniswert "180" angezeigt. In der nachfolgenden Zeile erscheint erneut der Prompt ">", der zur Eingabe der nächsten Anforderung auffordert.

<u>Hinweis:</u> Wir heben ausdrücklich hervor, daß das Zeichen ">" nicht mit eingegeben werden darf! Er kennzeichnet einzig und allein, daß der LISP-Interpreter "XLISP" zur Entgegennahme einer Anforderung bereit ist.

Prüfung der Syntax

Bevor die durch den Funktionsaufruf

```
(* 3 60)
```

gekennzeichnete Multiplikation zur Ausführung gelangt, wird der Funktionsaufruf vom LISP-Interpreter auf seine syntaktische Richtigkeit hin analysiert. Dabei wird z.B. geprüft, ob hinter dem Funktionsnamen "*" auch tatsächlich "numerische Argumente" aufgeführt sind. Andernfalls wird die fehlerhafte Eingabe vom LISP-Interpreter mit einer Fehlermeldung beantwortet. Generell können z.B. die folgenden Fehler bei der Eingabe gemacht werden:

- Es fehlen Klammern,

- das Leerzeichen als Trennzeichen fehlt,

- auf die öffnende Klammer folgt kein Funktionsname,

- der Funktionsname ist fehlerhaft, oder

- die Anzahl der angegebenen Argumente ist nicht korrekt.

---

[7]Es ist selbstverständlich, daß eine Eingabe an den LISP-Interpreter durch die Enter- bzw. die Return-Taste abgeschickt werden muß. Wir verzichten grundsätzlich auf diesbezügliche Hinweise.

Somit würde der LISP-Interpreter "XLISP" etwa in der folgenden Weise auf fehlerhafte Eingaben reagieren:

```
> + 60 3
error: unbound variable - +
> (+60 3)
error: bad function - 60
> (++ 60 3)
error: unbound function - ++
```

<u>Hinweis:</u> Bei anderen LISP-Interpretern wird auf diese fehlerhaften Eingaben eventuell mit anderen Meldungen geantwortet.

Dialogende

Soll der Dialog mit dem LISP-Interpreter "XLISP" beendet werden, so läßt sich dies über die Funktion "EXIT" anfordern. Diese Funktion besitzt *keine* Argumente, so daß die folgende Anforderung eingegeben werden muß[8]:

```
(EXIT)
```

<u>Hinweis:</u> Um hervorzuheben, daß es sich bei dem Funktionsnamen "EXIT" um ein *Schlüsselwort* handelt, haben wir es in Großbuchstaben angegeben[9]. Grundsätzlich werden wir fortan die Großschreibung für jedes Wort verwenden, das innerhalb der Programmiersprache LISP als Schlüsselwort festgelegt ist.

Durch die Ausführung des Funktionsaufrufs "(EXIT)" wird die Programmausführung des LISP-Interpreters "XLISP" beendet. Anschließend wird der Betriebssystem-Prompt am Bildschirm angezeigt, so daß ein neues Betriebssystem-Kommando eingegeben werden kann.

---

[8]Bei anderen LISP-Interpretern muß der Dialog gegebenenfalls durch andere Funktionsaufrufe beendet werden.

[9]Dieses Vorgehen ist sinnvoll, da – von wenigen LISP-Dialekten abgesehen – allgemein *nicht* zwischen Groß- und Kleinbuchstaben unterschieden wird. Es ist jedoch zu beachten, daß es auch LISP-Dialekte (wie z.B. "FranzLISP") gibt, bei denen Groß- und Kleinbuchstaben eine signifikant *unterschiedliche* Bedeutung besitzen.

Evaluierung von Funktionsargumenten

Bei einer Anforderung muß hinter der öffnenden Klammer "(" ein Ausdruck folgen, der dem LISP-Interpreter als Funktionsname bekannt ist.

Bei der Ausführung der Funktion werden zunächst sämtliche Argumente ausgewertet, die innerhalb des Funktionsaufrufs aufgeführt sind. Diese Auswertung wird als *Evaluierung* der *Funktionsargumente* bezeichnet.

- Bei der Evaluierung eines Funktionsarguments wird dem Argument ein Ausdruck zugeordnet. Welcher Ausdruck jeweils ermittelt wird, ist durch die Beschaffenheit des Funktionsarguments bestimmt.

Innerhalb der Anforderung

    (* 3 60)

sind die numerischen Atome "3" und "60" als Argumente aufgeführt.

Für die Evaluierung numerischer Atome gilt die folgende Regel:

- Jedes *numerische Atom* wird zu seinem numerischen Wert evaluiert.

Daher führt die Evaluierung des Arguments "3" zur Zahl "3" und die Evaluierung des Arguments "60" zur Zahl "60".

<u>Hinweis:</u> Dies ist eine erste Regel für die Evaluierung von Funktionsargumenten. Sofern in der nachfolgenden Darstellung als Funktionsargumente andere Ausdrücke als numerische Atome auftreten, werden wir die jeweils geltenden Regeln vorstellen.

Evaluierung von Funktionen

Wird – wie im angegebenen Beispiel – die jeweilige Anforderung hinter dem letzten Argument ordnungsgemäß durch die Klammer ")" beendet[10], so wird die *Funktion evaluiert*. Dies bedeutet, daß – *nach* der Evaluierung sämtlicher Funktionsargumente – die durch den Funktionsnamen benannte Funktion zur Ausführung gelangt, d.h. der LISP-Interpreter erbringt die durch den Funktionsnamen gekennzeichnete Leistung.

---

[10] Reagiert der LISP-Interpreter nach der Eingabe mit *keiner* Anzeige, so kann dies daran liegen, daß die schließende Klammer ")" noch nicht eingegeben wurde. Dies läßt sich beim Interpreter "XLISP" problemlos nachholen.

Das durch die *Evaluierung* einer *Funktion* erhaltene Ergebnis wird *Funktionsergebnis* genannt. Das Funktionsergebnis wird am Bildschirm angezeigt. Dagegen werden die Ausdrücke, die sich bei der Evaluierung von Funktionsargumenten ergeben, *nicht* ausgegeben.

Bei der Anforderung "(* 3 60)" führt die Evaluierung der durch "*" gekennzeichneten Multiplikationsfunktion dazu, daß die Zahlen "3" und "60" miteinander multipliziert werden. Der ermittelte Funktionswert "180" wird – als Ergebnis der Evaluierung von "*" – in der nächsten Bildschirmzeile angezeigt.

Die Multiplikationsfunktion "*"

Allgemein läßt sich die Multiplikation durch den Funktionsnamen "*" in der Form

```
(* argument_1 argument_2)
```

anfordern. Nach der Evaluierung der beiden Funktionsargumente (es müssen numerische Atome ermittelt werden!) wird das Produkt gebildet. Der resultierende Wert ist das Funktionsergebnis. Es wird in der nächsten Bildschirmzeile ausgegeben.

Führt die Evaluierung eines der beiden Argumente von "*" *nicht* zu einem numerischen Atom, so wird dies vom LISP-Interpreter durch eine Fehlermeldung angezeigt.

Die Summationsfunktion "+"

Um den 1. Minuten-Wert gemäß unseres Lösungsplans zu berechnen, muß der Wert "23" zum angezeigten Zwischenergebniswert "180" hinzuaddiert werden. Dies läßt sich durch die Evaluierung der "Summationsfunktion" erreichen, deren Funktionsname durch das Symbol "+" gekennzeichnet ist. Dazu geben wir die Anforderung

```
(+ 180 23)
```

ein. Die Argumente "180" und "23" werden zu den Zahlen "180" und "23" evaluiert, so daß – durch die Evaluierung der Summationsfunktion "+" – der Wert "203" als Funktionsergebnis ermittelt und somit

203

in der nächsten Bildschirmzeile angezeigt wird.

Allgemein läßt sich die Evaluierung der Summationsfunktion "+" in der Form

> (+ argument_1 argument_2)

anfordern. Nach der Evaluierung der beiden Funktionsargumente (es müssen numerische Atome resultieren!) wird die Summe gebildet und als Funktions-ergebnis angezeigt.

Um den 2. Zeitpunkt "5 h 12 min" in einen Minuten-Wert umzuwandeln, können wir z.B. den folgenden Dialog führen:

```
> (* 5 60)
300
> (+ 300 12)
312
```

Die Differenzfunktion "−"

Gemäß unseres Lösungsplans müssen wir die Differenz zwischen dem 2. Minuten-Wert und dem 1. Minuten-Wert bilden. Dazu läßt sich die "Differenzfunktion" – auf der Basis der zuvor ermittelten Zwischenergebnisse "312" und "203" – einsetzen.

Der Funktionsname der Differenzfunktion wird durch das Symbol "−" ge-kennzeichnet. Die Evaluierung der Differenzfunktion muß in der folgenden Form angefordert werden:

> (− argument_1 argument_2)

Für diese Funktion ist festgelegt, daß der zu subtrahierende Wert als 2. Argu-ment und der Wert, von dem etwas subtrahiert werden soll, als 1. Argument anzugeben ist.

Nach der Evaluierung der beiden Funktionsargumente (es müssen numeri-sche Atome resultieren!) wird die Differenz gebildet und als Funktionsergeb-nis angezeigt.

Die Evaluierung der Argumente "312" und "203" führt zu den Zahlen "312" und "203". Somit erhalten wir:

```
> (- 312 203)
109
```

Die ganzzahligen Divisionsfunktionen "/" und "REM"

Im Hinblick auf unseren Lösungsplan muß das Funktionsergebnis "109" abschließend in einen Stunden-Wert und einen Minuten-Wert umgewandelt werden.

Um dies zu erreichen, ist der Wert "109" *ganzzahlig* durch den Wert "60" zu teilen. Die Zahl "60" ist genau einmal ganzzahlig in "109" enthalten. Daher ergibt sich der Stunden-Wert zu "1". Bei dieser ganzzahligen Division wird die Zahl "49" als ganzzahliger *Divisionsrest* ermittelt. Daher ergibt sich der Minuten-Wert zu "49".

Um den ganzzahligen Anteil zu erhalten, muß die ganzzahlige Division wie folgt vom LISP-Interpreter angefordert werden:

```
> (/ 109 60)
1
```

Diese *ganzzahlige* Division wird durch den Funktionsnamen "/" gekennzeichnet. Die Evaluierung der Divisionsfunktion muß in der folgenden Form angefordert werden:

> (/ argument_1 argument_2)

Nach der Evaluierung der beiden Argumente (es müssen ganzzahlige numerische Atome resultieren!) wird bei der Evaluierung der Funktion "/" das 1. Argument durch das 2. Argument *ganzzahlig* geteilt und der *ganzzahlige Anteil* als Funktionsergebnis ermittelt.

Hinweis: Sofern eines der numerischen Atome, das aus der Evaluierung der Argumente erhalten wird, nicht-ganzzahlig ist, wird *keine* ganzzahlige Division, sondern eine *reellwertige* Divison durchgeführt (siehe Abschnitt 1.7).

Um den ganzzahligen *Divisionsrest* zu erhalten, geben wir ein:

```
> (REM 109 60)
49
```

Der Funktionsname "REM" kennzeichnet ebenfalls eine *ganzzahlige* Division
– mit dem Unterschied, daß der ganzzahlige *Divisionsrest* als Funktionsergebnis ermittelt wird.

Die Evaluierung der REM-Funktion muß in der folgenden Form angefordert
werden:

> **(REM argument_1 argument_2)**

Bei der Evaluierung von "REM" wird – nach der Evaluierung der beiden
Argumente (es müssen ganzzahlige numerische Atome resultieren!) – das 1.
Argument durch das 2. Argument *ganzzahlig* geteilt. Der daraus resultie-
rende *Divisionsrest* wird als Funktionsergebnis ermittelt.

Da in unserem Beispiel die Evaluierung von "(/ 109 60)" zur Zahl "1" und
die Evaluierung von "(REM 109 60)" zur Zahl "49" führt, erhalten wir für
die gesuchte Zeitdauer den Wert "1 h 49 min". Dieses Ergebnis wird in der
Form von "1" (Stunden) und "49" (Minuten) angezeigt.

1.5 Bindung von Ausdrücken an Variable (SETQ)

Variable

Bei der Lösung unserer Aufgabenstellung haben wir Werte, die in der weiteren Berechnung benötigt wurden, als Zwischenergebnisse ermitteln und
ausgeben können. Dies ist ein aufwendiges Verfahren, da die am Bildschirm
angezeigten Funktionsergebnisse – in unveränderter Form – wieder über die
Tastatur eingegeben werden mußten.

Daher ist es wünschenswert, Zwischenergebnisse zur weiteren Verarbeitung
bereitzuhalten. Um dies zu erreichen, können *Variable* an Ausdrücke gebunden werden.

Eine Variable wird durch einen *Variablennamen* gekennzeichnet, der die
Form eines *symbolischen Atoms* besitzen muß.

Zum Beispiel sind "stunden_1", "zeitpunkt_1" und "zeitdifferenz" zulässige
Variablennamen.

<u>Hinweis:</u> Da Variablennamen vom Anwender vergeben werden, grenzen wir sie schreib-
technisch dadurch von *Schlüsselwörtern* des LISP-Interpreters ab, daß wir sie in Kleinbuchstaben schreiben. Es ist zu beachten, daß das Symbol "NIL" nicht als Variablenname

verwendet werden darf, da es sich um ein spezielles Schlüsselwort handelt. Grundsätzlich sollten wir darauf achten, daß wir *keine* Schlüsselwörter des LISP-Interpreters als eigene Variablennamen verwenden.

Die Spezialform SETQ

Soll z.B. das Funktionsergebnis des Funktionsaufrufs "(* 3 60)" zur weiteren Verarbeitung bereitgehalten werden, so läßt sich dies durch die folgende Anforderung erreichen:

```
(SETQ stunden_1 (* 3 60))
```

Durch diese Anforderung wird vom LISP-Interpreter eine Variable namens "stunden_1" eingerichtet und an das Funktionsergebnis von "(* 3 60)" *gebunden.* Wir können auch sagen, daß der Variablen "stunden_1" ein Wert *zugeordnet* (zugewiesen) wird.

<u>Hinweis:</u> Es ist zu beachten, daß – formal gesehen – diese Anforderung nicht nur aus einer, sondern aus zwei Listen aufgebaut ist, die ineinander verschachtelt sind (genauere Angaben zu verschachtelten Listen werden in Kapitel 2 gemacht).

Obwohl das symbolische Atom "SETQ" innerhalb der Anforderung auf der Position eines Funktionsnamens aufgeführt ist, wird durch "SETQ" *keine* Funktion benannt. "SETQ" ist ein *Schlüsselwort*, das eine *spezielle* Anforderung an den LISP-Interpreter kennzeichnet, die als *Spezialform* ("special form") bezeichnet wird.

Rein äußerlich ähnelt der Aufruf einer Spezialform dem Aufruf einer Funktion. Genau wie bei einem Funktionsaufruf wird auch der Aufruf einer Spezialform durch die Klammer "(" eingeleitet und durch die Klammer ")" beendet. Es gibt allerdings einen entscheidenden Unterschied:

- Wird eine Funktion aufgerufen, die zum Sprachumfang des *LISP-Dialekts* gehört, so werden – vor der Evaluierung der Funktion – zunächst ihre *sämtlichen* Argumente evaluiert.

- Dagegen werden beim Aufruf einer Spezialform *nicht* grundsätzlich alle Argumente evaluiert. Welche Argumente jeweils evaluiert werden, ist durch den Namen der Spezialform festgelegt.

Die Spezialform "SETQ" wird eingesetzt, um Variablen einen Ausdruck zuzuordnen. Sie besitzt zwei Argumente und ist in der Form

> **(SETQ argument_1 argument_2)**

zu verwenden.

Bei der Evaluierung von "SETQ" wird das 1. Argument *nicht* evaluiert, sondern als *Variablenname* aufgefaßt (es muß sich um ein symbolisches Atom handeln!). Es wird eine Variable mit dem aufgeführten Variablennamen eingerichtet. Diese Variable wird an denjenigen Ausdruck *gebunden*, der durch die Evaluierung des 2. Arguments von "SETQ" erhalten wird.

Hinweis: Die Evaluierung von "SETQ" hat nicht nur den Effekt, daß ein Ausdruck ermittelt wird, sondern auch den "Seiteneffekt", daß eine Variable eingerichtet wird.

Da durch die Anforderung

```
(SETQ stunden_1 (* 3 60))
```

aus der Evaluierung des 2. Arguments "(* 3 60)" das Funktionsergebnis "180" erhalten wird, ist der Variablen "stunden_1" anschließend der Wert "180" zugeordnet. Dies wird durch die Bildschirmanzeige von "180" gekennzeichnet, so daß sich der Dialog wie folgt darstellt:

```
> (SETQ stunden_1 (* 3 60))
180
```

Durch die Evaluierung der Spezialform "SETQ" wird *ein* Ausdruck als Ergebniswert ermittelt – genau wie es bei allen Funktionen und auch bei allen anderen Spezialformen der Fall ist. Wir halten daher fest:

- Grundsätzlich führt die Evaluierung jeder Anforderung – sei es der Aufruf einer Funktion oder der einer Spezialform – zu *einem* Ausdruck als *Ergebnis*.

  Hinweis: Es ist zu beachten, daß der Wert "180" das Ergebnis des Aufrufs der Spezialform "SETQ" darstellt. Das Ergebnis der Evaluierung des Arguments "(* 3 60)" wird *nicht* angezeigt.

Evaluierung von Variablen

Um zum Wert "180", an den die Variable "stunden_1" durch die oben angegebene Anforderung gebunden ist, den Wert "23" hinzuzuaddieren, versuchen wir die folgende Eingabe:

```
> (SETQ zeitpunkt_1 (+ stunden_1 23))
```

Da "(+ stunden_1 23)" als 2. Argument der Spezialform "SETQ" aufgeführt ist, wird – bei der Evaluierung von "SETQ" – zunächst der Funktionsaufruf

```
(+ stunden_1 23)
```

evaluiert.

Gegenüber der bisherigen Form enthält dieser Funktionsaufruf nicht nur numerische Atome, sondern auch ein symbolisches Atom in Form der Variablen "stunden_1". Damit die Addition durchgeführt werden kann, muß zunächst die Variable "stunden_1" evaluiert werden.

Grundsätzlich wird bei der Evaluierung von Variablen wie folgt verfahren:

- Die *Evaluierung* einer *Variablen* führt zu dem Ausdruck, an den die zu evaluierende Variable aktuell gebunden ist.

Dies setzt voraus, daß *zuvor* bereits ein Ausdruck an die zu evaluierende Variable gebunden wurde. Ist diese Voraussetzung nicht erfüllt, so gibt der LISP-Interpreter eine Fehlermeldung aus.

<u>Hinweis:</u> Beim LISP-Interpreter "XLISP" wird z.B. bei einer Anforderung der Form

```
(SETQ zeitpunkt_1 (+ stunden_1 23))
```

der Text

```
error: unbound variable - STUNDEN_1
```

angezeigt, sofern "stunden_1" zuvor an keinen Wert gebunden wurde.

Der LISP-Interpreter nimmt auch Anforderungen der Form

> | variablen_name |

entgegen, die *allein* aus einem *Variablennamen* bestehen. Mit einer derartigen Anforderung läßt sich derjenige Ausdruck am Bildschirm anzeigen, an den eine Variable aktuell gebunden ist.

Genau wie in der oben angegebenen Regel gilt auch in diesem Fall:

- Wird ein Variablenname als Anforderung eingegeben, so wird diese Anforderung dahingehend evaluiert, daß der Ausdruck, an den die Variable gebunden ist, als Ergebnis angezeigt wird.

  <u>Hinweis:</u> Ist die Variable nicht bekannt, da sie bislang an keinen Ausdruck gebunden ist, so gibt der LISP-Interpreter eine Fehlermeldung aus.

Somit können wir z.B. den Wert, der durch die Anforderung

```
(SETQ zeitpunkt_1 (+ stunden_1 23))
```

der Variablen "zeitpunkt_1" zugeordnet wird, anschließend folgendermaßen
abrufen (zur Evaluierung dieser Anforderung siehe unten):

```
> zeitpunkt_1
203
```

Einer durch "SETQ" eingerichteten Variablen kann jederzeit ein neuer Ausdruck zugeordnet werden. Die Bindung einer Variablen an einen bestimmten
Ausdruck ist solange gesichert, bis eine neue Zuordnung an die Variable erfolgt.
Dies zeigt z.B. der folgende Dialog:

```
>  (SETQ zeitpunkt_1 312)
312
> zeitpunkt_1
312
>  (SETQ zeitpunkt_1 203)
203
> zeitpunkt_1
203
```

Weiterführung des Lösungsplans

Bei der Evaluierung der oben angegebenen Anforderung

```
(SETQ zeitpunkt_1 (+ stunden_1 23))
```

wird zuerst das 2. Argument der Spezialform "SETQ" evaluiert. Dabei wird
durch den Funktionsaufruf

```
(+ stunden_1 23)
```

zunächst die Variable "stunden_1" evaluiert. Dadurch wird der – ihr zuvor
zugeordnete – Wert "180" ermittelt. Anschließend wird die Summationsfunktion "+" mit den Argumenten "180" und "23" evaluiert. Dies führt
zum Ergebniswert "203", der der Variablen "zeitpunkt_1" zugeordnet und
wie folgt angezeigt wird:

```
> (SETQ zeitpunkt_1 (+ stunden_1 23))
203
```

Um den Minuten-Wert, der zum 2. Zeitpunkt gehört, einer Variablen namens "zeitpunkt_2" zuzuordnen, können wir den folgenden Dialog führen:

```
> (SETQ stunden_2 (* 5 60))
300
> (SETQ zeitpunkt_2 (+ stunden_2 12))
312
```

Die Bildung der Differenz und die ganzzahlige Division läßt sich anschließend wie folgt anfordern:

```
> (SETQ zeitdifferenz (- zeitpunkt_2 zeitpunkt_1))
109
> (/ zeitdifferenz 60)
1
> (REM zeitdifferenz 60)
49
```

Genau wie zuvor erhalten wir das Ergebnis "1 h 49 min", das in Form der Zahlen "1" (Stunden) und "49" (Minuten) am Bildschirm angezeigt wird.

Durch den Einsatz von Variablen und der Spezialform "SETQ" ist es somit möglich, einen Lösungsplan auszuführen, ohne daß die am Bildschirm angezeigten Zwischenergebnisse wieder über die Tastatur eingegeben werden müssen.

1.6 Schachtelung von Funktionsaufrufen

Um den Lösungsplan weiter zu vereinfachen, werden wir jetzt versuchen, die Anzahl der benötigten Anforderungen zu verringern.

Unter der Voraussetzung, daß die Zahlen "180" sowie "300" den Variablen "stunden_1" bzw. "stunden_2" zugeordnet sind, haben wir unter Einsatz der Spezialform "SETQ" bislang den folgenden Dialog geführt:

```
> (SETQ zeitpunkt_1 (+ stunden_1 23))
203
> (SETQ zeitpunkt_2 (+ stunden_2 12))
312
```

Hierbei sind als zweite Argumente jeweils Funktionsaufrufe angegeben, deren Ergebnisse den Variablen "zeitpunkt_1" und "zeitpunkt_2" zugeordnet werden.

Auf diese Zuordnungen können wir verzichten, indem wir z.B. die folgende "Verschachtelung" (Komposition) vornehmen:

```
> (SETQ zeitdifferenz (- (+ stunden_2 12)
                         (+ stunden_1 23)))
```

<u>Hinweis:</u> Durch diese Schreibweise ist die Struktur der Anforderung unmittelbar erkennbar. Diese Darstellung läßt sich durch die Eingabe von Leerzeichen und Drücken der Enter– bzw. Return-Taste erreichen.
Längere Anforderungen sollten – vor dem Aufruf des LISP-Interpreters – mit Hilfe eines Editierprogramms in eine Datei eingetragen werden. Anschließend lassen sie sich während des Dialogs mit dem LISP-Interpreter abrufen. Nähere Angaben zu diesem Vorgehen machen wir im Anhang unter A.1.

Die Evaluierung dieser Anforderung wird vom LISP-Interpreter wie folgt durchgeführt:

- Zunächst wird festgestellt, daß es sich beim 2. Argument von "SETQ" um den Funktionsaufruf der Differenzfunktion handelt.

- Um die durch "–" gekennzeichnete Differenzfunktion evaluieren zu können, muß zuvor das 1. Argument der Differenzfunktion "(+ stunden_2 12)" und anschließend das 2. Argument "(+ stunden_1 23)" evaluiert werden.

- Um – im 1. Argument der Differenzfunktion – das 1. Argument von "+" zu evaluieren, muß die Variable "stunden_2" evaluiert werden.

- Um – im 2. Argument der Differenzfunktion – das 1. Argument von "+" zu evaluieren, muß die Variable "stunden_1" evaluiert werden.

- Nach der Evaluierung von "stunden_2" zu "300" wird das Ergebnis des Funktionsaufrufs "(+ stunden_2 12)" zu "312" ermittelt, und nach der Evaluierung von "stunden_1" zu "180" wird das Ergebnis des Funktionsaufrufs "(+ stunden_1 23)" zu "203" ermittelt.

- Somit sind "312" und "203" die Argumente der Differenzfunktion, deren Evaluierung anschließend den Wert "109" ergibt.

- Der Wert "109" wird abschließend – durch die Evaluierung der Spezialform "SETQ" – der Variablen "zeitdifferenz" zugeordnet und als Ergebnis von "SETQ" am Bildschirm angezeigt.

Unser Lösungsplan läßt sich noch weiter komprimieren, sofern wir die Variable "zeitdifferenz" insgesamt wie folgt – durch lediglich *eine* Anforderung – an die Zahl "109" binden lassen:

```
> (SETQ zeitdifferenz (- (+ (* 5 60) 12) (+ (* 3 60) 23)))
109
```

In dieser Anforderung wird das 2. Argument von "SETQ" nach dem folgenden Schema ausgewertet:

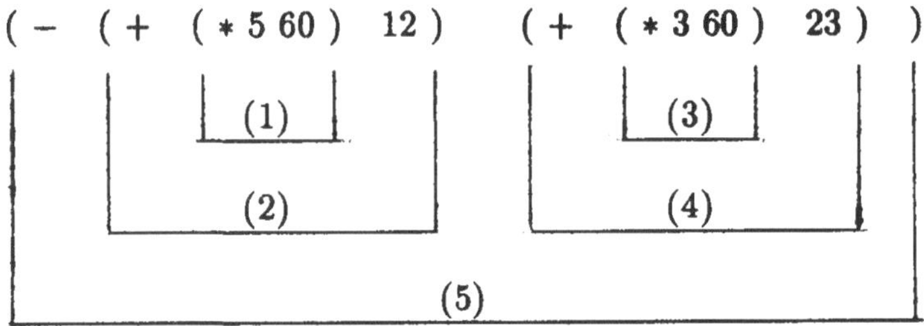

Hinweis: Die Reihenfolge, in der die Evaluierungen der Funktionen vorgenommen werden, wird durch die angegebenen Nummern verdeutlicht. Die Evaluierung der einzelnen Funktionsargumente "5" und "60" sowie "12" und entsprechend "3" und "60" sowie "23" haben wir nicht kenntlich gemacht.

Nach dieser Evaluierung von "SETQ" muß abschließend "109" wiederum ganzzahlig durch "60" geteilt werden. Dies läßt sich wie folgt anfordern:

```
> (/ zeitdifferenz 60)
1
> (REM zeitdifferenz 60)
49
```

Soll gänzlich auf jede Form der Zuordnung von Zwischenergebnissen verzichtet werden, so läßt sich dies durch den folgenden Dialog erreichen:

```
> (/ (- (+ (* 5 60) 12) (+ (* 3 60) 23)) 60)
1
> (REM (- (+ (* 5 60) 12) (+ (* 3 60) 23)) 60)
49
```

Diese Anforderungen zeigen, wie man Funktionsaufrufe ineinander verschachteln kann. Dabei gibt es – rein theoretisch – *keine* Begrenzung in der Verschachtelungstiefe.
Bei einer Verschachtelung lassen sich Aufrufe von Funktionen mit Aufrufen von Spezialformen mischen. Dabei dürfen Funktionsaufrufe sowie Aufrufe von Spezialformen als Funktionsargumente angegeben werden.

<u>Hinweis:</u> Eine Verschachtelung wird dadurch möglich, daß jeder Funktionsaufruf oder Aufruf einer Spezialform *einen* Ausdruck als Ergebniswert liefert. Dieser Wert kann dann als Argument einer Funktion dienen, die in der Verschachtelung eine Stufe höher liegt.

Von einer bestimmten Stufe der Verschachtelung an, kann die Vielzahl der erforderlichen Klammern problematisch werden, so daß man einen Kompromiß eingehen muß. Auf der einen Seite möchte man eine Anforderung in einer übersichtlichen, leicht nachvollziehbaren Form darstellen. Auf der anderen Seite möchte man seinen Lösungsplan in möglichst eleganter Form beschreiben. Man sollte folglich die Möglichkeit, verschachtelte Aufrufe in beliebiger Anzahl angeben zu können, *nicht* erschöpfend ausnutzen.

Abschließend stellen wir die Regeln zusammen, nach denen verschachtelte Anforderungen evaluiert werden:

- Jede Anforderung muß hinter einer einleitenden "("-Klammer einen Funktionsnamen (oder den Namen einer Spezialform) enthalten.

- Es gibt *keine* Prioritäten bei der Auswertungsreihenfolge, da die Reihenfolge durch die jeweilige Verschachtelungstiefe, d.h. die Hierarchie der Verschachtelungsebenen, vorgegeben ist.

- Handelt es sich bei einem Funktionsargument um den Aufruf einer Funktion (oder einer Spezialform), so wird zunächst diese – in der Verschachtelung eine Stufe tiefer enthaltene – Funktion (bzw. Spezialform) evaluiert.

- Bei der Auswertung einer Funktion werden zunächst *alle* Argumente evaluiert. Dabei erfolgt die Evaluierung der Argumente von *links* nach *rechts*.

- Numerische Atome werden zu sich selbst evaluiert, und symbolische Atome, wie z.B. Variable, liefern den Ausdruck, an den die auszuwertende Variable jeweils gebunden ist.

- Ist eine Spezialform zu evaluieren, so ist die Ermittlung ihrer Argumente von der jeweiligen Spezialform abhängig.

- Jede Funktion (bzw. jeder Aufruf einer Spezialform) liefert *einen* Ausdruck als Ergebnis, der wiederum das Argument einer anderen Funktion (oder Spezialform) sein kann. Der Ausdruck, der aus der *zuletzt* durchgeführten Evaluierung resultiert, wird am Bildschirm angezeigt.

1.7 Arithmetische Funktionen

Grundrechenarten

Die Grundrechenarten lassen sich durch die arithmetischen Funktionen "+" (Addition), "−" (Subtraktion), "∗" (Multiplikation) und "/" bzw. "REM" (Division) anfordern.

Die Funktionen "+" und "−" können mit zwei Argumenten oder auch nur einem Argument verwendet werden, so daß sich z.B. der folgende Dialog führen läßt:

```
> (+ 20 5)
25
> (- 20 5)
15
> (+ 20)
20
> (- 20)
-20
> (+ -20)
-20
> (- -20)
20
```

Absolutbetrag

Um den Absolutbetrag einer Zahl zu ermitteln, steht die Funktion "ABS" zur Verfügung. Dabei wird ein negatives Argument mit "−1" multipliziert und ein positives Argument nicht verändert, so daß gilt:

```
> (ABS 20)
20
> (ABS -20)
20
```

Division

Wie oben dargestellt, läßt sich mit den Funktionen "/" und "REM" eine ganzzahlige Division für ganzzahlige Werte durchführen.
Soll z.B. "25" ganzzahlig durch "4" geteilt oder der ganzzahlige Divisionsrest ermittelt werden, so können wir den folgenden Dialog führen:

```
> (/ 25 4)
6
> (REM 25 4)
1
```

Eine *nicht*-ganzzahlige Division läßt sich gleichfalls durch die Funktion "/" anfordern. Allerdings ist zu beachten, daß *mindestens* ein Argument nicht-ganzzahlig sein muß. Dies bedeutet, daß es sich hierbei um eine Dezimalzahl (mit Dezimalpunkt), d.h. um eine *reelle* Zahl, handeln muß.

Somit ergibt sich etwa:

```
> (/ 25.0 4.)
6.25
> (/ 25.0 4)
6.25
```

Wandlung von Zahlen

Um aus ganzzahligen Werten eine Dezimalzahl zu erhalten, läßt sich die Funktion "FLOAT" z.B. wie folgt verwenden:

```
> (FLOAT 25)
25.0
> (/ (FLOAT 25) (FLOAT 4))
6.25
> (/ (FLOAT 25) 4)
6.25
```

Um eine reelle Zahl in eine ganze Zahl umzuwandeln, können etwa die Nachkommastellen abgeschnitten werden. Dazu läßt sich die Funktion "TRUN-CATE" z.B. in der folgenden Form einsetzen:

```
> (TRUNCATE 6.25)
6
```

Als weitere Möglichkeit kann eine reelle Zahl – bei ihrer Wandlung in eine
ganze Zahl – gerundet werden. Dazu läßt sich die Funktion "ROUND" einsetzen.
Zum Beispiel ergeben sich durch die Anforderungen in den Formen[11]

```
(ROUND 3.7)    und    (ROUND 3.4)
```

die Zahlen-Werte "4" und "3".

Quadratwurzel

Zur Ermittlung der Quadratwurzel einer Zahl kann die Funktion "SQRT"
verwendet werden. Dabei ist zu beachten, daß das Argument reellwertig und
nicht-negativ sein muß. Zum Beispiel gilt:

```
> (SQRT 9.0)
3
```


Winkelfunktionen

Zur Durchführung von trigonometrischen Berechnungen lassen sich die Win-
kelfunktionen "SIN", "COS" und "ATAN" auf reellwertige Argumente an-
wenden. Daher läßt sich z.B. der folgende Dialog führen:

```
> (SIN 1.0)
0.841471
> (COS 1.0)
0.540302
> (ATAN 1.0)
0.785398
```

---

[11] Die Funktion "ROUND" steht unter dem Interpreter "XLISP" nicht zur Verfügung.

1.8   Aufgaben

Aufgabe 1.1
Bilde die Summe und das Produkt aus den Werten "1", "2", "3" und "4"!

Aufgabe 1.2
Versuche, die Ergebnisse der folgenden Dialoge zu begründen!

```
> (/ 10 3)
3
> (/ 10.0 3)
3.33333
> (/ 10 (FLOAT 3))
3.33333
```

Aufgabe 1.3
Erkläre die Ergebnisse der folgenden Dialoge:

```
> (SETQ a 10)
10
> (SETQ A 5)
5
> a
5
> A
5
```

Aufgabe 1.4
Versuche, die Fehlermeldungen bei den folgenden Eingaben zu begründen:

1. Bei der Anforderung "(a 5 10)" wird
    ```
    error: unbound function - A
    ```
   angezeigt.

2. Die Eingabe der Anforderung "(+ a 10)" wird mit der Fehlermeldung
    ```
    error: unbound variable - A
    ```
   quittiert.

Aufgabe 1.5
Welche Ergebnisse liefern die folgenden Anforderungen:

1. `(+ zeit (SETQ zeit (* 3 60)))`

```
    2. (+ (SETQ zeit (* 3 60)) zeit)
```

Aufgabe 1.6
Betrachte den folgenden Dialog:

```
    > (SETQ minuten 195)
    195
    > (SETQ zeit minuten)
    195
    > minuten
    195
    > zeit
    195
```

Begründe die Ergebnisse!

Aufgabe 1.7
Mit welcher Anforderung können wir den arithmetischen Ausdruck

$$\frac{(b + \sqrt[2]{(b^2 - 4 \times a \times c)})}{2 \times a}$$

für die Größen "a = 30", "b = 80" und "c = 10" auswerten lassen?

Aufgabe 1.8
Unter der Voraussetzung, daß die Variable "x" an den Zahlen-Wert "5" gebunden ist, formuliere zwei Anforderungen zur Berechnung des Polynoms "$2x^2 + 3x + 4$"!

Kapitel 2

Datenstrukturen als Listen

2.1 Listen und S-Ausdrücke

Listen

Im ersten Kapitel haben wir dargestellt, wie wir Anforderungen an den LISP-Interpreter – als Funktionsaufrufe oder Aufrufe von Spezialformen – in Form von "Listen" angeben können.

Im folgenden sollen "Listen" nicht nur wie bisher zur Formulierung von Anforderungen, sondern auch als *Daten*, die durch Funktionen oder Spezialformen zu verarbeiten sind, verwendet werden. Deshalb wollen wir an dieser Stelle den Begriff der "Liste" – auf der Basis unserer bisherigen Kenntnisse – näher präzisieren.

Generell ist die Struktur einer "Liste" wie folgt festgelegt[1]:

* Jede *geordnete* Reihung von Atomen, die durch die "("-Klammer eingeleitet und durch die ")"-Klammer abgeschlossen wird, ist eine Liste[2].

  Hinweis: Als Atome sind uns bislang *symbolische* und *numerische* Atome bekannt.

* Die einzelnen Atome werden als *Listenelemente* bezeichnet. Sie sind paarweise durch ein oder mehrere Leerzeichen voneinander zu trennen.

---

[1]Die nachfolgende Definition ist noch unvollständig, da sie den Fall, daß eine Liste *keine* Elemente enthält, noch nicht behandelt. Die erforderliche Ergänzung stellen wir in Abschnitt 2.5 dar.

[2]Dabei ist es zulässig, daß ein Atom mehrfach auftritt.

- Anstelle eines Atoms darf als Listenelement auch wieder eine *Liste* eingesetzt werden, so daß eine *Verschachtelung* von Listen erlaubt ist.

  Hinweis: Man spricht von einer "verschachtelten" Liste, wenn eine Liste mindestens ein Listenelement enthält, das ebenfalls eine Liste ist.

Diese Definition läßt sich graphisch wie folgt veranschaulichen:

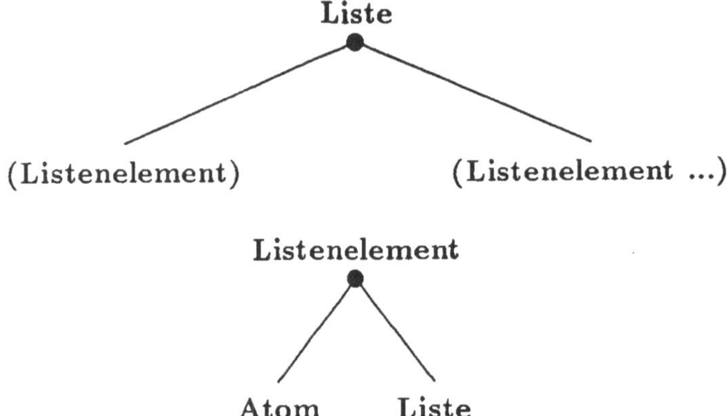

Somit handelt es sich z.B. bei den folgenden Ausdrücken um Listen:

"(* 3 60)" und "(SETQ stunden_1 (* 3 60))".

Alle diese Listen wurden bereits verwendet, um Anforderungen an den LISP-Interpreter zu stellen. Gemäß der Definition sind auch die folgenden Ausdrücke, die keine Anforderungen kennzeichnen, Beispiele für Listen:

"(3 23)", "((3 23 5 12))", "((3 23) (5 12))" sowie
"(3 h 23 min 5 h 12 min)" und "((3 h 23 min) (5 h 12 min))".

Diese Listen enthalten hinter der öffnenden Klammer "(" weder einen Funktionsnamen noch den Namen einer Spezialform.

So, wie wir es bei der Schachtelung von Funktionsaufrufen kennengelernt haben, können Listen generell beliebig tief geschachtelt werden.
Bei einer Verschachtelung von Listen läßt sich über das "Klammergebirge" folgendes aussagen:

- Die Anzahl der öffnenden "("-Klammern muß insgesamt gleich der Anzahl der schließenden ")"-Klammern sein.

- Das "Klammergebirge" muß ausbalanciert sein, d.h. es müssen immer *bestimmte* Paare von "("-Klammer und ")"-Klammer einander – in sinnvoller Form – zugeordnet sein.

  <u>Hinweis:</u> So liefert z.B. die Anforderung "(− (− 20) 10)" ein anderes Ergebnis als "(− (− 20 10))".

Die Möglichkeit, Daten in Form von Listen darstellen zu können, legt es nahe, die bislang noch unbefriedigende Form unseres Lösungsplans zur Ermittlung der Zeitdauer zu ändern. Bisher wurden nur die Stunden- und Minuten-Werte der beiden Zeitpunkte eingegeben. Der Aufgabenstellung angemessener ist es jedoch, die beiden Zeitpunkte in ihrer symbolischen Darstellung – "3 h 23 min" sowie "5 h 12 min" – als Listenelemente in den Lösungsplan einzubringen.

<u>Hinweis:</u> Ergänzend wäre zudem anzustreben, auch die Ausgabe in symbolischer Form – wie z.B. in Form des Zeichenmusters "(1 h 23 min)" – zu erhalten. Eine derartige Lösung stellen wir in Kapitel 4 vor.

Um die Zeitpunkte "3 h 23 min" und "5 h 12 min" als Listen zu formulieren, müssen wir die Reihung der jeweils vier Atome durch "(" und ")" einklammern. Somit streben wir für das Folgende an, die Listen

$$(3 \text{ h } 23 \text{ min}) \quad \text{und} \quad (5 \text{ h } 12 \text{ min})$$

als Eingabedaten zu verarbeiten.

S-Ausdrücke

Da Anforderungen in LISP als Aufrufe von Funktionen und Spezialformen angegeben werden, zählt LISP zu den *funktionalen* Programmiersprachen. Darüberhinaus wird LISP auch zu den *symbolischen* Programmiersprachen gerechnet, da in LISP nicht nur die Verarbeitung numerischer Ausdrücke, sondern auch von *Zeichenmustern* besonders unterstützt wird. Bei der Bearbeitung von Zeichenmustern sind allerdings einschränkende Rahmenbedingungen zu beachten.

Diejenigen Zeichenmuster, die sich in LISP verarbeiten lassen, werden *symbolische Ausdrücke* (engl.: *symbolic expressions*) – kurz: *S-Ausdrücke* – genannt. Die Struktur von S-Ausdrücken[3] ist durch die folgenden Regeln festgelegt:

---

[3]Im Vorgriff läßt sich an dieser Stelle bereits sagen, daß der S-Ausdruck der einzige vorkommende Datentyp in LISP ist. LISP gilt deshalb als typfreie Sprache.

- Jedes *Atom* der Programmiersprache LISP, sei es ein numerisches Atom oder ein symbolisches Atom, ist ein S-Ausdruck.

Hinweis: Als symbolische Atome haben wir bislang Funktionsnamen, den Namen der Spezialform "SETQ" sowie Variablennamen kennengelernt.

- Jede *Liste* ist ein S-Ausdruck.

Diese Kennzeichnung von S-Ausdrücken läßt sich graphisch wie folgt veranschaulichen:

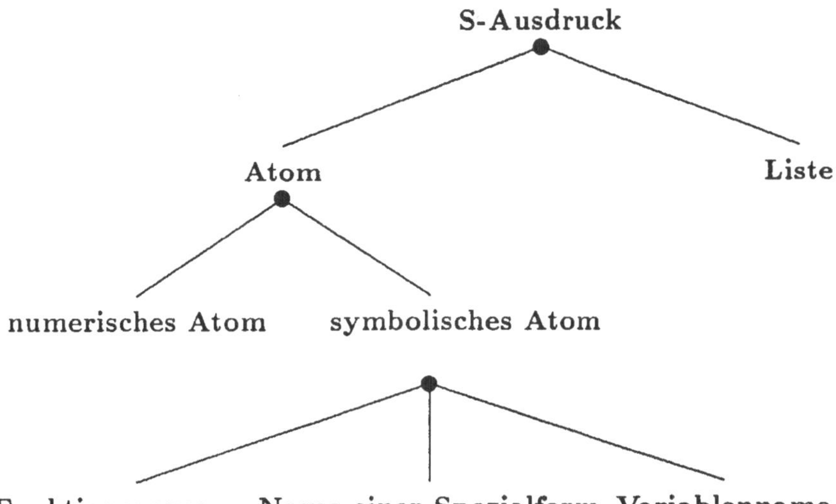

Hinweis: Diese Darstellung ist noch unvollständig, weil noch die *speziellen Atome* fehlen. Dazu machen wir Angaben in Abschnitt 2.5.

Beispiele für S-Ausdrücke sind etwa die folgenden Zeichenmuster:

"60", "*", "REM", "stunden_1", "SETQ", "(* 3 60)" und
"(SETQ stunden_1 (* 3 60))"

Dagegen ist z.B. "5 h 12 min" *kein* zulässiger S-Ausdruck, so daß dieses Zeichenmuster *nicht* in LISP verarbeitet werden kann. Es handelt sich allein um eine Reihung der vier Atome "5", "h", "12" und "min". Klammern wir jedoch diese vier Atome in der Form "(5 h 12 min)" ein, so erhalten wir eine Liste und damit einen zulässigen S-Ausdruck.

2.2   Quotierung (QUOTE)

In Abschnitt 1.5 haben wir beschrieben, wie sich einer Variablen – mit Hilfe
der Spezialform "SETQ" – ein numerisches Atom zuordnen läßt. Grundsätzlich können Variable nicht nur an numerische Atome gebunden werden, sondern es lassen sich ihnen beliebige S-Ausdrücke – und daher auch Listen –
zuordnen.
Um die Liste "(5 h 12 min)" z.B. an die Variable "zeitpunkt" zu binden,
können wir sie *nicht* ohne weiteres als 2. Argument der Funktion "SETQ"
aufführen, da folgendes geschehen würde:

Auf die Eingabe der Spezialform "SETQ" in der Form

```
(SETQ zeitpunkt (5 h 12 min))
```

würde der LISP-Interpreter "XLISP" mit der Fehlermeldung

```
error: bad function - 5
```

reagieren. Dies liegt daran, daß bei der Spezialform "SETQ" zunächst
das 2. Argument evaluiert wird. Bei dessen Evaluierung wird die Liste
"(5 h 12 min)" als Funktionsaufruf und damit "5" fälschlicherweise als
Funktionsname angesehen.

Hinweis: Um evaluierbare S-Ausdrücke von S-Ausdrücken abzugrenzen, die *nicht* evalu-
ierbar sind, wird der Begriff der *"Form"* (engl.: form) verwendet. Als "Form" wird ein
erfolgreich zu evaluierender S-Ausdruck bezeichnet.

Somit stellt sich die Frage, wie S-Ausdrücke, die als Daten verarbeitet werden
sollen, von zu evaluierenden Anforderungen syntaktisch abgegrenzt werden
können.
Um Daten, die in Listenform angegeben werden, von Anforderungen an den
LISP-Interpreter zu unterscheiden und als *Daten* kenntlich zu machen, wird
das Verfahren der Quotierung verwendet.
Bei der *Quotierung* wird einem S-Ausdruck ein Hochkomma " ' " voran-
gestellt. Dadurch wird festgelegt, daß die Evaluierung des quotierten S-
Ausdrucks denjenigen S-Ausdruck ergibt, der hinter dem Hochkomma aufgeführt ist.
Dies erläutert das folgende Schema:

S-Ausdruck:	quotierter S-Ausdruck:	Ergebnis der Evaluierung des quotierten S-Ausdrucks:
(5 h 12 min) zeitpunkt (* 5 60)	'(5 h 12 min) 'zeitpunkt '(* 5 60)	(5 h 12 min) zeitpunkt (* 5 60)

<u>Hinweis:</u> Die Evaluierung eines quotierten S-Ausdrucks wirkt also so, als ob der S-Ausdruck – in unquotierter Form – *nicht* evaluiert werden würde.

Somit können wir den S-Ausdruck "(5 h 12 min)" wie folgt an die Variable "zeitpunkt" binden lassen:

```
> (SETQ zeitpunkt '(5 h 12 min))
(5 H 12 MIN)
```

Dieser Dialog kann z.B. folgendermaßen fortgesetzt werden:

```
> zeitpunkt
(5 H 12 MIN)
> 'zeitpunkt
ZEITPUNKT
> '(5 h 12 min)
(5 H 12 MIN)
```

Insgesamt gilt:

- Bei der Evaluierung eines *quotierten S-Ausdrucks* wird der S-Ausdruck – ohne das einleitende Hochkomma " ' " – in unveränderter Form erhalten. Wird eine Anforderung in Form eines quotierten S-Ausdrucks gestellt, so wird der S-Ausdruck als Ergebniswert am Bildschirm angezeigt.

Zu einem interessanten Ergebnis führt der folgende Dialog:

```
> '(SETQ zeitpunkt '(5 h 12 min))
(SETQ ZEITPUNKT (QUOTE (5 H 12 MIN)))
```

<u>Hinweis:</u> **Dies zeigt, daß die Zeichenfolge " '(5 h 12 min) " offensichtlich der Anforderung "(QUOTE (5 h 12 min))" entspricht.**

Die Anzeige des LISP-Interpreters macht deutlich, daß eine Quotierung gleichbedeutend mit dem Einsatz einer *Spezialform* namens "QUOTE" ist. Diese Spezialform besitzt *ein* Argument. Dieses Argument stellt das Ergebnis dar, das sich bei der Evaluierung der Spezialform "QUOTE" ergibt.

<u>Hinweis:</u> **Aus Gründen der schreibtechnischen Vereinfachung verzichten wir bei einer notwendigen Quotierung grundsätzlich auf den Einsatz der Spezialform "QUOTE". Stattdessen setzen wir stets das Hochkomma " ' " ein[4].**

Im Hinblick auf die Struktur der Sprachelemente von LISP läßt sich zusammenfassend folgendes feststellen:

- Innerhalb der Programmiersprache LISP werden nicht nur die Anforderungen an den LISP-Interpreter als S-Ausdrücke angegeben, sondern es lassen sich darüberhinaus Daten verarbeiten, die die Form eines S-Ausdrucks besitzen.

- Es wird somit der gleiche Beschreibungsformalismus für Anforderungen wie für Daten verwendet, die durch Anforderungen zu verarbeiten sind.

Insgesamt läßt sich – nach unserem bisherigen Kenntnisstand – die Arbeitsweise des LISP-Interpreters graphisch durch das folgende Struktogramm beschreiben[5]:

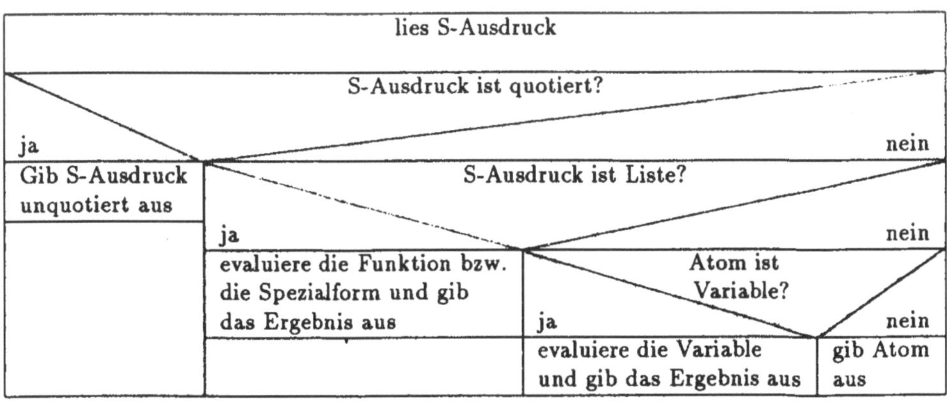

---

[4]Im Unterschied zur Spezialform "QUOTE" steht vor dem Hochkomma " ' " keine öffnende und am Ende keine schließende Klammer.

[5]Dabei werden nur die Fälle behandelt, bei denen der S-Ausdruck eine Form ist.

2.3   Zugriff auf Listenelemente (CAR, CDR)

Um eine Liste verarbeiten zu können, muß der Zugriff auf die einzelnen Bestandteile einer Liste ermöglicht werden. Hierzu stellt der LISP-Interpreter die Funktionen "CAR" und "CDR" zur Verfügung[6].

Für die Funktionen "CAR" und "CDR" ist jeweils ein Argument vorzusehen, dessen Evaluierung zu einer Liste führt.

<u>Hinweis:</u> Den Fall, daß eine Liste nur aus einem Listenelement besteht, klammern wir zunächst aus. Wir besprechen diesen Sonderfall in Abschnitt 2.5.

Vorab können wir folgendes feststellen:

- Während die Evaluierung von "CAR" immer zu einem *Listenelement* führt, ergibt sich durch die Evaluierung von "CDR" stets eine *Liste*. Dies bedeutet, daß durch "CAR" die äußeren "Listenklammern" entfernt werden und durch "CDR" diese "Listenklammern" erhalten bleiben.

<u>CAR</u>

Die Funktion "CAR" sollte in der Form

```
(CAR listen_argument)
```

eingesetzt werden.

Bei der Evaluierung von "CAR" wird zunächst der für den Platzhalter "listen_argument" angegebene Ausdruck evaluiert. Dabei *sollte* "listen_argument" für eine (quotierte) Liste bzw. einen S-Ausdruck stehen, durch dessen Evaluierung sich eine Liste ergibt[7].

Das *Ergebnis* des Funktionsaufrufs von "CAR" ist das 1. Listenelement dieser Liste:

---

[6]Der Name "CAR" steht als Abkürzung für "contents of *address* portion of register". Der Name "CDR" ist abgeleitet von "contents of *decrement* portion of register". "CDR" wird wie "kadder" ausgesprochen. Die Begriffe "CAR" und "CDR" resultieren aus der Implementierung eines der frühen LISP-Interpreter auf dem Rechner "IBM/704".

[7]Es gibt LISP-Interpreter, die z.B. bei der Anforderung "(CAR 'a)" nicht mit einer Fehlermeldung reagieren.

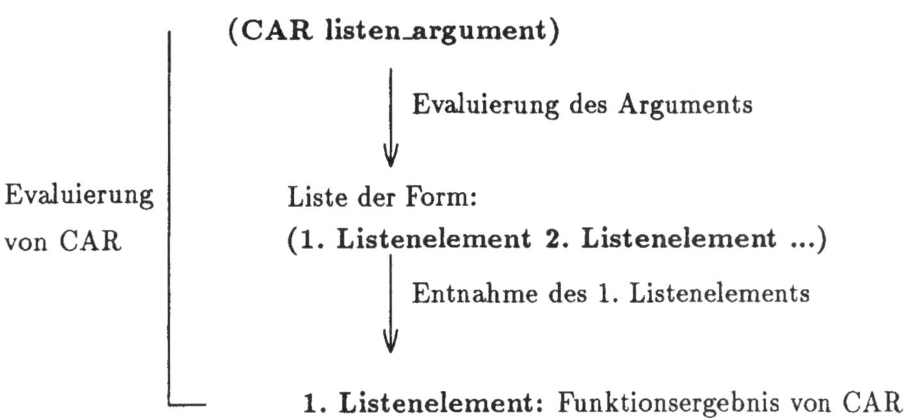

Somit läßt sich z.B. der folgende Dialog führen:

```
> (CAR '(5 h 12 min))
5
> (SETQ zeitpunkt '(5 h 12 min))
(5 H 12 MIN))
> (CAR zeitpunkt)
5
> (SETQ minuten (* (CAR zeitpunkt) 60))
300
```

CDR

Um nicht nur auf das 1. Listenelement, sondern auf ein beliebiges Listenelement zugreifen zu können, muß dafür gesorgt werden, daß das betreffende Listenelement an der 1. Position einer Liste erscheint[8]. Dies bedeutet, daß es z.B. möglich sein muß, das 1. Listenelement von einer Liste abzutrennen und den restlichen Teil der Liste – die sogenannte *"Restliste"* – als neue Liste zu erhalten. Hierzu dient die Funktion "CDR".

Die Funktion "CDR" muß in der Form

> **(CDR listen_argument)**

eingesetzt werden.

Bei der Evaluierung von "CDR" wird zunächst der für den Platzhalter "listen_argument" angegebene Ausdruck evaluiert. Dabei *sollte*

---

[8] Anschließend kann z.B. der Zugriff mit "CAR" erfolgen.

"listen_argument" für eine (quotierte) Liste bzw. einen S-Ausdruck stehen, durch dessen Evaluierung eine Liste ermittelt wird. Das Ergebnis des Funktionsaufrufs von "CDR" ist eine Restliste. Diese Restliste enthält – bis auf das 1. Listenelement – (in unveränderter Reihenfolge) alle ursprünglichen Listenelemente derjenigen Liste, die durch die Evaluierung von "listen_argument" erhalten wurde:

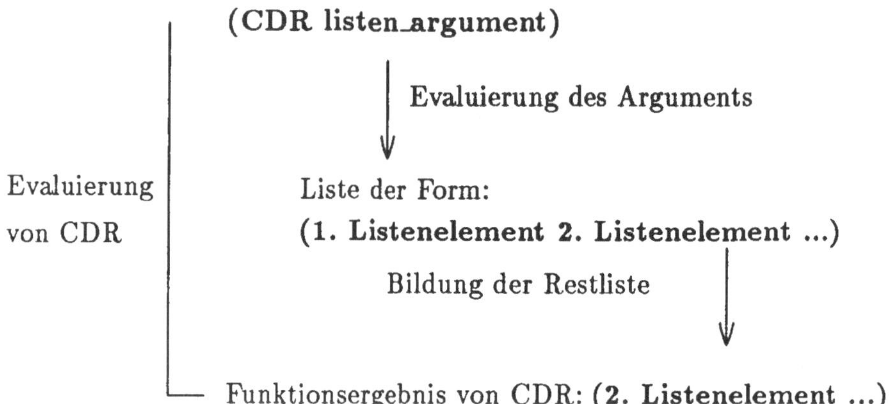

Somit läßt sich z.B. der folgende Dialog führen:

```
> (CDR '(5 h 12 min))
(H 12 MIN)
> (SETQ zeitpunkt '(5 h 12 min))
(5 H 12 MIN))
> (CDR zeitpunkt)
(H 12 MIN)
```

Gemeinsamer Einsatz von CAR und CDR

Um einzelne Listenelemente als Funktionsergebnisse zu erhalten, lassen sich die beiden Funktionen "CAR" und "CDR" z.B. wie folgt verschachteln:

```
> (SETQ zeitpunkt '(5 h 12 min))
(5 H 12 MIN))
> (CAR zeitpunkt)
5
> (CDR zeitpunkt)
(H 12 MIN)
> (CAR (CDR zeitpunkt))
H
> (CDR (CDR zeitpunkt))
```

```
(12 MIN)
> (CAR (CDR (CDR zeitpunkt)))
12
> (CAR (CDR (CDR (CDR zeitpunkt))))
MIN
```

Da die beiden letzten Anforderungen – wegen ihrer Verschachtelungen – unübersichtlich sind, erscheint eine abkürzende Schreibweise ratsam. Zum Beispiel ist es zulässig, die letzte Anforderung in der folgenden Form anzugeben:

```
(CADDDR zeitpunkt)
```

Diese Abkürzung ist so zu interpretieren[9]:

```
(CA       D       D       DR zeitpunkt   )

(CA R  (C D R  (C D R  (C DR zeitpunkt))))
```

Es werden somit die charakteristischen Zeichen des äußeren Aufrufs "CA" und des inneren Aufrufs "DR" übernommen und die redundanten Zeichen "(", ")", "C" und "R" ausgeblendet.

Das symbolische Atom "CADDDR" ist der Name einer Funktion mit einem Argument, aus dessen Evaluierung eine Liste resultieren sollte. Die Evaluierung von "CADDDR" führt zu einem S-Ausdruck, der dadurch erhalten wird, daß die Funktionen "CAR" (zuletzt), "CDR", "CDR" und "CDR" (zuerst) – in dieser Reihenfolge verschachtelt – auf das evaluierte Argument von "CADDDR" angewandt werden.

Genau wie "CADDDR" lassen sich z.B. weitere Funktionsnamen der Form[10]

```
CxxR     bzw.    CxxxR     bzw.    CxxxxR    ...
```

---

[9]Die Leerzeichen innerhalb der Funktionsnamen sind nur zur Erläuterung angegeben worden. Sie dürfen in *keinem* Fall bei der Eingabe an den LISP-Interpreter verwendet werden!

[10]LISP-Dialekte unterscheiden sich darin, wie häufig die Abkürzung "x" in Form von "A" oder "D" maximal auftreten darf. Die Abkürzungen sind von *rechts* nach *links* zu interpretieren. Dies entspricht der Reihenfolge, die durch eine Verschachtelung der Funktionsaufrufe von *innen* nach *außen* festgelegt ist.

zur Vereinfachung der Schreibweise einsetzen. In diesen Funktionsnamen darf anstelle des Platzhalters "x" entweder das Zeichen "A" oder das Zeichen "D" eingetragen werden.

Bei der Evaluierung werden – ausgehend vom ersten Zeichen vor "R" – schrittweise die Funktionen "CAR" oder "CDR" evaluiert, je nachdem, ob das im Funktionsnamen eingetragene Zeichen gleich "A" (Evaluierung von "CAR") oder "D" (Evaluierung von "CDR") ist.

Somit läßt sich z.B. der folgende Dialog führen:

```
> (SETQ zeitpunkt '(5 h 12 min))
(5 H 12 MIN))
> (CADR zeitpunkt)
H
> (CDDR zeitpunkt)
(12 MIN)
> (CADDR zeitpunkt)
12
> (+ (* (CAR zeitpunkt) 60) (CADDR zeitpunkt))
312
```

Um auf ein Listenelement *gezielt* zugreifen zu können, dürfen auch die folgenden Funktionsnamen verwendet werden:

- "FIRST" anstelle von "CAR",

- "SECOND" anstelle von "CADR",

- "THIRD" anstelle von "CADDR" sowie

- "FOURTH" anstelle von "CADDDR".

  <u>Hinweis:</u> Zum Zugriff auf eine Restliste kann anstelle von "CDR" auch der Funktionsname "REST" verwendet werden.

Ferner läßt sich die Funktion "NTH" in der folgenden Form einsetzen:

> **(NTH argument listen_argument)**

Aus der Evaluierung des 1. Arguments ("argument") muß eine nicht-negative ganze Zahl resultieren, die als *Positionsnummer* interpretiert wird. Die Evaluierung des 2. Arguments ("listen_argument") muß zu einer Liste führen. Als Funktionswert von "NTH" wird dasjenige Listenelement dieser Liste ermittelt, das durch die Positionsnummer gekennzeichnet ist. Ist die Positionsnummer gleich "0", so wird das 1. Listenelement ermittelt, ist die Positionsnummer gleich "1", so wird das 2. Listenelement ermittelt, usw.

Somit läßt sich z.B. das 3. Listenelement von "(5 h 12 min)", das durch die Positionsnummer "2" gekennzeichnet ist, wie folgt erhalten:

```
> (NTH 2 '(5 h 12 min))
12
```

2.4   Verschachtelte Listen

Bei der Definition von Listen haben wir angegeben, daß als Listenelemente wiederum Listen aufgeführt werden dürfen. Damit ist sichergestellt, daß Listen – beliebig tief – ineinander verschachtelt werden können. Diese Möglichkeit ist z.B. dann vorteilhaft, wenn unmittelbar zueinandergehörende Listen zusammengefaßt dargestellt werden sollen.

So bietet es sich z.B. an, eine gemeinsame Beschreibung des 1. und des 2. Zeitpunkts in der folgenden Form vorzunehmen:

```
((3 h 23 min) (5 h 12 min))
```

Beide Listenelemente dieser Liste sind wiederum Listen. Das 1. Listenelement ist "(3 h 23 min)", und "(5 h 12 min)" ist das 2. Listenlement. Der folgende Dialog zeigt, wie wir etwa auf einzelne Listenelemente dieser beiden Listen zugreifen können:

```
> (SETQ zeitpunkte '((3 h 23 min) (5 h 12 min)))
((3 H 23 MIN) (5 H 12 MIN))
> (CDR zeitpunkte)
((5 H 12 MIN))
> (CAR (CDR zeitpunkte))
(5 H 12 MIN)
> (CAR (CAR (CDR zeitpunkte)))
5
> (CAADR zeitpunkte)
5
> (CAR zeitpunkte)
(3 H 23 MIN)
> (CAR (CAR zeitpunkte))
3
> (CADDAR zeitpunkte)
23
```

Problematisch wird die Verschachtelung von Listen dann, wenn – ab einer bestimmten Verschachtelungstiefe – das aufgebaute Klammergebirge unübersichtlich ist.

So ist z.B. der folgende Fehler möglich:

```
> (CAR (CAR (CAR CAR '((3 h 23 min) (5 h 12 min)))))
error: unbound variable - CAR
```

Um diesen Fehler besser analysieren zu können, strukturieren wir diese Anforderung wie folgt:

```
(CAR (CAR (CAR CAR '((3 h 23 min) (5 h 12 min)
                            )
                      )
               )
      )
```

Hierdurch ist erkennbar, daß die Anzahl der öffnenden gleich der Anzahl der schließenden Klammern ist, und daß die jeweilige Zuordnung im Rahmen des Klammergebirges ebenfalls korrekt ist. Offensichtlich besteht der Fehler darin, daß der Funktionsname "CAR" bei seinem 4. Auftreten nicht durch eine öffnende Klammer "(" eingeleitet wurde.

Richtig ist somit die folgende Struktur:

```
(CAR (CAR (CAR (CAR '((3 h 23 min) (5 h 12 min)
                             )
                        )
                  )
            )
      )
```

Auch in der Situation

```
> (CAR (CAR '((3 h 23 min)) (5 h 12 min)))
error: bad function - 5
```

ist eine Strukturierung hilfreich. Durch die Darstellung in der Form

```
(CAR (CAR '((3 h 23 min)
                  )
            (5 h 12 min)
        )
  )
```

ist unmittelbar erkennbar, daß das Symbol "5" – fälschlicherweise – an der Position eines Funktionsnamens steht[11].

<u>Hinweis:</u> Die Fehlermeldung verdeutlicht, daß Funktionsaufrufe "von *innen* nach *außen*" evaluiert werden, d.h. *vor* der Auswertung des inneren "CAR" erfolgt die Auswertung von "(5 h 12 min)".

Somit ist die Strukturierung der Anforderung wie folgt vorzunehmen:

```
(CAR (CAR '((3 h 23 min)
            (5 h 12 min)
           )
     )
)
```

2.5   Das Schlüsselwort "NIL"

Eine einelementige Liste

Um die Komponenten des Zeichenmusters "5 h 12 min" in LISP bearbeitbar zu machen, haben wir den S-Ausdruck "(5 h 12 min)" gebildet. Dies ist eine Liste mit vier Listenelementen. Die Leerzeichen zwischen "5", "h", "12" und "min" dürfen nicht fehlen. Lassen wir nämlich die trennenden Leerzeichen zwischen den vier Listenelementen weg, so ergibt sich "(5h12min)". Dies ist eine Liste mit nur *einem* Listenelement. Das einzige Listenelement ist das symbolische Atom "5h12min".

Durch die Evaluierung der Funktionen "CAR" und "CDR" erhalten wir in diesem Fall:

```
> (CAR '(5h12min))
5H12MIN
> (CDR '(5h12min))
NIL
```

Während die Evaluierung der Funktion "CAR" zum erwarteten Ergebnis führt, ergibt sich durch die Evaluierung der Funktion "CDR" ein bislang nicht bekannter Ausdruck.

---

[11]Dies liegt daran, daß sich die Quotierung nur auf das Argument "((3 h 23 min))" bezieht.

Das spezielle Atom "NIL"

Nach der oben angegebenen Beschreibung der Funktion "CDR" führt deren Evaluierung zu einer Liste, die – beginnend mit dem 2. Listenelement – alle Listenelemente von "(5h12min)" enthält. Da "(5h12min)" nur aus *einem* Listenelement besteht, verbleibt eine Liste "()" ohne Listenelement.

Eine Liste "()", die *kein* Listenelement enthält, wird *leere Liste* genannt. Die leere Liste ist ein elementarer Baustein der Programmiersprache LISP. Wegen ihrer besonderen Bedeutung wird dieser S-Ausdruck auch durch das *Schlüsselwort* "NIL" gekennzeichnet.

Zusammenfassend läßt sich somit die generelle Struktur von Listen wie folgt angeben:

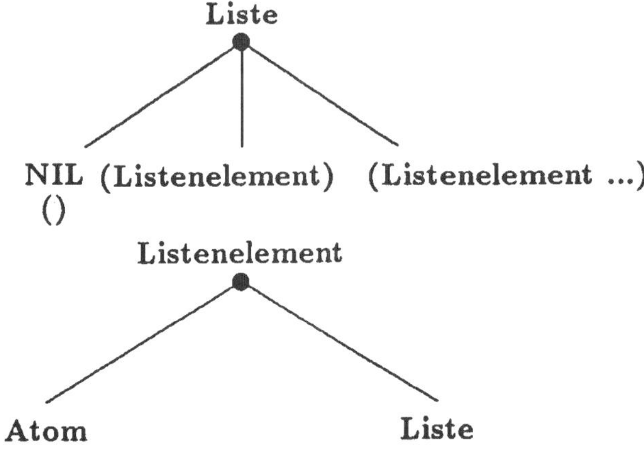

Das Schlüsselwort "NIL" kennzeichnet nicht nur die leere Liste, sondern hat zudem *atomaren* Charakter. Der Dialog in der Form

```
> NIL
NIL
```

zeigt, daß "NIL" – genau wie ein symbolisches bzw. ein numerisches Atom – als Anforderung eingegeben werden kann. Der LISP-Interpreter evaluiert es wiederum zu "NIL".

"NIL" stellt *kein* numerisches Atom dar und zählt auch *nicht* zu den symbolischen Atomen, da durch "NIL" weder ein Funktionsname noch ein Variablenname benannt werden darf.

"NIL" ist das einzige Schlüsselwort mit einem mehrfachen Bedeutungsinhalt,
der vom jeweiligen Kontext abhängt. Wegen dieses besonderen Charakters
handelt es sich bei "NIL" um ein *spezielles Atom*. Da "NIL" die gleiche
Bedeutung wie "()" hat, wird auch der S-Ausdruck "()" nicht nur zu den
Listen, sondern auch zu den *speziellen Atomen* gezählt.

<u>Hinweis:</u> Neben "NIL" bzw. "()" gehört auch der S-Ausdruck "T" zu den speziellen Ato-
men. Dies werden wir in Abschnitt 3.1 ergänzend erläutern.

Atome haben somit insgesamt die folgende Struktur:

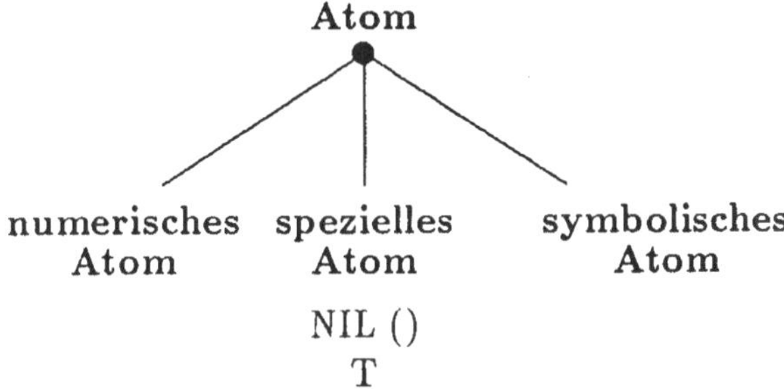

Der S-Ausdruck "()" kann nicht nur als leere Liste und als spezielles Atom,
sondern zudem auch als "leere Anforderung", bei der kein Funktionsname
und kein Argument angegeben wird, angesehen werden. Dies zeigt der folgende Dialog:

```
> ()
NIL
```

Hieraus ist erkennbar, daß der Ergebniswert der *leeren* Anforderung mit dem
Wert "NIL" festgesetzt ist.

Zusammenfassend halten wir daher fest:

- Die Evaluierung des speziellen Atoms "NIL" – sei es als *Atom* "NIL",
  als *leere* Liste "()" oder als *leere* Anforderung "()" verwendet – führt
  stets zum S-Ausdruck "NIL".

CAR und CDR mit dem Argument NIL

Abschließend stellt sich die Frage, welche Ergebnisse erhalten werden, wenn
die Funktionen "CAR" und "CDR" mit dem Argument "NIL" evaluiert
werden. Es ist festgelegt, daß sowohl die Anforderung

```
(CAR NIL)
```

als auch die Anforderung

```
(CDR NIL)
```

zum Funktionsergebnis "NIL" führt.

<u>Hinweis:</u> Es ist zu beachten, daß aus der Evaluierung des Arguments "NIL" der S-Ausdruck "NIL" resultiert. Einige LISP-Interpreter reagieren mit der Ausgabe einer Fehlermeldung oder der Ausgabe eines speziellen Zeichens, wie z.B. "$\perp$".

Grundsätzlich erhalten wir bei Anforderungen mit dem Argument "NIL", die aus der einfachen Anwendung oder aus einer Verschachtelung der Funktionen "CAR" und "CDR" bestehen, den S-Ausdruck "NIL" als Funktionsergebnis. Dies belegt der folgende Dialog:

```
> (CAAR NIL)
NIL
> (CADAR NIL)
NIL
> (CDDDDR NIL)
NIL
```

2.6   Aufbau von Listen (CONS, LIST)

<u>Die Funktion CONS</u>

Bislang haben wir dargestellt, wie sich einzelne Listenelemente und Restlisten mit Hilfe der Funktionen "CAR" und "CDR" ermitteln lassen. Umgekehrt stellt sich die Frage nach einer Funktion, mit der Listen aus diesen Bausteinen eingerichtet werden können.

Zum Aufbau einer Liste läßt sich die Funktion "CONS" einsetzen, die wie folgt verwendet werden muß[12]:

```
(CONS argument_1 argument_2)
```

---

[12] Der Name "CONS" steht als Abkürzung für "*construct*".

Während die Evaluierung des 1. Arguments einen beliebigen S-Ausdruck ergeben darf, *sollte* das 2. Argument so gewählt sein, daß dessen Evaluierung zu einer Liste führt.

<u>Hinweis:</u> Falls die Evaluierung des 2. Arguments von "CONS" zu keiner Liste, sondern zu einem Atom führt, wird als Resultat der Evaluierung von "CONS" eine sog. *Paarliste* ("dotted pair list") erhalten. Der Name leitet sich davon ab, daß zwischen den Argumenten ein Punkt "." eingefügt wird. Auf derartige Listen gehen wir im Anhang unter A.2 ein.

Bei der Evaluierung von "CONS" wird eine *Liste* aufgebaut. Deren 1. Listenelement ist der aus dem 1. Argument erhaltene S-Ausdruck. Hinter diesem Listenelement werden die *Listenelemente* derjenigen Liste angefügt, die sich aus der Evaluierung des 2. Arguments ergeben.

Die Funktion "CONS" übernimmt also das (evaluierte) 1. Argument, entfernt die äußeren Klammern des (evaluierten) 2. Arguments und bildet daraus – durch Reihung – eine gemeinsame Liste. Dabei wird das (evaluierte) 1. Argument an den Anfang der Liste eingetragen, die durch das (evaluierte) 2. Argument bestimmt ist.

Zum Beispiel gilt:

```
> (CONS 5 '(h 12 min))
(5 H 12 MIN)
```

Dies verdeutlichen wir uns an dem folgenden Schema:

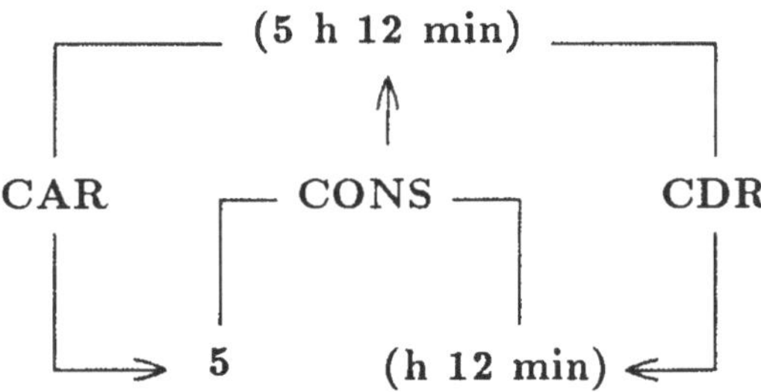

Die Funktion "CONS" stellt somit ein Gegenstück zu den Funktionen "CAR" und "CDR" im folgenden Sinne dar:

- Durch die Funktionen "CAR" und "CDR" wird die Liste "(5 h 12 min)" in ihr 1. Listenelement "5" und in die Restliste "(h 12 min)" zerlegt. Diese Restliste besteht aus den (drei) *restlichen* Listenelementen der ursprünglichen Liste.

- Die ursprüngliche Liste wird über die Funktion "CONS" dadurch zurückgewonnen, daß das ursprünglich 1. Listenelement "5" als 1. Argument und die (quotierte) Liste " '(h 12 min)" als 2. Argument innerhalb der Funktion "CONS" aufgeführt wird.

Desweiteren gilt z.B.:

```
> (CONS '5h12min NIL)
(5H12MIN)
> (SETQ zeitpunkt_1 (CONS 3 '(h 23 min)))
(3 H 23 MIN)
> (SETQ zeitpunkt_2 (CONS 5 (CONS 'h (CONS 12 (CONS 'min NIL)))))
(5 H 12 MIN)
> (SETQ zeitpunkt_2 (CONS 5 (CONS 'h (CONS 12 (CONS 'min () )))))
(5 H 12 MIN)
```

Die 1. Anforderung zeigt, wie sich mit Hilfe von "CONS" eine *einelementige* Liste erzeugen läßt:

- Aus der Evaluierung der Funktion "CONS" resultiert eine einelementige Liste, sofern man als 1. Argument einen S-Ausdruck und als 2. Argument die leere Liste in der Form "NIL" oder in der Form "()" angibt.

Als Beispiel für eine zweielementige Liste können wir etwa die Liste "((3 h 23 min) (5 h 12 min))" wie folgt aufbauen:

```
> (CONS '(3 h 23 min) '((5 h 12 min)))
((3 H 23 MIN) (5 H 12 MIN))
```

Alternativ läßt sich dieses Ergebnis auch durch den Dialog

```
> (CONS '(3 h 23 min) (CONS '(5 h 12 min) NIL))
((3 H 23 MIN) (5 H 12 MIN))
```

oder auch in der folgenden Weise erhalten:

```
> (SETQ zeitpunkt_1 '(3 h 23 min))
(3 H 23 MIN)
> (SETQ zeitpunkt_2 '(5 h 12 min))
(5 H 12 MIN)
> (CONS zeitpunkt_1 (CONS zeitpunkt_2 NIL))
((3 H 23 MIN) (5 H 12 MIN))
```

Dagegen führt – auf der Basis der vorausgegangenen Anforderungen – der folgende Dialog *nicht* zum gewünschten Ergebnis:

```
> (CONS zeitpunkt_1 zeitpunkt_2)
((3 H 23 MIN) 5 H 12 MIN)
```

Dies liegt daran, daß in diesem Fall die Listenelemente von "(5 h 12 min)" dem ersten Argument "(3 h 23 min)" angefügt werden, so daß die resultierende Liste als 1. Listenelement eine Liste und als weitere Listenelemente vier atomare S-Ausdrücke besitzt.

Der nachfolgende Dialog verdeutlicht noch einmal die besondere Bedeutung von "NIL" beim Einsatz der Funktion "CONS":

```
> (CONS NIL NIL)
(NIL)
> (CONS NIL '(1))
(NIL 1)
> (CONS 1 NIL)
(1)
> (CONS 1 ())
(1)
```

Die Funktion LIST

Mit Hilfe der Funktion "CONS" lassen sich Listen dadurch aufbauen, daß das 1. Listenelement und die Gesamtheit der restlichen Listenelemente – als Liste – bereitgestellt werden.

Um den Listenaufbau zu vereinfachen, läßt sich – bei Vorgabe von einem oder mehreren *Listenelementen* – die Funktion "LIST" in der folgenden Form einsetzen:

> | (LIST [argument]...) |
> | --- |

Hinweis: Die metasprachliche Beschreibung "[argument]..." mit den *Optionalklammern* "[" und "]" sowie den nachfolgenden Punkten "..." soll andeuten, daß *ein* Argument, *mehrere* Argumente oder auch *kein* Argument hinter dem Funktionsnamen auftreten dürfen.

Die Funktion "LIST" kann ohne Argument, mit einem Argument oder auch mit mehreren Argumenten aufgerufen werden.

Wird "LIST" ohne Argument aufgerufen, so resultiert – als Ergebnis der Evaluierung – die leere Liste "NIL".

Sind ein oder mehrere Argumente angegeben, so wird zunächst jedes einzelne Argument evaluiert. Daraus dürfen sowohl Atome als auch (verschachtelte) Listen als S-Ausdrücke resultieren. Als Funktionsergebnis wird eine gemeinsame Liste ermittelt, die aus diesen S-Ausdrücken – als Listenelemente – aufgebaut ist. Das 1. Listenelement ist gleich dem S-Ausdruck, der aus der Evaluierung des 1. Arguments resultiert, das 2. Listenelement ist gleich dem S-Ausdruck, der aus der Evaluierung des 2. Arguments resultiert, usw.

Die Evaluierung der Funktion "LIST" führt also zu einer Liste, in der die (evaluierten) Funktionsargumente von "LIST" aneinandergereiht sind.

Somit gilt z.B.:

```
> (SETQ zeitpunkt_1 '(3 h 23 min))
(3 H 23 MIN)
> (SETQ zeitpunkt_2 '(5 h 12 min))
(5 H 12 MIN)
> (LIST zeitpunkt_1 zeitpunkt_2)
((3 H 23 MIN) (5 H 12 MIN))
> (LIST '(3 h 23 min) '(5 h 12 min))
((3 H 23 MIN) (5 H 12 MIN))
> (LIST 5 'h 23 'min)
(5 H 23 MIN)
```

Dagegen führt die Eingabe von

```
(LIST 5 h 23 min)
```

zu einer *Fehlermeldung*, da bei der Evaluierung der Argumente festgestellt wird, daß die symbolischen Atome "h" und "min" (als Variable) bislang an *keine* Werte gebunden wurden.

Mit der Funktion "LIST" lassen sich auch Listen aufbauen, die die leere Liste als Listenelemente besitzen – wie z.B. durch die folgenden Anforderungen:

```
> (LIST NIL)
(NIL)
> (LIST NIL NIL NIL)
(NIL NIL NIL)
```

Das Ergebnis dieser Anforderungen unterscheidet sich deutlich von dem Ergebnis, das sich bei fehlenden Argumenten ergibt. In diesem Fall gilt:

```
> (LIST)
NIL
```

Grundsätzlich ist zu beachten, daß

- die leere Liste *nicht* mit einer Liste übereinstimmt, die die leere Liste als Listenelement(e) enthält, d.h. der S-Ausdruck "()" ist vom S-Ausdruck "(NIL)" – gleichbedeutend mit "(())" – *verschieden.*

  <u>Hinweis:</u> Dies können wir durch den Einsatz der Funktion "EQUAL" z.B. in der Form "(EQUAL '() '(NIL))" prüfen (siehe Abschnitt 3.1).

Die Funktion "LIST" wird insbesondere dann eingesetzt, wenn eine Liste aus Atomen eingerichtet werden soll.

So stellt etwa die Anforderung

```
(LIST 'a 'b 'c)
```

offensichtlich eine Vereinfachung der Anforderung

```
(CONS 'a (CONS 'b (CONS 'c NIL)))
```

zum Aufbau der Liste "(a b c)" dar.

2.7 Aufgaben

<u>Aufgabe 2.1</u>
Warum führt der folgende Dialog zu einer Fehlermeldung?

```
> (SETQ operator '+)
+
> (operator 10 20)
error: unbound function - OPERATOR
```

<u>Aufgabe 2.2</u>
An welchen S-Ausdruck ist die Variable "s_ausdruck" gebunden, so daß der folgende Dialog geführt werden kann?

```
> (CAR (CAR s_ausdruck))
A
> (CDR (CAR s_ausdruck))
NIL
> (CAR (CAR (CDR s_ausdruck)))
B
> (CDR (CAR (CDR s_ausdruck)))
NIL
> (CDR (CDR s_ausdruck))
NIL
```

Aufgabe 2.3

Wie muß eine Anforderung formuliert werden, damit auf das Atom "c" der Liste "(((a b c) ((d e f) (g h i))) (j) k)" zugegriffen werden kann?

Aufgabe 2.4

Welche Ergebnisse liefert die Anwendung der Funktionen "CAR" und "CDR" auf die folgenden Argumente?

```
1. '((a) b (c))   2. '(NIL NIL NIL NIL)
3. '(NIL)         4. NIL
```

Aufgabe 2.5

Welche Ergebnisse liefern die folgenden Anforderungen?

```
 1. (CONS 'a ())         2. (CONS () ())
 3. (CONS NIL NIL)       4. (CONS '(a) '(b))
 5. (CONS 'A ())         6. (LIST 'a 'b 'c)
 7. (LIST '(a b) 'c)     8. (LIST '(a b c))
 9. (LIST '(a) '(b) '(c))  10. (LIST 1 '+ 2)
11. (LIST '+ (LIST '2 3) 5)  12. (LIST (+ 10 20) (+ 30 40))
```

Aufgabe 2.6

Begründe die folgenden Fehlermeldungen:

```
1. > (CONS 'a (b c))
     error: unbound function - B

2. > (LIST 'a 'b c)
     error: unbound variable - C
```

Kapitel 3

Prädikatsfunktionen

3.1   Die Prädikatsfunktionen ATOM und EQUAL

Damit wir uns informieren können, ob eine Variable an ein Atom oder an
eine Liste gebunden ist, stehen spezielle Funktionen zur Verfügung. Durch
die Evaluierung dieser Funktionen lassen sich S-Ausdrücke ermitteln, die
mit den Wahrheitswerten *"wahr"* (trifft zu, engl.: *true*) bzw. *"falsch"* (trifft
nicht zu, engl.: *false*) korrespondieren. Funktionen mit dieser Eigenschaft
werden *Prädikatsfunktionen* oder kurz *Prädikate* genannt[1].
Setzen wir in einer Anforderung die Spezialform "SETQ" ein, um eine Variable an einen S-Ausdruck zu binden, so ist unmittelbar erkennbar, welche
Art von S-Ausdruck der Variablen zugeordnet wurde.
Zum Beispiel läßt sich dem Dialog

```
> (SETQ var_1 (LIST NIL NIL NIL))
(NIL NIL NIL)
> (SETQ var_2 100)
100
```

entnehmen, daß die Variable "var_1" an eine *Liste* und die Variable "var_2"
an ein *numerisches* Atom gebunden ist. Dies sehen wir daran, daß die gerade zugeordneten Werte "(NIL NIL NIL)" bzw. "100" als Ergebnisse der
Auswertung von "SETQ" angezeigt werden.
Zum Beispiel läßt sich der oben angegebene Dialog wie folgt fortsetzen:

---

[1]Die meisten Prädikate besitzen als Namensendung den Buchstaben "P". Einige LISP-
Interpreter verwenden hierzu das Fragezeichen "?".

```
> (ATOM var_1)
NIL
> (ATOM var_2)
T
```

Bei der 1. Anforderung mit dem Funktionsnamen "ATOM" wird der Ergebniswert "NIL"angezeigt. Dies bedeutet, daß der an die Variable "var_1" gebundene S-Ausdruck *nicht-atomar* ist. Aus dem Ergebniswert "T" der 2. Anforderung können wir folgern, daß "var_2" an einen *atomaren* S-Ausdruck gebunden ist.

Grundsätzlich wird durch eine Prädikatsfunktion eine *Bedingung* für denjenigen S-Ausdruck formuliert, der aus der Evaluierung des jeweiligen Funktionsarguments resultiert. Diese Bedingung besitzt einen Wahrheitswert. Durch das Schlüsselwort "NIL" wird der Wahrheitswert "falsch" und durch "T" der Wahrheitswert "wahr" gekennzeichnet[2]. Generell gilt:

- Eine Prädikatsfunktion wird zum Atom "T" evaluiert, sofern die durch das Prädikat gekennzeichnete Bedingung zutrifft.

- Eine Prädikatsfunktion wird zum Atom "NIL" evaluiert, wenn die durch das Prädikat gekennzeichnete Bedingung *nicht* zutrifft.

- Der S-Ausdruck "T" wird – genau wie "NIL" – zu den *speziellen Atomen* gezählt.

- Wird "T" als Argument eines Funktionsaufrufs verwendet oder als (atomare) Anforderung eingegeben, so wird dieses spezielle Atom vom LISP-Interpreter wiederum zum Atom "T" evaluiert.

  <u>Hinweis:</u> Obwohl man auch eine Variable namens "T" einrichten lassen kann, sollte man von dieser Möglichkeit keinen Gebrauch machen.

ATOM

Um prüfen zu können, ob der an eine Variable gebundene S-Ausdruck *atomar* oder *nicht-atomar* ist, läßt sich die Funktion "ATOM" generell in der folgenden Form einsetzen:

> (ATOM argument)

---

[2]In LISP entspricht der Wahrheitswert *"true"* einem Wert *ungleich* "NIL".

Sofern die Evaluierung des Arguments zu einem *Atom* führt, resultiert aus
der Evaluierung des Prädikats "ATOM" der Wert "T". Andernfalls wird
"NIL" als Ergebnis erhalten.

<u>Hinweis:</u> Es ist zu beachten, daß die Funktion "ATOM" zum Ergebniswert "T" evaluiert
wird, sofern sie auf das Schlüsselwort "NIL" angewandt wird.

Da die Funktion "ATOM" entweder das Atom "NIL" oder das Atom "T" als
Funktionsergebnis liefert, wird "ATOM" zu den *Prädikatsfunktionen* gezählt.
Es gilt z.B.:

```
> (SETQ zeitpunkt_1 '(3 h 23 min))
(3 H 23 MIN)
> (SETQ minuten (* 3 60))
180
> (ATOM zeitpunkt_1)
NIL
> (ATOM minuten)
T
> (ATOM NIL)
T
```

Durch die 1. Anforderung wird die Variable "zeitpunkt_1" an eine Liste, d.h.
an einen *nicht-atomaren* S-Ausdruck gebunden. Deshalb fällt die Prüfung,
ob der an "zeitpunkt_1" gebundene S-Ausdruck atomar ist, negativ aus. Die
Evaluierung der Funktion "ATOM" führt – für das Argument "zeitpunkt_1"
– folglich zum Wahrheitswert "falsch". Dies wird dadurch angezeigt, daß als
Funktionswert das spezielle Atom "NIL" ausgegeben wird.
Entsprechend muß die Prüfung, ob an die Variable "minuten" ein atomarer S-Ausdruck gebunden ist, positiv ausfallen, d.h. die Evaluierung von
"ATOM" muß für das Argument "minuten" den Wahrheitswert "wahr" er-
geben. Dies ist dadurch gekennzeichnet, daß das spezielle Atom "T" als
Funktionsergebnis ermittelt wird.

EQUAL

Wie wir soeben festgestellt haben, wird durch die Evaluierung der Prädikatsfunktion "ATOM" auch für die *leere* Liste "NIL" der Ergebniswert "T" erhalten. Um ausschließen zu können, daß es sich beim Argument von "ATOM"
nicht um die leere Liste handelt, läßt sich die Funktion "EQUAL" in der
Form

> ┌─────────────────────────┐
> │ **(EQUAL argument NIL)** │
> └─────────────────────────┘

einsetzen.

Durch das Funktionsergebnis "T" wird angezeigt, daß die Evaluierung von "argument" zur leeren Liste führt.

Somit erhalten wir z.B. die folgenden Ergebnisse:

```
> (SETQ var_3 '(NIL))
(NIL)
> (EQUAL var_3 NIL)
NIL
> (SETQ var_3 NIL)
NIL
> (EQUAL var_3 NIL)
T
```

Die Funktion "EQUAL" läßt sich allgemein wie folgt einsetzen:

> ┌──────────────────────────────────────┐
> │ **(EQUAL argument_1 argument_2)** │
> └──────────────────────────────────────┘

Durch die Evaluierung von "EQUAL" wird geprüft, ob die beiden S-Ausdrücke, die aus der Evaluierung der beiden Argumente resultieren, in ihren *Zeichenmustern* übereinstimmen. Das Funktionsergebnis "T" gibt an, daß eine vollständige *Übereinstimmung* vorliegt. Sofern *unterschiedliche* Zeichenmuster ermittelt werden, ergibt sich das spezielle Atom "NIL" als Funktionsergebnis von "EQUAL".

Hinweis: Durch die Funktion "EQUAL" wird *nicht* geprüft, ob beide S-Ausdrücke an identischer Stelle im Speicher der EDV-Anlage abgelegt sind. Für diese Prüfung läßt sich bei vielen LISP-Dialekten die Funktion "EQ" einsetzen. Für den Werte-Vergleich zweier numerischer Atome steht die Vergleichsfunktion mit dem Funktionssymbol "=" zur Verfügung. Diese Funktion wird in Abschnitt 3.2 erläutert.

Da bei der Funktion "EQUAL" nur die Funktionswerte "NIL" und "T" möglich sind, handelt es sich bei "EQUAL" – genauso wie bei der Funktion "ATOM" – um eine *Prädikatsfunktion*.

Beispiele für den Einsatz der Prädikatsfunktion "EQUAL" zeigt der folgende Dialog:

```
> (SETQ var_4 '(a))
(A)
> (EQUAL var_4 var_4)
T
> (EQUAL '(a) var_4)
T
> (SETQ var_4 '(NIL))
(NIL)
> (EQUAL var_4 NIL)
NIL
> (EQUAL '() var_4)
NIL
> (EQUAL '(()) var_4)
T
```

3.2   Weitere Prädikatsfunktionen

Wir haben die beiden Prädikatsfunktionen "ATOM" und "EQUAL" in dem
vorausgegangenen Abschnitt *gemeinsam* beschrieben, da sie eine besondere
Bedeutung in LISP besitzen. Dies werden wir in Kapitel 4 verdeutlichen.
Zunächst geben wir einen summarischen Überblick über weitere Prädikatsfunktionen, die im LISP-Dialekt "Common Lisp" zur Verfügung stehen.

NULL

Um die *leere* Liste identifizieren zu können, müssen beim Prädikat "EQUAL"
zwei Argumente angegeben werden. Als Abkürzung läßt sich das Prädikat
"NULL" in der Form

> (NULL argument)

verwenden. Die Evaluierung von "NULL" führt zum Funktionsergebnis "T",
sofern aus dem Funktionsargument die leere Liste evaluiert wird – andernfalls
ergibt sich als Funktionswert das Schlüsselwort "NIL".
Somit gilt z.B.:

```
> (SETQ liste NIL)
NIL
> (NULL liste)
T
```

BOUNDP

Zur Prüfung, ob eine Variable eingerichtet ist, d.h. ob eine Variable an einen
S-Ausdruck gebunden ist, läßt sich die Prädikatsfunktion "BOUNDP" in der
Form

$$\boxed{\text{(BOUNDP argument)}}$$

einsetzen. Die Evaluierung des Arguments muß zu einem Variablennamen
oder zum speziellen Atom "T" führen. Andernfalls wird eine Fehlermeldung
ausgegeben. Als Funktionsergebnis wird "T" erhalten, sofern an die Variable
ein S-Ausdruck gebunden ist.

Ist der aus dem Argument evaluierte S-Ausdruck ein symbolisches Atom,
das bislang an keinen S-Ausdruck gebunden wurde, so ergibt sich "NIL" als
Funktionsergebnis von "BOUNDP".

Somit läßt sich z.B. der folgende Dialog führen:

```
> (SETQ zeitpunkt_1 '(3 h 23 min))
(3 H 23 MIN)
> (BOUNDP 'zeitpunkt_1)
T
> (BOUNDP 'var_5)
NIL
```

Zu beachten ist, daß die Evaluierung des speziellen Atoms "T" wie folgt
angezeigt wird:

```
> (BOUNDP 'T)
T
> (BOUNDP T)
T
```

Hinweis: Dieses Ergebnis läßt sich dahingehend interpretieren, daß an das spezielle Atom
"T" eine gleichnamige Variable gebunden ist.

LISTP

Zur Feststellung, ob es sich bei einem S-Ausdruck um eine *Liste* handelt,
kann das Prädikat "LISTP" wie folgt eingesetzt werden:

> **(LISTP argument)**

Sofern die Evaluierung des Arguments eine Liste ergibt, resultiert aus der
Evaluierung von "LISTP" der Wert "T". Andernfalls wird "NIL" als Ergeb-
nis erhalten.
Zum Beispiel läßt sich der folgende Dialog führen:

```
> (LISTP NIL)
T
> (LISTP 1)
NIL
> (SETQ liste '(3 h 23 min))
(3 H 23 MIN)
> (LISTP liste)
T
> (LISTP 'liste)
NIL
```

NUMBERP

Um einen S-Ausdruck als *numerisches Atom* identifizieren zu können, läßt
sich die Prädikatsfunktion "NUMBERP" in der folgenden Form einsetzen:

> **(NUMBERP argument)**

Sofern die Evaluierung des Arguments zu einem numerischen Atom führt,
resultiert aus der Evaluierung von "NUMBERP" der Wert "T". Andernfalls
wird der Wert "NIL" als Ergebnis ermittelt.
So erhalten wir z.B.:

```
> (NUMBERP 1)
T
> (NUMBERP NIL)
NIL
> (NUMBERP '(1))
NIL
```

Vergleichsfunktionen "<=", ">=", "=", "<" und ">"

Für *numerische* Atome lassen sich Vergleiche bezüglich der Vergleichsopera-
toren <=", ">=", "=", "<" und ">" durchführen, indem die durch diese
Symbole gekennzeichneten Prädikatsfunktionen eingesetzt werden.
Zum Test, ob ein Zahlen-Wert *größer gleich* oder *kleiner gleich* einem anderen Zahlen-Wert ist, können wir eine Anforderung in der Form

```
(>= argument_1 argument_2)
```

bzw.

```
(<= argument_1 argument_2)
```

stellen. Diese Anforderungen führen dann zum Wert "T", wenn der aus dem 1. Argument evaluierte Zahlen-Wert größer gleich bzw. kleiner gleich der Zahl ist, die aus der Evaluierung des 2. Arguments hervorgeht. Trifft die jeweilige Bedingung nicht zu, so liefert die Evaluierung der Funktion "<=" bzw. ">=" den Wert "NIL".
Eine Anforderung in der Form

```
(= argument_1 argument_2)
```

führt dann zum Wert "T", wenn die beiden numerischen Atome, die durch die Evaluierung der beiden Argumente erhalten werden, in ihren numerischen Werten *gleich* sind. Liegt keine Gleichheit vor, so liefert die Evaluierung der Funktion "=" den Wert "NIL".
Somit gilt z.B.:

```
> (= 1 1.)
T
> (= 1 1.1)
NIL
```

Die Evaluierung von

```
(< argument_1 argument_2)
```

führt dann zum Wert "T", wenn für die beiden numerischen Atome, die durch die Evaluierung der beiden Argumente erhalten werden, gilt, daß der aus dem 1. Argument evaluierte Zahlen-Wert *kleiner* ist als die Zahl, die aus der Evaluierung des 2. Arguments hervorgeht. Trifft diese Bedingung nicht zu, so liefert die Evaluierung der Funktion "<" den Wahrheitswert "NIL".
Somit gilt z.B:

```
> (< -3 -2)
T
> (< -2 -3)
NIL
```

Die Evaluierung von

$$(> \text{argument\_1} \quad \text{argument\_2})$$

führt dann zum Wert "T", wenn für die beiden numerischen Atome, die durch die Evaluierung der beiden Argumente erhalten werden, gilt, daß der aus dem 1. Argument evaluierte Zahlen-Wert *größer* als die Zahl ist, die aus der Evaluierung des 2. Arguments hervorgeht. Trifft diese Bedingung nicht zu, so liefert die Evaluierung der Funktion ">" den Wahrheitswert "NIL". Somit gilt z.B:

```
> (> -3 -2)
NIL
> (> -2 -3)
T
```

ZEROP

Zur Vereinfachung der Prüfung, ob ein Zahlen-Wert *gleich* der Zahl Null ("0") ist, läßt sich die Prädikatsfunktion "ZEROP" wie folgt einsetzen:

$$(\text{ZEROP} \quad \text{argument})$$

Die Evaluierung von "ZEROP" führt zum Wert "T", wenn sich aus der Evaluierung des Arguments das numerische Atom "0" als Zahlen-Wert ergibt. Andernfalls ist "NIL" als Funktionsergebnis festgesetzt. Also gilt:

```
> (ZEROP 0)
T
> (ZEROP 1)
NIL
```

MINUSP

Um die Prüfung, ob eine Zahl kleiner als der Zahlen-Wert "0" ist, zu vereinfachen, läßt sich die Prädikatsfunktion "MINUSP" wie folgt einsetzen:

$$(\text{MINUSP} \quad \text{argument})$$

Die Evaluierung von "MINUSP" führt zum Wert "T", wenn die Evaluierung des Arguments zu einem *negativen* Zahlen-Wert führt. Andernfalls wird "NIL" als Funktionsergebnis ermittelt.
Somit gilt z.B.:

```
> (MINUSP 0)
NIL
> (MINUSP -1)
T
```

ODDP, EVENP

Zur Vereinfachung der Prüfung, ob es sich bei einem ganzzahligen numerischen Atom um eine *ungerade* Zahl handelt, läßt sich die Prädikatsfunktion "ODDP" wie folgt einsetzen:

```
(ODDP argument)
```

Die Evaluierung von "ODDP" führt zum Wert "T", wenn sich aus der Evaluierung des Arguments eine *ungerade* Zahl ergibt. Andernfalls ist "NIL" als Funktionsergebnis festgesetzt.
Alternativ läßt sich über die Prädikatsfunktion "EVENP" in der Form

```
(EVENP argument)
```

feststellen, ob eine *gerade* Zahl vorliegt. Die Evaluierung von "EVENP" führt zum Wert "T", wenn sich aus der Evaluierung des Arguments eine *gerade* Zahl ergibt. Andernfalls ist "NIL" als Funktionsergebnis festgesetzt.
Also gilt:

```
> (EVENP 0)
T
> (EVENP -1)
NIL
> (ODDP 0)
NIL
> (ODDP -1)
T
```

Kapitel 4

Anwenderfunktionen

4.1 Basisfunktionen und Systemfunktionen

In den vorausgegangenen Kapiteln haben wir beschrieben, wie sich Funktionen und Spezialformen einsetzen lassen, um Leistungen vom LISP-Interpreter abzurufen. Dabei wurde als zentraler Unterschied zwischen Funktionen und Spezialformen herausgestellt:

- Bei einer Funktion, die der LISP-Interpreter bereitstellt, werden *sämtliche* Argumente evaluiert, und

- bei einer Spezialform hängt es vom Namen der jeweiligen Spezialform ab, ob überhaupt eine Evaluierung stattfindet und welche Argumente dabei evaluiert werden.

Als Namen für Funktionen sind uns unter anderem die fünf Funktionen "CAR", "CDR", "CONS", "EQUAL" und "ATOM" geläufig. Diese Funktionen sind von fundamentaler Bedeutung. Sie stellen die Basis von LISP – das sogenannte "Kern-LISP" ("pure LISP")[1] – dar und werden daher *Basisfunktionen* ("basic functions") genannt. Ihnen kommt deswegen eine zentrale Bedeutung zu, weil allein durch ihren Einsatz sämtliche anderen Funktionen, die im Sprachumfang eines LISP-Dialekts enthalten sind, – unter Einsatz von bestimmten Spezialformen – nachgebildet werden können. Dies bedeutet z.B., daß sich die Leistung der Funktion "LIST" durch eine geeignete Kombination von Aufrufen der Basisfunktion "CONS" erreichen läßt.

Um sämtliche anderen Funktionen, die standardmäßig vom LISP-Interpreter bereitgestellt werden, *begriffsmäßig* von den Basisfunktionen abzugrenzen,

---

[1] Kern-LISP wurde ursprünglich für die nicht-numerische Datenverarbeitung konzipiert.

sprechen wir fortan von *Systemfunktionen* ("system functions", "built-in functions", "primitives").

4.2 Definition von Funktionen (DEFUN)

Anwenderfunktionen

Um die Zeitdauer zwischen den beiden Zeitangaben "3 h 23 min" und "5 h 12 min" ermitteln zu lassen, haben wir mit Hilfe der Systemfunktionen "/", "−", "+", "*" und "REM" den folgenden Dialog geführt:

```
> (/ (- (+ (* 5 60) 12) (+ (* 3 60) 23)) 60)
1
> (REM (- (+ (* 5 60) 12) (+ (* 3 60) 23)) 60)
49
```

Damit diese Anforderungen z.B. bei einer erneuten Berechnung einer Zeitdauer – zwischen zwei anderen Zeitpunkten – nicht wieder eingegeben werden müssen, ist es wünschenswert, beide Anforderungen – in einer allgemeinen Form – zu speichern und anschließend in der gewünschten Form zur Ausführung bringen zu lassen.

Zu diesem Zweck kann der Anwender *eigene* Funktionen vereinbaren, die als *Anwenderfunktionen* ("user defined functions") bezeichnet werden. Hierzu sind sämtliche Anforderungen, die beim Aufruf einer Anwenderfunktion evaluiert werden sollen, unter einem selbst gewählten Funktionsnamen zu speichern.

Die Spezialform DEFUN

Zur Vereinbarung einer Anwenderfunktion ist die Spezialform "DEFUN" in der folgenden Form einzusetzen[2]:

```
(DEFUN    funktions_name    ( [ parameter ]... )
          funktions_rumpf
)
```

---

[2]In einigen LISP-Dialekten leisten dies die Spezialformen "DEFINE", "DEF" oder "DE".

<u>Hinweis:</u> Um die Übersicht zu verbessern, setzen wir die einleitende und die abschließende Klammer der Spezialform "DEFUN" untereinander.

Dem Namen der Spezialform, d.h. dem Schlüsselwort "DEFUN", folgt ein frei gewählter "Funktionsname", dem sich eine Liste von Parametern und ein "Funktionsrumpf" in Form einer oder mehrerer Anforderungen anschließen.

Der *Funktionsname* ist genauso wie ein Variablenname aufgebaut[3]. Er wird gleichfalls – genau wie ein Variablenname – den *symbolischen Atomen* zugerechnet.

Im *Funktionsrumpf* sind – je nach Lösungsplan – eine oder mehrere Anforderungen zur Verarbeitung von S-Ausdrücken anzugeben. Dies können Funktionsaufrufe sowie Aufrufe von Spezialformen sein.

<u>Hinweis:</u> Es ist formal zulässig, einen Funktionsrumpf anzugeben, der allein aus der Anforderung "NIL" besteht.

Innerhalb des Funktionsrumpfs sind an den Stellen geeignete *Parameter* als *Platzhalter* (Platzhaltervariable) einzutragen, an denen die zu verarbeitenden S-Ausdrücke zum Zeitpunkt des Funktionsaufrufs eingesetzt werden sollen. Derartige Parameter sind durch *symbolische Atome* zu kennzeichnen, so daß sie als Variablennamen angesehen werden können.

Sämtliche Parameter, die innerhalb des Funktionsrumpfs verwendet werden, sind als Elemente einer Liste – der *Parameterliste* – unmittelbar hinter dem Funktionsnamen aufzuführen. Als Parameter dürfen *nur* Variablen in Form von symbolischen Atomen verwendet werden. Sie dürfen weder in der Parameterliste noch im Funktionsrumpf quotiert sein.

Werden innerhalb des Funktionsrumpfs *keine* Parameter benötigt, so ist die *leere* Liste "()" als Parameterliste anzugeben.

<u>Hinweis:</u> Anstelle von "()" darf auch das Schlüsselwort "NIL" verwendet werden. Davon werden wir jedoch keinen Gebrauch machen.

Als Ergebnis der Evaluierung der Spezialform "DEFUN" erhalten wir den Namen der vereinbarten Funktion angezeigt.

<u>Hinweis:</u> Da nicht der Funktionsname, sondern die definierte Funktion von Interesse ist, wird "DEFUN" auch als *Pseudofunktion* bezeichnet.

---

[3] Bei der Vereinbarung einer Funktion ist es *nicht* zulässig, das symbolische Atom "NIL" als Funktionsnamen oder als Parameter zu verwenden.

Funktionsaufruf

Eine durch die Spezialform "DEFUN" vereinbarte Anwenderfunktion ist an jeder beliebigen Stelle, d.h. *global* verfügbar. Dies bedeutet, daß sie – wie jede Basis- bzw. Systemfunktion oder wie eine Spezialform – als einzelne Anforderung oder innerhalb einer anderen Anforderung als Argument eingesetzt werden kann.

Der *Funktionsaufruf* einer Anwenderfunktion läßt sich – ebenso wie der Aufruf einer Basis-, Systemfunktion oder Spezialform – in der Form

> | (funktions_name [argument]...) |

vornehmen.

Hinweis: Die beim Funktionsaufruf aufgeführten Argumente nennt man auch *aktuelle Parameter*. Im Gegensatz hierzu werden die bei der Vereinbarung einer Funktion mit der Spezialform "DEFUN" verwendeten Parameter auch als *formale Parameter* bezeichnet.

Ist eine Funktion mit einer *leeren* Parameterliste, d.h. ohne Parameter, vereinbart worden, so wird die Funktion allein durch den Funktionsnamen – eingeschlossen in die beiden Klammern "(" und ")" – aufgerufen. Sind hinter dem Funktionsnamen ein oder mehrere *Funktionsargumente* angegeben, so nehmen sie – nach ihrer Evaluierung – im Funktionsrumpf der Anwenderfunktion den Platz der Parameter ein. Dabei wird das 1. Argument dem 1. Parameter zugeordnet, das 2. Argument wird dem 2. Parameter zugeordnet, usw.

Beim Aufruf einer Funktion ist sicherzustellen, daß die Anzahl der Argumente mit der *Anzahl* der Parameter aus der Funktionsdefinition *übereinstimmt*.

Durch den Funktionsaufruf muß gesichert sein, daß jede Variable, die als Argument verwendet wird, an einen S-Ausdruck gebunden ist. Beim LISP-Interpreter "XLISP" wird zunächst geprüft, ob sich jedes Argument erfolgreich evaluieren läßt (d.h. eine Form ist). Ist eine Variable als Argument angegeben, die bislang an keinen S-Ausdruck gebunden wurde, so wird der Funktionsaufruf mit einer Fehlermeldung abgewiesen.

Wie die Argumente beim Funktionsaufruf den Parametern der Funktionsvereinbarung zugeordnet werden, veranschaulicht das folgende Schema:

Definition: funktions_name   (parameter_1   ...   parameter_n)

                                                 ↑   ↑

Funktionsaufruf: (funktions_name   argument_1   ...   argument_n)

Genau wie bei den Basis-, Systemfunktionen und Spezialformen ist es zulässig, beim Funktionsaufruf einer Anwenderfunktion als *Funktionsargument* wiederum einen Funktionsaufruf anzugeben, so daß Funktionsaufrufe beliebig tief *verschachtelt* werden können.

<u>Hinweis:</u> Bei einer Verschachtelung können Aufrufe von Basis-, System- und Anwenderfunktionen sowie Aufrufe von Spezialformen *gemischt* auftreten.

Zusammenfassend läßt sich über die Evaluierung der Spezialform "DEFUN" folgendes feststellen:

- Der Funktionsrumpf der Anwenderfunktion wird unter dem Funktionsnamen gespeichert, der hinter "DEFUN" aufgeführt ist.

- Sofern die Parameterliste von der *leeren* Liste verschieden ist, werden Vorkehrungen für eine – zum Zeitpunkt des Funktionsaufrufs – erforderliche Ersetzung der Parameter getroffen.

- Als Ergebnis der Evaluierung von "DEFUN" wird abschließend der Funktionsname der vereinbarten Anwenderfunktion am Bildschirm angezeigt.

Die Definition einer Anwenderfunktion hat den Vorteil, daß sich mehrfach benötigte Anforderungen so speichern lassen, daß sie durch Angabe eines Funktionsnamens – für jeweils unterschiedliche Funktionsargumente – abgerufen werden können. Dabei ist es *nicht* erforderlich, die – im Funktionsrumpf – als Parameter verwendeten Variablennamen zu kennen. Beim Funktionsaufruf ist allein dafür zu sorgen, daß die Funktionsargumente so angegeben werden, daß sie in der Reihenfolge mit den Parametern korrespondieren, deren Plätze sie während der Evaluierung des Funktionsrumpfs einnehmen sollen.

Ein erstes Beispiel

Wir haben kennengelernt, daß sich der ganzzahlige Anteil bei einer ganzzahligen Division durch den Aufruf der Systemfunktion "/" ermitteln läßt. Wollen wir etwa die ganzzahlige Division nicht durch das Symbol "/", sondern durch den Funktionsnamen "div" aufrufen, so können wir z.B. den folgenden Dialog führen:

```
> (DEFUN div (ganzzahl teiler)
     (/ ganzzahl teiler)
  )
DIV
```

Durch die Anforderung mit der Spezialform "DEFUN" haben wir eine Anwenderfunktion namens "div" verabredet. Als Ergebnis der Evaluierung der Spezialform "DEFUN" erhalten wir den Namen der vereinbarten Funktion in der Form "DIV" angezeigt.

Hinter dem Funktionsnamen "div" ist die Parameterliste mit zwei Parametern namens "ganzzahl" und "teiler" in der Form

```
(ganzzahl teiler)
```

angegeben. Diese beiden Namen sind im Funktionsrumpf als Argumente der Systemfunktion "/" aufgeführt.

Der Funktionsrumpf enthält

```
(/ ganzzahl teiler)
```

als einzige Anforderung.

Wird die Anwenderfunktion "div" aufgerufen, so müssen bei ihrem Funktionsaufruf zwei Argumente angegeben werden. Das 1. Argument wird evaluiert und anschließend – innerhalb des Funktionsrumpfes von "div" – für die Platzhaltervariable "ganzzahl" eingesetzt und somit zum 1. Argument der Systemfunktion "/". Entsprechend wird das 2. Argument von "div" evaluiert und anschließend für die Platzhaltervariable "teiler" eingesetzt und daher zum 2. Argument der Systemfunktion "/".

Generell gilt nämlich:

- Genau wie bei den Basis- und Systemfunktionen werden auch die Argumente einer Anwenderfunktion beim Funktionsaufruf *unmittelbar* evaluiert. Anschließend ersetzen die Ergebnisse die mit ihnen korrespondierenden Parameter, die in der Parameterliste – innerhalb der Funktionsdefinition – aufgeführt sind.

Wird folglich die Anforderung

```
(div 312 60)
```

gestellt, so wird "312" zu "312" und "60" zu "60" evaluiert. Danach wird das 1. Argument "312" für den Parameter "ganzzahl" und das 2. Argument "60" für den Parameter "teiler" eingesetzt. Folglich wird die Systemfunktion "/" so aufgerufen, als wenn wir die Anforderung

```
(/ 312 60)
```

gestellt hätten.

Da der Funktionsaufruf "(div 312 60)" zum Funktionsergebnis "5" führt, wird dieser Zahlen-Wert – als Ergebnis der Evaluierung von "div" – am Bildschirm angezeigt.

Hinweis: Stellen wir eine Anforderung, in der die Platzhaltervariable "teiler" für den Zahlen-Wert "0" steht, so erhalten wir eine Fehlermeldung der folgenden Form angezeigt:

```
error: division by zero
```

Durch den Einsatz von "div" läßt sich z.B. der folgenden Dialog führen:

```
> (SETQ var_1 312)
312
> (SETQ var_2 'var_1)
VAR_1
> (div var_1 60)
5
> (div var_2 60)
error: bad argument type - var_1
```

Beim 1. Aufruf von "div" wird für den Parameter "ganzzahl" derjenige Wert eingesetzt, der durch die Evaluierung der Variablen "var_1" ermittelt wurde. Daher besitzt der Aufruf der Systemfunktion "/" die Form

```
(/ 312 60)
```

so daß "312" wiederum ganzzahlig durch "60" geteilt und damit "5" als Ergebnis angezeigt wird.

Beim 2. Aufruf von "div" wird für den Parameter "ganzzahl" derjenige Wert eingesetzt, der durch die Evaluierung der Variablen "var_2" erhalten wird. Daher wird die Systemfunktion "/" in der Form

```
(/ var_1 60)
```

aufgerufen. Bei der Prüfung der Argumente von "/" wird das symbolische Atom "var_1" als *unzulässiges* Argument erkannt.

Dies führt zur Ausgabe der oben angegebenen Fehlermeldung.

Man könnte zunächst meinen, daß beim Funktionsaufruf

```
(/ var_1 60)
```

die beiden Argumente von "/" wiederum evaluiert werden, so daß sich

```
(/ 312 60)
```

als sinnvolle Anforderung ergibt.

Es gilt jedoch:

- Nachdem ein Funktionsargument evaluiert wurde, ersetzt das Ergebnis der Evaluierung den korrespondierenden Parameter im gesamten Funktionsrumpf. Dieses Ergebnis wird innerhalb des Funktionsrumpfs *nicht* nochmals evaluiert.

Als Beispiel für einen *verschachtelten* Aufruf läßt sich der folgende Dialog angeben:

```
> (div (- 312 203) 60)
1
```

Bei der Ausführung von "div" werden die Argumente "(- 312 203)" und "60" evaluiert. Die resultierenden Werte "109" und "60" werden für die Platzhaltervariablen "ganzzahl" und "teiler" im Funktionsrumpf von "div" eingesetzt. Folglich wird die Systemfunktion "/" in der Form

```
(/ 109 60)
```

aufgerufen, so daß "109" ganzzahlig durch "60" geteilt wird. Als Ergebnis der Evaluierung von "div" wird somit der Zahlen-Wert "1" angezeigt.

Das Funktionsergebnis

Der Funktionsrumpf einer Anwenderfunktion kann eine oder mehrere Anforderungen enthalten. Sind mehrere Anforderungen angegeben, so werden sie *sequentiell*, d.h. in der Reihenfolge ihrer Niederschrift evaluiert.

<u>Hinweis:</u> Ist "NIL" als einzige Anforderung im Funktionsrumpf aufgeführt, so wird die Anwenderfunktion zu "NIL" evaluiert.

In Abhängigkeit von der Anzahl der Anforderungen, die im Funktionsrumpf einer Anwenderfunktion eingetragen sind, gilt:

- Enthält der Funktionsrumpf *eine* einzige Anforderung, so ist das Funktionsergebnis der Anwenderfunktion derjenige S-Ausdruck, der aus der Evaluierung dieser Anforderung resultiert.

- Enthält der Funktionsrumpf *mehrere* Anforderungen, so führt die Evaluierung der Anwenderfunktion zu demjenigen S-Ausdruck, der durch die Evaluierung der *letzten* im Funktionsrumpf enthaltenen Anforderung erhalten wird.

- Die Anforderung, die das Funktionsergebnis bestimmt, darf aus einer Verschachtelung von Funktionsaufrufen und Aufrufen von Spezialformen bestehen.

Berechnung der Zeitdauer

Wir kehren jetzt zu unserer Aufgabenstellung zurück, die wir im 1. Kapitel formuliert haben und deren Lösung wir z.B. durch den folgenden Dialog realisieren konnten:

```
> (/ (- (+ (* 5 60) 12) (+ (* 3 60) 23)) 60)
1
> (REM (- (+ (* 5 60) 12) (+ (* 3 60) 23)) 60)
49
```

Jetzt wollen wir weitere Anwenderfunktionen definieren, bei deren Funktionsaufrufen jeweils die Zahlen-Werte "3" und "23" des 1. Zeitpunkts "(3 h 23 min)" sowie die Zahlen-Werte "5" und "12" des 2. Zeitpunkts "(5 h 12 min)" als Argumente bereitzustellen sind. Auf dieser Basis sollte die Evaluierung der Anwenderfunktionen zu den Funktionsergebnissen "1" bzw. "49" führen.

Um den Stundenanteil der Zeitdauer zu ermitteln, definieren wir die Funktion "stundenzahl_1". In ihrem Funktionsrumpf müssen Platzhaltervariable zur Übernahme der Stunden- und Minuten-Werte aus dem 1. und dem 2. Zeitpunkt bereitgestellt werden. Für den 1. Zeitpunkt nennen wir diese Platzhaltervariablen "h_1" und "min_1", und für den 2. Zeitpunkt wählen wir die Namen "h_2" und "min_2". Somit muß der Funktionsrumpf von "stundenzahl_1" folgendermaßen aussehen:

```
(/ (- (+ (* h_2 60) min_2) (+ (* h_1 60) min_1)) 60)
```

Als Parameterliste, die hinter dem Funktionsnamen "stundenzahl_1" anzugeben ist, legen wir die folgende Liste fest:

```
(h_1 min_1 h_2 min_2)
```

Dadurch ist bestimmt, daß – beim Funktionsaufruf – die Angaben zum 1. Zeitpunkt den Angaben zum 2. Zeitpunkt vorausgehen und dabei jeweils die Minutenangaben den Stundenangaben nachfolgen müssen.

<u>Hinweis:</u> Die Parameter können in willkürlicher Reihenfolge aufgeführt sein. Entscheidend ist, daß die Argumente beim Aufruf der Anwenderfunktion so angegeben werden, daß sie – gemäß der gewählten Reihenfolge – mit den Parametern der Parameterliste korrespondieren.

Somit kann die Spezialform "DEFUN", deren Evaluierung zum Einrichten der Anwenderfunktion "stundenzahl_1" führt, wie folgt eingegeben werden:

```
> (DEFUN stundenzahl_1 (h_1 min_1 h_2 min_2)
    (/ (- (+ (* h_2 60) min_2) (+ (* h_1 60) min_1)) 60)
  )
STUNDENZAHL_1
```

Entsprechend können wir eine Anwenderfunktion namens "minutenzahl_1", die zur Berechnung des Minutenanteils der Zeitdauer dienen soll, wie folgt festlegen:

```
> (DEFUN minutenzahl_1 (h_1 min_1 h_2 min_2)
    (REM (- (+ (* h_2 60) min_2) (+ (* h_1 60) min_1)) 60)
  )
MINUTENZAHL_1
```

Anschließend läßt sich z.B. der folgende Dialog führen:

```
> (stundenzahl_1 3 23 5 12)
1
> (minutenzahl_1 3 23 5 12)
49
```

Eine Lösungsvariante

Störend ist, daß in den bisherigen Lösungen die Funktionsargumente bislang
noch nicht in der symbolischen Schreibweise, d.h. in der Form "(5 h 12 min)"
und "(3 h 23 min)", verwendet werden konnten. Anzustreben ist daher
die Entwicklung einer Anwenderfunktion namens "stundenzahl_2", die z.B.
durch den Funktionsaufruf

```
(stundenzahl_2 '((3 h 23 min) (5 h 12 min)))
```

evaluiert wird.
Da der Funktionsrumpf einer Anwenderfunktion aus mehreren Funktionsaufrufen bestehen kann (dabei wird der *letzte* Funktionsaufruf innerhalb
des Funktionsrumpfes als Funktionsergebnis der Anwenderfunktion am Bildschirm angezeigt), läßt sich die angestrebte Form durch die folgende Definition der Funktion "stundenzahl_2" erreichen:

```
> (DEFUN stundenzahl_2 (zeiten)
    (SETQ h_1 (CAAR zeiten))
    (SETQ min_1 (CADDAR zeiten))
    (SETQ h_2 (CAADR zeiten))
    (SETQ min_2 (CAR (CDDADR zeiten)))
    ; die Anzahl der erlaubten Zeichen zwischen
    ; ''C'' und ''R'' ist vom jeweiligen
    ; LISP-Interpreter abhaengig
    (/ (- (+ (* h_2 60) min_2) (+ (* h_1 60) min_1)) 60)
  )
STUNDENZAHL_2
```

Kommentar

Im Funktionsrumpf von "stundenzahl_2" sind die Zeilen

```
; die Anzahl der erlaubten Zeichen zwischen
; ''C'' und ''R'' ist vom jeweiligen
; LISP-Interpreter abhaengig
```

eingetragen. Sie dienen als *Kommentarzeilen*, die ergänzende Informationen enthalten und vom LISP-Interpreter nicht ausgewertet werden sollen.

Eine *Kommentarzeile*, deren Zeichen vom LISP-Interpreter "XLISP" zu überlesen sind, muß durch das Semikolon ";" eingeleitet werden.

<u>Hinweis:</u> Welches spezielle Zeichen bzw. welche Zeichenkombination zur Einleitung von Kommentarinformation dient, ist vom jeweils eingesetzten LISP-Interpreter abhängig.

Sequenz

Werden – wie bei der Vereinbarung der Funktion "stundenzahl_2" – mehrere Anforderungen in einem Funktionsrumpf eingetragen, so spricht man von einer *Sequenz*. Die Evaluierung einer Sequenz erfolgt so, daß alle Anforderungen der Sequenz einzeln – von *oben* nach *unten* – in der Reihenfolge evaluiert werden, in der sie innerhalb der Sequenz aufgeführt sind. Dabei wird der S-Ausdruck, den der LISP-Interpreter durch die Evaluierung der letzten innerhalb der Sequenz enthaltenen Anforderung ermittelt, als Funktionsergebnis der Anwenderfunktion am Bildschirm angezeigt.

<u>Hinweis:</u> In LISP ist es möglich, einen S-Ausdruck als Funktionsergebnis festzulegen, der *nicht* aus der Evaluierung der letzten Anforderung einer Sequenz entstammt. Dazu stellt der LISP-Dialekt "Common Lisp" z.B. die Spezialformen "PROG" (in Verbindung mit "RETURN") und "PROG1" zur Verfügung. Die Möglichkeit, diese Spezialformen und weitere Konstrukte z.B. zur Programmierung von Schleifen und Sprüngen einzusetzen, ist als Zugeständnis an den iterativen Programmierstil zu sehen. Da dies nicht der funktionalen Programmierung entspricht, verzichten wir auf eine Darstellung.

Als weiteres Beispiel einer Sequenz formulieren wir die Berechnung der Minuten-Werte wie folgt:

```
(DEFUN minutenzahl_2 (zeiten)
   (SETQ h_1 (CAAR zeiten))
   (SETQ min_1 (CADDAR zeiten))
   (SETQ h_2 (CAADR zeiten))
   (SETQ min_2 (CAR (CDDADR zeiten)))
   (REM (- (+ (* h_2 60) min_2) (+ (* h_1 60) min_1)) 60)
)
```

Diese Funktion korrespondiert mit der oben angegebenen Funktion "stundenzahl_2", bei der ebenfalls beide Zeitpunkte in ihrer symbolischen Schreibweise als Argumente anzugeben sind.

Übersichtlichkeit des Lösungsplans

Bei der Eingabe der Funktionsrümpfe von "stundenzahl_2" und "minutenzahl_2" haben wir großen Wert auf Übersichtlichkeit gelegt, damit wir schnell erkennen können, wie die jeweiligen Funktionsargumente der Funktionen "/", "–", "–" und "*" ermittelt werden.

Eleganter in der Formulierung sind sicherlich die folgendermaßen definierten Anwenderfunktionen "stundenzahl_3" und "minutenzahl_3":

```
> (DEFUN stundenzahl_3 (zeiten)
     (/ (- (+ (* (CAADR zeiten) 60) (CAR (CDDADR zeiten)))
           (+ (* (CAAR zeiten) 60)  (CADDAR zeiten)))
        60)
  )
STUNDENZAHL_3
> (DEFUN minutenzahl_3 (zeiten)
     (REM (- (+ (* (CAADR zeiten) 60) (CAR (CDDADR zeiten)))
             (+ (* (CAAR zeiten) 60)  (CADDAR zeiten)))
          60)
  )
MINUTENZAHL_3
```

Mit ihnen läßt sich der folgende Dialog führen:

```
> (stundenzahl_3 '((3 h 23 min) (5 h 12 min)))
1
> (minutenzahl_3 '((3 h 23 min) (5 h 12 min)))
49
```

Entsprechend können wir auch wie folgt vorgehen:

```
> (SETQ zeitpunkte '((3 h 23 min) (5 h 12 min)))
((3 H 23 MIN)(5 H 12 MIN)))
> zeitpunkte
((3 H 23 MIN)(5 H 12 MIN)))
> (stundenzahl_3 zeitpunkte)
1
> (minutenzahl_3 zeitpunkte)
49
```

Überdeckung von Systemfunktionen

Bei der Auswahl von Funktionsnamen für Anwenderfunktionen lassen sich auch Namen verwenden, mit denen ursprünglich Systemfunktionen gekennzeichnet sind.

So können wir z.B. den folgenden Dialog führen:

```
> (DEFUN rem (arg_1 arg_2)
     (/ arg_1 arg_2)
  )
REM
> (rem 5 2)
2
```

Anschließend bezeichnet der Funktionsname "rem" nicht mehr die Systemfunktion "REM" zur Bestimmung des *ganzzahligen Divisionsrestes*. Vielmehr ist jetzt festgelegt, daß über den Funktionsnamen "rem" der *ganzzahlige Anteil* – unter Einsatz der Systemfunktion "/" – ermittelt werden soll.

Dies bedeutet, daß der Name der Systemfunktion "REM" durch die Definition einer Anwenderfunktion namens "rem" *überdeckt* ist. Beim Aufruf der Funktion "rem" wird somit *nicht* die Systemfunktion "REM", sondern die Anwenderfunktion "rem" evaluiert.

<u>Hinweis:</u> Die Überdeckung von Systemfunktionen ("shadowing") sollte – abgesehen von Ausnahmefällen – vermieden werden. Eine derartige Ausnahme könnte etwa dann vorliegen, wenn beim Wechsel von einem zu einem anderen LISP-Interpreter der Name einer Systemfunktion geändert werden muß, weil einem der Name unter dem alten LISP-Interpreter geläufiger ist oder weil das Ergebnis einer Systemfunktion des ursprünglich benutzten LISP-Interpreters vom Ergebnis eines anderen Interpreters abweicht (siehe z.B. die Systemfunktion "MEMBER" in Kapitel 7.).

4.3   Lokale Variablen (LET)

Seiteneffekte

Nachteilig bei einigen der oben angegebenen Funktionsrümpfen von Anwenderfunktionen ist, daß die Spezialform "SETQ" zur Bindung von Zwischenergebnissen verwendet wurde. Durch die Evaluierung von "SETQ" wird jeweils eine Variable eingerichtet, die auch *nach* Ausführung der Anwenderfunktion erhalten bleibt. Dies bedeutet, daß der Speicherinhalt des LISP-Interpreters *langfristig* verändert wird, obwohl eigentlich nur eine *kurzfristige* Änderung – für die Dauer der Evaluierung des Funktionsrumpfes der Anwenderfunktion – erforderlich wäre. Somit hat "SETQ" *keine* lokale, sondern eine *globale* Wirkung. Man bezeichnet dies als einen *Seiteneffekt* und nennt die eingerichtete Variable eine *globale Variable*[4].

Hinweis: Die Parameter, die bei der Vereinbarung einer Anwenderfunktion innerhalb der Parameterliste aufgeführt werden, sind *keine* globalen Variablen, da sie nur für die Dauer der Ausführung einer Funktion bekannt sind.

Um S-Ausdrücke zur weiteren Auswertung zur Verfügung zu halten, sind oftmals Seiteneffekte über globale Variable unbedingt erforderlich. Allerdings sollte diese Art der Programmierung die Ausnahme sein.

Grundsätzlich sollte angestrebt werden, S-Ausdrücke – zur weiteren Verarbeitung – *allein* als Ergebnisse von Funktionsaufrufen bzw. als Ergebnis des Aufrufs von Spezialformen bereitzustellen. Eine derartige Weitergabe eines S-Ausdrucks – frei von Seiteneffekten – sollte die einzige Wirkung einer Anforderung sein.

Ferner ist – soweit möglich – dafür zu sorgen, daß die Evaluierung von Anforderungen, die in einem Funktionsrumpf eingetragen sind, auch bei einer erforderlichen Zwischenspeicherung von S-Ausdrücken *allein* zu *lokalen* Veränderungen führt. Damit sich diese Forderung erfüllen läßt, stellt der LISP-Interpreter die Spezialform "LET" zur Verfügung.

---

[4]In der Literatur werden globale Variable meist durch Sterne "*" – z.B. in der Form "*var*" – gekennzeichnet.

Die Spezialform LET

Damit Variablen innerhalb eines Funktionsrumpfes verwendet werden
können, die nur für die Dauer der Evaluierung einer Funktion zur Verfügung
stehen, läßt sich die Spezialform "LET" in der folgenden Form einsetzen:

```
(LET     initialisierungs_liste
            let_rumpf
)
```

Im *LET-Rumpf* können – genau wie in einem Funktionsrumpf – eine oder
mehrere Anforderungen angegeben werden. Als Argumente dieser Anforderungen lassen sich Variable verwenden, die innerhalb einer "Initialisierungsliste" vereinbart sind. Bei diesen Variablen handelt es sich um *lokale*
Variablen. Sie stehen *nur* für die Dauer der Evaluierung des LET-Rumpfes
und *nicht* außerhalb des LET-Rumpfes zur Verfügung.

Als Ergebnis der Evaluierung von "LET" ist der S-Ausdruck festgelegt, der
aus der Evaluierung der letzten – im LET-Rumpf – eingetragenen Anforderung ermittelt wird[5].

Innerhalb der *Initialisierungsliste* läßt sich – als Listenelement – jeder lokalen
Variablen eine Anforderung in der folgenden Form zuordnen:

```
(lokale_variable anforderung)
```

Bei der Evaluierung der Spezialform "LET" werden zunächst sämtliche hinter den lokalen Variablen aufgeführten Anforderungen evaluiert. Danach
werden die dadurch ermittelten S-Ausdrücke den jeweils zugeordneten Variablen – als *Anfangswerte* – zugeordnet. Auf die S-Ausdrücke der so initiali-
sierten Variablen kann anschließend innerhalb des LET-Rumpfes zugegriffen
werden.

Hinweis: Sämtliche S-Ausdrücke, die innerhalb der Initialisierungsliste angegeben sind,
werden *"parallel"* evaluiert. Dies bedeutet, daß keine lokalen Variablen innerhalb von
"anforderung" aufgeführt sein dürfen.

Im LISP-Dialekt "Common Lisp" ist es erlaubt, auf die Angabe von "anforderung" zu
verzichten[6]. In diesem Fall wird der korrespondierenden lokalen Variablen das symbolische
Atom "NIL" als Anfangswert zugeordnet.

---

[5]Enthält die Spezialform "LET" keinen Rumpf, so ist "NIL" als Ergebniswert der
Evaluierung von "LET" festgelegt.

[6]Dies ist beim LISP-Interpreter "XLISP" nicht zulässig.

Da die Initialisierungsliste beliebig viele lokale Variablen enthalten darf,
stellt sich die Syntax der Spezialform "LET" – in ihrer ausführlichen Form
– insgesamt wie folgt dar:

```
(LET    (   [( lokale_variable   anforderung )]...   )

                        let_rumpf
)
```

<u>Hinweis:</u> Ist die Initialisierungsliste gleich der leeren Liste, so werden *keine* lokalen Variablen definiert.

Da es sich bei den Variablen, die innerhalb der Initialisierungsliste der Spezialform "LET" vereinbart sind, um lokale Variablen handelt, führt der Einsatz von "LET" zu *keinen* Seiteneffekten. Dies bedeutet, daß die durch die
Initialisierungsliste vereinbarten Variablen nach der Evaluierung der Spezialform "LET" nicht mehr vorhanden sind.

Dadurch, daß der Aufruf von "LET" an geeigneter Stelle im Funktionsrumpf
einer Anwenderfunktion eingebettet wird, lassen sich jeweils kurzfristig zu
speichernde Zwischenergebnisse einer oder mehreren lokalen Variablen zuordnen. Diese Variablen sind nach der Evaluierung des LET-Rumpfes –
und damit auch nach der Evaluierung der Anwenderfunktion – nicht mehr
vorhanden.

<u>Einsatz von LET</u>

Die in Abschnitt 4.2 angegebene Funktion "stundenzahl_2" können wir –
unter Einsatz der Spezialform LET – z.B. wie folgt ändern:

```
(DEFUN stundenzahl_4 (zeiten)
   (LET
      ( (h_1 (CAAR zeiten))
        (min_1 (CADDAR zeiten))
        (h_2 (CAADR zeiten))
        (min_2 (CAR (CDDADR zeiten)))
      )
      (/ (- (+ (* h_2 60) min_2) (+ (* h_1 60) min_1)) 60)
   )
)
```

Der Funktionsrumpf von "stundenzahl_4" besteht aus dem Aufruf der Spezialform "LET". Bei der Evaluierung von "LET" wird zunächst die Initialisierungsliste

```
( (h_1 (CAAR zeiten))
  (min_1 (CADDAR zeiten))
  (h_2 (CAADR zeiten))
  (min_2 (CAR (CDDADR zeiten))))
)
```

bearbeitet. Dadurch werden die hinter den lokalen Variablen "h_1", "min_1", "h_2" und "min_2" angegebenen Anforderungen evaluiert und die resultierenden S-Ausdrücke den korrespondierenden Variablen zugeordnet. Damit sind sämtliche Variablen, die im LET-Rumpf

```
(/ (- (+ (* h_2 60) min_2) (+ (* h_1 60) min_1)) 60)
```

enthalten sind, an S-Ausdrücke gebunden. Der aus der Evaluierung des LET-Rumpfes resultierende S-Ausdruck stellt das Ergebnis der Funktion "stundenzahl_4" dar, da der Funktionsrumpf den Aufruf von "LET" als einzige Anforderung enthält.

Damit auch bei der Berechnung der Minuten-Werte keine globalen Variablen eingerichtet werden, können wir die Anwenderfunktion "minutenzahl_2" z.B. wie folgt – in die neue Anwenderfunktion "minutenzahl_4" – umschreiben:

```
(DEFUN minutenzahl_4 (zeiten)
   (LET
     ( (h_1 (CAAR zeiten))
       (min_1 (CADDAR zeiten))
       (h_2 (CAADR zeiten))
       (min_2 (CAR (CDDADR zeiten))))
     )
     (REM (- (+ (* h_2 60) min_2) (+ (* h_1 60) min_1)) 60)
   )
)
```

Verbesserte Ergebnisanzeige

Bislang werden die Ergebniswerte – z.B. beim Aufruf der Funktionen "stundenzahl_4" und "minutenzahl_4" – ohne nähere Erläuterung als Zahlen-Werte ausgegeben. Um die ermittelte Zeitdauer in symbolischer Schreibweise anzeigen zu lassen, können wir z.B. den folgenden Dialog führen:

```
> (SETQ zeitpunkte '((3 h 23 min) (5 h 12 min)))
((3 H 23 MIN) (5 H 12 MIN))
> (LIST (stundenzahl_4 zeitpunkte) 'h
        (minutenzahl_4 zeitpunkte) 'min)
(1 H 49 MIN)
```

Dabei werden die Funktionsergebnisse, die durch die Evaluierung der Anwenderfunktionen "stundenzahl_4" und "minutenzahl_4" erhalten wurden, durch den Einsatz der Systemfunktion "LIST" mit den Listenelementen " 'h " und " 'min " zu dem gewünschten S-Ausdruck gereiht.

Als nachteilig ist noch anzusehen, daß die beiden Funktionen "stundenzahl_4" und "minutenzahl_4" – bis auf den jeweiligen LET-Rumpf – identische Angaben zur Vorbesetzung der lokalen Variablen "h_1", "min_1", "h_2" und "min_2" enthalten. Aus diesem Grund ist eine Zusammenfassung zur folgendermaßen vereinbarten Anwenderfunktion "dauer_1" sinnvoll:

```
(DEFUN dauer_1 (zeiten)
   (LET
      ( (h_1 (CAAR zeiten))
        (min_1 (CADDAR zeiten))
        (h_2 (CAADR zeiten))
        (min_2 (CAR (CDDADR zeiten)))
      )
      (LIST
         (/ (- (+ (* h_2 60) min_2) (+ (* h_1 60) min_1)) 60)
         'h
         (REM (- (+ (* h_2 60) min_2) (+ (* h_1 60) min_1)) 60)
         'min
      )
   )
)
```

Bei dieser Definition ist erkennbar, daß die Zuordnungen an die (lokalen) Variablen "h_1", "min_1", "h_2" und "min_2" nicht nur – wie bisher – aus Gründen einer besseren Übersichtlichkeit durchgeführt wird. Es geht vielmehr darum, Zwischenergebnisse – aus Effizienzgründen – Variablen zuzuordnen, die später an unterschiedlichen Positionen benötigt werden.

Mit der Anwenderfunktion "dauer_1" kann z.B. der folgende Dialog geführt werden:

```
> (dauer_1 '((3 h 23 min) (5 h 12 min)))
(1 H 49 MIN)
```

Gültigkeitsbereiche von Variablen

Es ist erlaubt, für eine *lokale* Variable einen Namen zu verwenden, der bereits für eine *globale* Variable vergeben wurde. Allerdings stellt sich im Hinblick auf den Einsatz der Spezialform "SETQ" in dieser Situation die Frage, ob jeweils die lokale oder die globale Variable an den Ergebniswert von "SETQ" gebunden ist.

Dazu betrachten wir den folgenden Dialog:

```
> (DEFUN ueberdeckung ()
     (LET ( (beispiel NIL)
            )
            (SETQ beispiel 1)
     )
  )
UEBERDECKUNG
> (SETQ beispiel 2)
2
> (ueberdeckung)
1
> beispiel
2
```

Vor dem Funktionsaufruf ist die (globale) Variable "beispiel" an den Zahlen-Wert "2" gebunden. Innerhalb des Funktionsrumpfes wird der Wert "1" der Variablen "beispiel" zugeordnet, die jetzt – wegen der Wirkung der Spezialform "LET" – allein als *lokale* Variable zur Verfügung steht. Dies wird durch die Anzeige des Werts "1" ausgewiesen.

Nach der Evaluierung der Funktion "ueberdeckung" handelt es sich bei der Variablen "beispiel" wieder um eine *globale* Variable. An diese Variable ist wiederum der Wert "2" gebunden – genauso wie es *vor* dem Aufruf der Funktion "ueberdeckung" der Fall war.

Der jeweilige Charakter der Variablen "beispiel" wird durch das folgende Schema verdeutlicht:

<table>
<tr><td>Vor dem Aufruf von
"ueberdeckung":</td><td colspan="2">"beispiel"   ist als *globale* Variable
                  an "2" gebunden</td></tr>
<tr><td>Während des Aufrufs von
"ueberdeckung"</td><td></td><td>"beispiel" ist als *lokale*
Variable an "1" gebunden</td></tr>
<tr><td>Nach dem Aufruf von
"ueberdeckung":</td><td colspan="2">"beispiel"   ist als *globale* Variable
                  an "2" gebunden</td></tr>
</table>

Der angegebene Dialog zeigt, daß für *namensgleiche* globale und lokale Variablen die folgenden Regeln gelten:

- Wird innerhalb eines Funktionsrumpfs durch "LET" eine Variable vereinbart, deren Name bereits *vor* dem Aufruf der Funktion als Name einer (globalen) Variablen vorhanden ist, so *überdeckt* die lokale Variable die gleichnamige globale Variable für die Dauer der Funktionsausführung.

- Wird der namensgleichen Variablen innerhalb des Funktionsrumpfes ein S-Ausdruck zugeordnet, so ist die Variable in ihrer Eigenschaft als *"lokale Variable"* an diesen Ausdruck gebunden.

- Während der Evaluierung einer Funktion ist der an die globale Variable gebundene S-Ausdruck *konserviert*. Nach der Ausführung der Funktion steht dieser S-Ausdruck wieder zur Verfügung. Er ist – genau wie vor dem Funktionsaufruf – an die globale Variable gebunden.

4.4   Aufgaben

Aufgabe 4.1
Bilde die Systemfunktion "LIST" zur Reihung von drei Argumenten mit Hilfe der Basisfunktion "CONS" nach!

Aufgabe 4.2
Vereinbare eine Funktion namens "polynom_1", die das Polynom "$2x^2 + 3x + 4$" für verschiedene Werte von "x" berechnet!

Aufgabe 4.3
Die Anwenderfunktion "pruefe" soll folgendermaßen vereinbart sein:

```
(DEFUN pruefe (x y)
   (LIST (< x y) (<= x y) (= x y) (>= x y) (> x y))
)
```

Welche Ergebnisse liefern die folgenden Anforderungen:

1. (pruefe 1 2)
2. (pruefe 2 2)
3. (pruefe 3 2)

Aufgabe 4.4
Wozu dient die folgende Funktion?

```
(DEFUN bestimme (x y)
   (LET ( (x (MAX x y)) (y (MIN x y)) ) (- x y))
)
```

Dabei soll die Funktion "MAX" den größten Zahlen-Wert zweier Zahlen und
"MIN" den kleinsten Zahlen-Wert zweier Zahlen bestimmen.

Aufgabe 4.5
Die Funktion "berechne" soll folgendermaßen vereinbart sein:

```
(DEFUN berechne (a b c)
   (LET ( (var_1 (* 4 a c))
          (var_2 (* b b))
          (ergebnis (SQRT (- var_1 var_2)))
        )
   )
)
```

Betrachte den Dialog

```
> (berechne 1.0 2.0 1.0)
error: unbound variable - VAR_1
```

und begründe die Fehlermeldung!

Aufgabe 4.6
Welches Ergebnis liefert die folgende Anforderung:

```
(LET ( (x 100) )
     (LIST x
            (LET ( (x (* x x)) ) (+ x x))
            x
            (LET ( (x (+ x x)) ) (* x x))
     )

)
```

Aufgabe 4.7

Welches Ergebnis liefert die folgende Anforderung:

```
(+ (LET ( (x 5) )
       (+ x (* x 10))
   )
   x
)
```

sofern die globale Variable "x" an den Wert "10" gebunden ist.

Aufgabe 4.8

Welches Ergebnis liefert die Anforderung "(funkt_1 2 3)" im Anschluß an die folgenden Anforderungen:

```
(SETQ x 2)
(DEFUN funkt_1 (x y)
   (- (funkt_2 x) (funkt_3 (+ 1 y) y))
)
(DEFUN funkt_2 (y)
   (* x y)
)
(DEFUN funkt_3 (y z)
   (* y (- z 1))
)
```

Stelle die Gültigkeitsbereiche der Variablen "x", "y" und "z" und die aktuellen Werte dieser Variablen dar!

Aufgabe 4.9

Es seien die folgenden Funktionen vereinbart:

```
(DEFUN berechne (a)
   (summe (+ a 1) (* a 2))
)
(DEFUN summe (x y)
   (+ (quadrat x) (quadrat y))
)
(DEFUN quadrat (x)
   (* x x)
)
```

Versuche den Ablauf der Parameterübergabe nach dem Aufruf der Funktion
"berechne" in der Form "(berechne 3)" zu beschreiben!

Kapitel 5

Ein-/Ausgabe

5.1 Bildschirmausgabe und Tastatureingabe

Die Systemfunktion PRINT

Bislang haben wir die Daten zur Kennzeichnung des 1. und des 2. Zeitpunktes in symbolischer Schreibweise – innerhalb einer Anforderung – eingegeben. Da dies sehr aufwendig ist, streben wir einen Dialog mit einer Anwenderfunktion an, bei dem die Stunden- und Minutenangaben angefragt werden.

Ein derartiger Dialog läßt sich durch den Einsatz der Systemfunktionen "PRINT" und "READ" führen.

Zur Bildschirmausgabe setzen wir die Systemfunktion "PRINT" – mit *einem* Argument – in der folgenden Form ein:

```
(PRINT argument)
```

Durch die Evaluierung von "PRINT" wird der S-Ausdruck, der sich durch die Evaluierung des Arguments ergibt, am Bildschirm angezeigt und anschließend ein Zeilenvorschub durchgeführt[1]. Dieser S-Ausdruck wird – zusätzlich – gleichfalls als Funktionsergebnis von "PRINT" erhalten. Somit ergibt sich z.B. der folgende Dialog:

```
> (PRINT 'Stunden:)
STUNDEN:
STUNDEN:
```

---

[1] Soll kein Vorschub auf die nächste Zeile durchgeführt werden, so ist hierzu die Systemfunktion "PRIN1" einzusetzen.

Der angezeigte S-Ausdruck "STUNDEN:", der sich durch die Evaluierung des Funktionsarguments " 'Stunden:" ergibt, wird zweimal (untereinander) ausgegeben. Die 1. Anzeige wird *durch* die *Evaluierung* der Funktion "PRINT" erhalten. Die 2. Ausgabe von "STUNDEN:" stellt sich als Ergebnis des Aufrufs der Systemfunktion "PRINT" dar.

Dies erscheint auf den ersten Blick problematisch. Jedoch ist unser Beispiel kein typischer Einsatz von "PRINT". Ein sinnvoller Einsatz dieser Systemfunktion ist vor allen Dingen darin zu sehen, daß "PRINT" innerhalb eines Funktionsrumpfes verwendet wird. In diesem Fall führt die Evaluierung von "PRINT" zur gewünschten Anzeige des evaluierten Arguments. Eine zweite Ausgabe desselben S-Ausdrucks wird nur dann durchgeführt, wenn der Funktionsaufruf von "PRINT" unmittelbar am Ende des Funktionsrumpfes – als letzte auszuführende Anforderung – eingetragen ist.

<u>Hinweis:</u> Soll am Ende des Funktionsrumpfs eine Ausgabe – ohne Verdoppelung – vorgenommen werden, so können wir z.B. anstelle der Anforderung "(PRINT 'stunden:)" einen quotierten S-Ausdruck wie z.B. das symbolische Atom " 'Stunden: " als Anforderung eintragen.

Um auch die Klammern "(" und ")" in eine Textausgabe einbeziehen zu können, ist ihnen jeweils das Sonderzeichen "\" als Fluchtsymbol voranzustellen[2]. So wird z.B. durch die Anforderung

```
(PRINT '\( )
```

die Ausgabe von

```
(
(
```

erhalten.

Die Systemfunktion READ

Soll eine Eingabe über die Tastatur angefordert werden, so muß die Systemfunktion "READ" – *ohne* Argument – in der folgenden Form aufgerufen werden:

---

[2]Ein Fluchtsymbol hebt die ursprüngliche Bedeutung des unmittelbar nachfolgenden Zeichens auf. Zum Beispiel hat "(" innerhalb von "\(" nicht mehr die Bedeutung einer öffnenden Listenklammer.

(READ)

Durch die Evaluierung von "READ" wird die Eingabe *eines* S-Ausdrucks
von der Tastatur angefordert. Der eingelesene S-Ausdruck ist als Funktionsergebnis von "READ" festgelegt. Es ist zu beachten, daß der eingegebene
S-Ausdruck *nicht* evaluiert wird[3].

Zum Beispiel gilt:

```
> (SETQ zeitpunkte (READ))              S-Ausdruck als:
((3 h 23 min) (5 h 12 min))     ←          Eingabewert
((3 H 23 MIN) (5 H 12 MIN))     ←    Ergebnis von "SETQ"
> (dauer_1 zeitpunkte)
(1 H 49 MIN)
```

Als Beispiel dafür, wie sich die beiden Systemfunktionen "PRINT" und
"READ" – zur Unterstützung der Dialogführung – innerhalb einer Anwenderfunktion einsetzen lassen, führen wir den folgenden Dialog:

```
> (DEFUN ausgabe_eingabe_1 ()
    (PRINT 'Stunden:)
    (READ)
  )
AUSGABE_EINGABE_1
> (ausgabe_eingabe_1)
STUNDEN:
```

Geben wir anschließend – in der nächsten Zeile – den Wert "5" ein, so erhalten wir abschließend den Zahlen-Wert

```
5
```

als Ergebnis des Aufrufs der Funktion "ausgabe_eingabe_1" ausgegeben.

Um sich Text anzeigen zu lassen, der bei der Ausgabe *nicht* in Großbuchsta-
ben umgewandelt wird, kann die Systemfunktion "PRINC" in Verbindung
mit einem String verwendet werden.

Unter einem *String* wird ein gesondertes Atom verstanden, das aus beliebigen Textzeichen besteht, deren erstes Zeichen durch das Anführungszeichen
'"'" eingeleitet und deren letztes Zeichen durch das Anführungszeichen abgeschlossen wird.

---

[3]Soll der eingegebene S-Ausdruck unmittelbar evaluiert werden, so ist die Funktion
"EVAL" einzusetzen (siehe Kapitel 7).

<u>Hinweis:</u> Soll der String auch Sonderzeichen, wie z.B. """" enthalten, so ist dem jeweiligen Zeichen das Sonderzeichen "\" als Fluchtsymbol voranzustellen.

Zum Beispiel läßt sich der String """Stunden:"" als Argument von "PRINC" in der folgenden Form verwenden[4]:

```
> (DEFUN ausgabe_eingabe_2 ()
    (PRINC "Stunden:")
    (READ)
  )
AUSGABE_EINGABE_2
> (ausgabe_eingabe_2)
Stunden:
```

<u>Hinweis:</u> Setzen wir anstelle der Systemfunktion "PRINC" die Funktion "PRINT" ein, so werden auch die Anführungszeichen " " " ausgegeben.

Nach der Eingabe von "5" wird dieser Zahlen-Wert als Ergebnis von "READ" und damit als Ergebnis von "ausgabe_eingabe_2" am Bildschirm angezeigt.

Oftmals ist es von Interesse, die Evaluierung einer Anwenderfunktion an bestimmten Stellen zu *unterbrechen*, um z.B. fortlaufende Bildschirmausgaben anzuhalten. Hierzu läßt sich die Systemfunktion "READ" z.B. in der folgenden Form innerhalb der Spezialform "SETQ" einsetzen:

```
(SETQ dummy (READ))
```

Bei der Evaluierung dieser Anforderung wird eine Eingabe von der Tastatur erwartet. Die Evaluierung der Anwenderfunktion wird erst dann fortgesetzt, wenn ein beliebiger S-Ausdruck eingegeben wurde.

<u>Hinweis:</u> Dabei wird die Variable "dummy" an diesen eingegebenen S-Ausdruck gebunden.

Dialogorientierte Ermittlung der Zeitdauer

Um einen Dialog zu führen, bei dem die Minuten- und Stundenangaben angefragt werden, können wir z.B. die folgenden Anwenderfunktionen einsetzen:

---

[4] Nach der Ausgabe des Textes erfolgt – anders als bei der Funktion "PRINT" – *kein* Zeilenvorschub auf den Beginn der nächsten Bildschirmzeile.

```
(DEFUN lesen_h_1 ()
   (PRINT 'Stunden:)
   (READ)
)
(DEFUN lesen_min_1 ()
   (PRINT 'Minuten:)
   (READ)
)
(DEFUN dauer_rahmen_1 ()
   (PRINT 'Gib_zuerst_den_fruehen_Zeitpunkt_an!)
   (dauer_1  (LIST (LIST (lesen_h_1) 'h (lesen_min_1) 'min)
                   (LIST (lesen_h_1) 'h (lesen_min_1) 'min))
   )
)
```

Hinweis: Bei der Vereinbarung von Anwenderfunktionen sollten wir darauf achten, daß
eine Funktion, die im Funktionsrumpf einer anderen Funktion aufgerufen wird, bereits
definiert ist.

Die Anwenderfunktion "dauer_rahmen_1" besitzt *keine* Parameter. In ihrem Funktionsrumpf wird die von uns in Abschnitt 4.3 entwickelte Anwenderfunktion "dauer_1" aufgerufen. Dabei werden in der Funktion
"dauer_rahmen_1" die Anwenderfunktionen "lesen_h_1" und "lesen_min_1"
als Argumente der Systemfunktion "LIST" verwendet.

Nach der Definition dieser Anwenderfunktionen kann etwa der folgende Dialog geführt werden:

```
> (dauer_rahmen_1)
GIB_ZUERST_DEN_FRUEHEN_ZEITPUNKT_AN!
STUNDEN:
3
MINUTEN:
23
STUNDEN:
5
MINUTEN:
12
(1 H 49 MIN)
```

Hinweis: Genau wie zuvor müssen die Werte des 1. Zeitpunktes wiederum zuerst eingegeben werden.

5.2 Protokollierung der Evaluierungsergebnisse

Die Systemfunktion "PRINT" läßt sich nicht nur bei der Dialogführung einer Anwenderfunktion einsetzen, sondern sie kann auch beim Testen während der Entwicklung neuer Anwenderfunktionen hilfreich sein. Wollen wir uns z.B. vergewissern, ob bei jedem Funktionsaufruf innerhalb eines Funktionsrumpfes der jeweils erwartete S-Ausdruck tatsächlich ermittelt wird, so können wir einen Funktionsaufruf als Argument von "PRINT" angeben.

Zur Demonstration greifen wir auf die Anwenderfunktion "dauer_1" zurück, bei der die beiden Zeitpunkte in Form einer Liste – mit zwei Listenelementen – bereitzustellen sind. Zur Unterscheidung geben wir der neuen Fassung dieser Funktion den Namen "dauer_trace_1".

<u>Hinweis:</u> Dabei soll das Wort "trace" kennzeichnen, daß eine Protokollierung der ausgeführten Funktionsaufrufe durchgeführt werden soll.

Wir können somit den folgenden Dialog führen:

```
> (DEFUN dauer_trace_1 (zeiten)
    (LET
      ( (h_1 (PRINT (CAAR zeiten)))
        (min_1 (PRINT (CADDAR zeiten)))
        (h_2 (PRINT (CAADR zeiten)) )
        (min_2 (PRINT (CAR (CDDADR zeiten)))))
      )
      (LIST
        (PRINT (/ (- (+ (* h_2 60) min_2)
                     (+ (* h_1 60) min_1)) 60))
        'h
        (PRINT (REM (- (+ (* h_2 60) min_2)
                       (+ (* h_1 60) min_1)) 60))
        'min
      )
    )
  )
DAUER_TRACE_1
> (SETQ zeitpunkte '((3 h 23 min) (5 h 12 min)))
((3 H 23 MIN) (5 H 12 MIN))
> (dauer_trace_1 zeitpunkte)
3
23
5
12
1
```

```
49
(1 H 49 MIN)
```

Eine weitere Anwendung der Systemfunktion "PRINT" besteht auch darin,
beim Testen von verschachtelten Funktionsaufrufen den jeweils *evaluierten*
S-Ausdruck anzuzeigen, ohne daß seine Weitergabe – als Funktionsargument
an eine übergeordnete Funktion – unterbrochen bzw. beeinträchtigt wird.

<u>Hinweis:</u> Wir können uns dazu vorstellen, daß das Funktionsergebnis von "PRINT" das
evaluierte Argument ist. Der resultierende S-Ausdruck ist dann ein Argument der über-
geordneten, verschachtelten Funktion.
Es ist *nicht* zulässig, die Funktion "PRINT" – bei der Vereinbarung einer Anwenderfunktion – innerhalb einer Parameterliste aufzuführen, um den beim Funktionsaufruf jeweils
zugeordneten S-Ausdruck anzuzeigen.

Um z.B. bei der Evaluierung des Funktionsrumpfs

```
(LIST
    (PRINT (/ (- (+ (* h_2 60) min_2)
                 (+ (* h_1 60) min_1)) 60))
          'h
    (PRINT (REM (- (+ (* h_2 60) min_2)
                   (+ (* h_1 60) min_1)) 60))
          'min
)
```

die jeweiligen Zwischenergebnisse im ersten Argument von "LIST" zu kon-
trollieren, können wir z.B. die Systemfunktion "PRINT" in der folgenden
Form einsetzen:

```
(LIST
    (PRINT (/ (PRINT (- (PRINT (+ (PRINT (* h_2 60)) min_2))
                        (PRINT (+ (PRINT (* h_1 60)) min_1)))) 60))
    'h
    (PRINT (REM (- (+ (* h_2 60) min_2)
                   (+ (* h_1 60) min_1)) 60))
    'min
)
```

Anschließend läßt sich der folgende Dialog führen:

```
> (SETQ zeitpunkte '((3 h 23 min)(5 h 12 min)))
((3 H 23 MIN) (5 H 12 MIN))
> (dauer_trace_1 zeitpunkte)
3
23
5
12
300
312
180
203
109
1
49
(1 H 49 MIN)
```

Die Spezialformen TRACE und UNTRACE

Oftmals soll nicht nur der evaluierte S-Ausdruck, sondern der Name der jeweils evaluierten Funktion und deren Parameter beim Funktionsaufruf sowie die Funktionsergebnisse angezeigt werden. Somit können wir die Reihenfolge, in der Funktionen evaluiert werden, nachvollziehen. Hierzu stellt der LISP-Interpreter "XLISP" die beiden Spezialformen "TRACE" und "UNTRACE" zur Verfügung.

<u>Hinweis:</u> Streng genommen handelt es sich bei den beiden Spezialformen "TRACE" und "UNTRACE" um Makros.
Unter einem *Makro* wird eine Anforderung verstanden, die festlegt, welche Anforderungen an ihrer Stelle evaluiert werden sollen. Vor deren Evaluierung werden unter Umständen textmäßige Ergänzungen – vom LISP-Interpreter – vorgenommen, die beim Aufruf des Makros mitgeteilt werden müssen. Durch den Einsatz von Makros ist es z.B. möglich, für mehrere Anforderungen eine abgekürzte Schreibweise zu vereinbaren. Makros werden auch eingesetzt, um Details von Anforderungen vor dem Anwender zu verbergen. Neben den standardmäßig vom LISP-Interpreter bereitgehaltenen Makros ist es darüberhinaus möglich, eigene (Anwender-) Makros durch den Einsatz der Spezialform "DEFMACRO" zu definieren.

Die Spezialform "TRACE" läßt sich in der Form

```
(TRACE [ argument ]...)
```

einsetzen. Dabei werden die S-Ausdrücke, die als Argumente aufgeführt sind, *nicht* evaluiert, sondern als Funktionsnamen aufgefaßt.

Als Ergebnis von "TRACE" wird eine *Trace-Liste* angezeigt. In dieser Liste sind sämtliche Funktionsnamen enthalten, die zuvor als Argumente angegeben wurden.

Wird die Spezialform "TRACE" *ohne* Argument aufgerufen, so führt ihre Evaluierung zur Anzeige der aktuellen Trace-Liste[5].

Hinweis: Setzen wir die Spezialform "TRACE" – zu einem späteren Zeitpunkt – z.B. in der Form "(TRACE argument)" nochmals ein, so wird die Trace-Liste um den durch "argument" angegebenen Funktionsnamen erweitert.

Sollen ein oder mehrere Funktionsnamen aus der Trace-Liste *entfernt* werden, so ist die Spezialform "UNTRACE" in der Form

$$\boxed{\text{(UNTRACE [argument]...)}}$$

einzugeben. Genau wie bei "TRACE" wird auch beim Einsatz von "UN-TRACE" keines der Argumente evaluiert. Die als Argumente aufgeführten Funktionsnamen werden aus der Trace-Liste entfernt. Als Ergebnis wird die aktuelle Trace-Liste angezeigt.

Zum Beispiel läßt sich unter Einsatz von "TRACE" – auf der Basis der in Kapitel 4 definierten Anwenderfunktionen – der folgende Dialog führen:

```
> (TRACE dauer_1 lesen_h lesen_min dauer_1_rahmen)
(DAUER_1_RAHMEN LESEN_MIN LESEN_H DAUER_1)
> (dauer_1_rahmen)
GIB_ZUERST_DEN_FRUEHEN_ZEITPUNKT_AN!
Entering: LESEN_H, Argument list: ()
STUNDEN:
3
Exiting: LESEN_H, Value: 3
Entering: LESEN_MIN, Argument list: ()
MINUTEN:
23
Exiting: LESEN_MIN, Value: 23
Entering: LESEN_H, Argument list: ()
STUNDEN:
5
Exiting: LESEN_H, Value: 5
Entering: LESEN_MIN, Argument list: ()
```

---

[5]Für den Fall, daß noch kein Funktionsname in die Trace-Liste eingetragen ist, wird das spezielle Atom "NIL" als Ergebnis erhalten.

```
MINUTEN:
12
Exiting: LESEN_MIN, Value: 12
Entering: DAUER_1, Argument list: (((3 H 23 MIN) (5 H 12 MIN)))
Exiting: DAUER_1, Value: (1 H 49 MIN)
(1 H 49 MIN)
```

BREAK und CONTINUE

Zuvor haben wir beschrieben, wie wir den Ablauf einer Funktionsausführung
mit Hilfe der Spezialform "TRACE" verfolgen können. Jetzt stellen wir
dar, wie wir die Ausführung einer Funktion zeitweilig unterbrechen (suspen-
dieren), beliebige Anforderungen eingeben und anschließend die Funktionsausführung fortsetzen können.

Zur Unterbrechung der Evaluierung von Anforderungen innerhalb eines
Funktionsrumpfes setzen wir die Systemfunktion "BREAK" in der Form

$$\boxed{\texttt{(BREAK)}}$$

ein. Zur Wiederaufnahme einer unterbrochenen Evaluierung verwenden wir
die Systemfunktion "CONTINUE" wie folgt:

$$\boxed{\texttt{(CONTINUE)}}$$

Zur Demonstration verwenden wir die in Abschnitt 4.3 beschriebene Funktion "dauer_1". Um die korrekte Parameterübergabe beim Funktionsaufruf überprüfen zu können, ergänzen wir die ursprüngliche Definition von
"dauer_1" durch die Anforderung

```
(BREAK)
```

so daß sich die Vereinbarung der Funktion "dauer_1" wie folgt darstellt:

```
(DEFUN dauer_1 (zeiten)
(BREAK)
   (LET
      ( (h_1 (CAAR zeiten))
        (min_1 (CADDAR zeiten))
        (h_2 (CAADR zeiten))
        (min_2 (CAR (CDDADR zeiten)))
      )
      (LIST
```

```
            (/ (- (+ (* h_2 60) min_2) (+ (* h_1 60) min_1)) 60)
            'h
            (REM (- (+ (* h_2 60) min_2) (+ (* h_1 60) min_1)) 60)
            'min
         )
      )
   )
```

Der anschließende Aufruf von "dauer_1" in der Form

```
(dauer_1 '((5 h 12 min) (3 h 23 min)))
```

liefert durch die Evaluierung von "BREAK" – beim LISP-Interpreter
"XLISP" – die Ausgabe von:

```
break: **BREAK**
if continued: return from BREAK
1>
```

Jetzt läßt sich z.B. der Wert der Variablen "zeiten" abfragen und gegebenenfalls ändern. Haben wir beim Aufruf etwa die beiden Zeitpunkte verwechselt,
so können wir den Dialog wie folgt weiterführen:

```
1> zeiten
((5 h 12 min) (3 h 23 min))
1> (SETQ zeiten '((3 h 23 min) (5 h 12 min)))
((3 h 23 min) (5 h 12 min))
1>
```

Zur Fortsetzung der suspendierten Evaluierung von "dauer_1" geben wir
anschließend die Anforderung

```
(CONTINUE)
```

ein und erreichen somit, daß die Funktionsausführung – mit dem geänderten
Wert des Parameters "zeiten" – weitergeführt wird. Dabei erhalten wir den
Text

```
[ continue from break loop ]
```

und abschließend das Ergebnis der Funktionsausführung von "dauer_1" in
der Form "(1 H 49 MIN)" angezeigt.

5.3 Protokollierung eines Dialogs

Sämtliche Anforderungen, die wir an den LISP-Interpreter stellen, sowie deren Ergebnisse wurden bisher auf dem Bildschirm angezeigt. Sollen diese Bildschirmausgaben *zusätzlich* als Dialog-Protokoll in eine Datei eingetragen werden, so läßt sich hierzu die Systemfunktion "DRIBBLE" einsetzen.

<u>Hinweis:</u> Eine Datei ist eine Sammlung von Datensätzen, die jeweils aus einem oder mehreren Zeichen bestehen.

Zur Eröffnung einer Protokoll-Datei ist die Systemfunktion "DRIBBLE" in der Form

> (DRIBBLE 'datei_name)

zu verwenden.
Unter dem Namen, den wir für den Platzhalter "datei_name" angeben, wird durch die Evaluierung dieser Anforderung eine Protokoll-Datei eröffnet[6]. In diese Datei werden anschließend sämtliche Tastatureingaben und Bildschirmausgaben gespeichert.

Rufen wir zu einem späteren Zeitpunkt die Systemfunktion "DRIBBLE" *ohne* Argument in der Form

> (DRIBBLE)

auf, so wird die zusätzliche Protokollierung beendet und die Protokoll-Datei von der Bearbeitung abgemeldet[7].

5.4 Formatierte Datenausgabe

Bislang haben wir keinen Einfluß auf die Anzeige von Funktionsergebnissen genommen und beschrieben, wie die Ergebnisse standardmäßig vom LISP-Interpreter ausgegeben werden. Im folgenden stellen wir dar, wie wir die Ausgabe nach eigenen Vorstellungen gestalten können. Dazu läßt sich die Systemfunktion "FORMAT" wie folgt einsetzen:

> (FORMAT T "muster" [argument]...)

---

[6] Eine derartige Anforderung wird mit dem Ergebniswert "T" quittiert.

[7] Als Ergebnis dieser Anforderung erhalten wir "NIL" angezeigt. Die angegebene Datei können wir mit Hilfe eines Editierprogramms einsehen.

Durch die Evaluierung von "FORMAT" – mit "T" als 1. Argument – erfolgt eine Ausgabe auf der Standard-Ausgabeeinheit – dem Bildschirm. Diese Ausgabe wird durch eine Formatierungs-Vorschrift gesteuert, die durch den String ""muster"" festgelegt ist. Innerhalb von ""muster"" ist der Text aufzuführen, der auf dem Bildschirm angezeigt werden soll. In diesem Text lassen sich Angaben zur Vorschubsteuerung sowie zur Ausgabe-Gestaltung von S-Ausdrücken eintragen.

Zum Beispiel kann der folgende Dialog geführt werden:

```
> (FORMAT T "Zeitdauer: (1 h 49 min)")
Zeitdauer: (1 h 49 min)NIL
> (FORMAT T "Zeitdauer: (1 h ~%49 min) ~%")
Zeitdauer: (1 h
49 min)
NIL
> (SETQ var_1 1)
1
> (SETQ var_2 49)
49
> (FORMAT T "Zeitdauer: (~A h ~%  ~A min) ~%" var_1 var_2)
Zeitdauer: (1 h
49 min)
NIL
```

<u>Hinweis:</u> Als Funktionsergebnis der Systemfunktion "FORMAT" ist "NIL" festgelegt.

Aus dem Dialog ist zu erkennen, daß die Zeichenfolge "~%", die aus dem Fluchtsymbol "~" (Tilde) und dem Zeichen "%" (Prozent) besteht, den *Zeilenvorschub* um eine Zeile festlegt. Die Zeichenfolge "~A", die sich aus dem Fluchtsymbol "~" und dem Buchstaben "A" zusammensetzt, steht als Platzhalter für ein Argument aus dem Funktionsaufruf von "FORMAT". An der Position des 1. Platzhalters "~A" wird der S-Ausdruck ausgegeben, der durch die Evaluierung des 1. Arguments "var_1" ermittelt wird. An die Position des nächsten Platzhalters "~A" tritt das Ergebnis, das aus der Evaluierung der Variablen "var_2" erhalten wird.

Unter Einsatz der in Abschnitt 4.3 entwickelten Anwenderfunktionen "stundenzahl_4" und "minutenzahl_4" können wir z.B. den folgenden Dialog führen:

```
> (SETQ zeitpunkte '((3 h 23 min) (5 h 12 min)))
((3 H 23 MIN) (5 H 12 MIN))
> (FORMAT T "~%Anzahl Stunden: ~A ~%Anzahl Minuten: ~A ~%"
```

```
                                  (stundenzahl_4  zeitpunkte)
                                  (minutenzahl_4  zeitpunkte)
      )


   Anzahl Stunden: 1
   Anzahl Minuten: 49
   NIL
```

Dabei wird die Anforderung

```
   (FORMAT T "~%Anzahl Stunden: ~A ~%Anzahl Minuten: ~A ~%"
                               (stundenzahl_4  zeitpunkte)
                               (minutenzahl_4  zeitpunkte)
      )
```

wie folgt evaluiert:

Zunächst wird durch "~%" ein Zeilenvorschub angefordert. Danach wird
die Zeichenfolge "Anzahl Stunden:" ausgegeben. Die sich anschließende
Zeichenfolge "~A" ist der Platzhalter für das 1. Argument "(stundenzahl_4
zeitpunkte)". Die Evaluierung dieses Arguments liefert den Zahlen-Wert
"1". Nach der Ausgabe von "1" erfolgt ein Zeilenvorschub, der durch die
nachfolgende Angabe "~%" angefordert wird. Die Ausgabe wird mit der
Anzeige von "Anzahl Minuten:" fortgesetzt. Die nächste Zeichenfolge "~A"
korrespondiert mit dem Argument "(minutenzahl_4 zeitpunkte)". Dieses
Argument liefert den Zahlen-Wert "49". Nach der Anzeige von "49" führt
die abschließende Zeichenfolge "~%" zu einem weiteren Zeilenvorschub.

5.5   Bearbeitung von Dateien

Ausgabe in eine Datei

In den vorausgehenden Abschnitten haben wir beschrieben, wie wir
Anforderungen dialogorientiert über die Tastatur eingeben können. Dabei
wurden die jeweiligen Ergebnisse der Evaluierung am Bildschirm angezeigt.
Jetzt wollen wir den Fall betrachten, daß das Ergebnis einer Anforderung –
zusätzlich – in einer Datei gespeichert werden soll.

Vor der ersten Übertragung in eine Datei müssen wir diese Datei zunächst
zur *Ausgabe* eröffnen. Soll z.B. die Datei "dat_1.lsp" eingerichtet werden, so

setzen wir die Spezialform "OPEN" in der Form

```
(SETQ aus (OPEN "dat_1.lsp" :DIRECTION :OUTPUT))
```

ein. Hinter dem Schlüsselwort ":DIRECTION" ist durch das Schlüsselwort
":OUTPUT" festgelegt, daß wir auf die Datei "dat_1.lsp" *schreibend* zugreifen wollen. Durch den Einsatz der Spezialform "SETQ" wird der Variablen
"aus" der Dateiname "dat_1.lsp" zugeordnet, so daß wir uns in nachfolgenden Anforderungen durch die Nennung von "aus" auf diese Datei beziehen
können.

<u>Hinweis:</u> Als Ergebnis der Anforderung zum Eröffnen der Datei "dat_1.lsp" erhalten wir
vom LISP-Interpreter "XLISP" z.B. "#<File-Stream: #4db70ce8>" angezeigt.

Um einen S-Ausdruck in die Datei "dat_1.lsp" zu übertragen, setzen wir die
Systemfunktion "PRINT" – mit *zwei* Argumenten – in der folgenden Form
ein:

```
(PRINT argument aus)
```

Durch die Evaluierung dieser Anforderung wird der S-Ausdruck, der sich
durch die Evaluierung von "argument" ergibt, in die durch "aus" gekennzeichnete Datei ausgegeben und gleichzeitig am Bildschirm angezeigt.

Um eine berechnete Zeitdauer in die durch "aus" gekennzeichnete Datei
"dat_1.lsp" zu übertragen, modifizieren wir die Funktion "dauer_rahmen_1"
wie folgt:

```
(DEFUN dauer_rahmen_2 ()
  (PRINT 'Gib_zuerst_den_fruehen_Zeitpunkt_an!)
  (PRINT (dauer_1 (LIST (LIST (lesen_h_1) 'h (lesen_min) 'min_1)
                        (LIST (lesen_h_1) 'h (lesen_min) 'min_1))
         )
         aus)
)
```

<u>Hinweis:</u> Gegenüber der ursprünglichen Version von "dauer_rahmen_1" ist beim 2. Aufruf
von "PRINT" die Variable "aus" als 2. Argument aufgeführt.

Anschließend können wir den folgenden Dialog führen:

```
> (SETQ aus (OPEN "dat_1.lsp" :DIRECTION :OUTPUT))
#<File-Stream: #586e4082>
> (dauer_rahmen_2)
GIB_ZUERST_DEN_FRUEHEN_ZEITPUNKT_AN!
STUNDEN:
3
MINUTEN:
23
STUNDEN:
5
MINUTEN:
12
(1 H 49 MIN)
```

Das zuletzt angezeigte Ergebnis "(1 H 49 MIN)", das aus der letzten Anforderung des Funktionsrumpfs von "dauer_rahmen_2" resultiert, wird gleichzeitig in der durch die Variable "aus" gekennzeichneten Datei "dat_1.lsp" gespeichert.

Nach der Bearbeitung muß die Datei "dat_1.lsp" von der Verarbeitung abgemeldet werden. Dazu ist die Spezialform "CLOSE" in der Form

> **(CLOSE aus)**

einzusetzen[8].

Hinweis: Soll nach einer Folge von Ausgaben von der Datei "dat_1.lsp" gelesen werden, so ist zuvor "(CLOSE aus)" anzugeben und anschließend festzulegen, daß auf diese Datei *lesend* zugegriffen werden soll.

Einlesen von einer Datei

Jetzt wollen wir den Fall behandeln, daß die zu verarbeitenden Daten, wie z.B. die beiden Zeitpunkte, nicht von der Tastatur, sondern von einer Datei eingelesen werden.

Hinweis: Die Daten sind z.B. zuvor mit Hilfe eines Editierprogramms oder mit Hilfe einer Anwenderfunktion gespeichert worden.

Um die Zeitdauer zu berechnen, gehen wir davon aus, daß die Zeitangaben – "(3 h 23 min)" und "(5 h 12 min)" – wie folgt innerhalb der 1. Zeile der Datei "dat_2.lsp" gespeichert sind:

---

[8]Die Anforderung "(CLOSE aus)" wird mit "NIL" quittiert.

3 23 5 12

Zur Eröffnung der Datei "dat_2.lsp" setzen wir die Spezialformen "SETQ"
und "OPEN" in der Form

```
(SETQ ein (OPEN "dat_2.lsp" :DIRECTION :INPUT))
```

ein. Hinter dem Schlüsselwort ":DIRECTION" geben wir das Schlüssel-
wort ":INPUT" an, da wir auf die Datei "dat_2.lsp" *lesend* zugreifen wollen.
Anschließend können wir – über die Variable "ein" – Anforderungen zur
Eingabe von Daten stellen.

<u>Hinweis:</u> Für den Fall, daß die angegebene Datei "dat_2.lsp" noch nicht eingerichtet ist,
erhalten wir als Ergebnis dieser Anforderung den Wert "NIL" angezeigt. Im anderen Fall
erhalten wir vom LISP-Interpreter "XLISP" z.B. "#<File-Stream: #4db70d60>" ausgegeben.

Zur Eingabe eines S-Ausdrucks läßt sich die Systemfunktion "READ" – mit
einem Argument – in der folgenden Form verwenden:

```
(READ ein)
```

Genau wie bei der Eingabe von der Tastatur wird der aus der Datei
"dat_2.lsp" eingelesene S-Ausdruck *nicht* evaluiert. Gleichfalls stellt er das
Funktionsergebnis von "READ" dar.

<u>Hinweis:</u> Beim Lesen von einer Datei mit der Systemfunktion "READ" wird bei jedem
Aufruf von "READ" *ein* S-Ausdruck eingelesen. Dabei muß der S-Ausdruck nicht in-
nerhalb *einer* Zeile eingetragen sein, sondern er darf in mehreren Zeilen gespeichert sein.
Sind dagegen *mehrere* S-Ausdrücke Bestandteil *einer* Zeile, so ist "READ" entsprechend
häufig aufzurufen. Wird beim Lesen das *Dateiende* erreicht, so liefert die Evaluierung der
Systemfunktion "READ" den Wert "NIL" als Ergebnis.

Zum Einlesen der Zeitangaben und zur Berechnung der Zeitdauer modifizieren wir die Funktionen "lesen_h_1", "lesen_min_1", "lesen_h_2", "le-
sen_min_1" und "dauer_rahmen_2" wie folgt:

```
(DEFUN lesen_h_2 ()
   (READ ein)
)
(DEFUN lesen_min_2 ()
   (READ ein)
)
(DEFUN dauer_rahmen_3 ()
   (dauer_1  (LIST (LIST (lesen_h_2) 'h (lesen_min_2) 'min)
                   (LIST (lesen_h_2) 'h (lesen_min_2) 'min))
          )
)
```

Anschließend können wir durch den Dialog:

```
> (dauer_rahmen_3)
(1 H 49 MIN)
> (CLOSE ein)
NIL
```

die Zahlen-Werte "3", "23", "5" und "12" aus der Datei "dat_2.lsp" einlesen
und die Zeitdauer ermitteln lassen.

Kapitel 6

Ablaufsteuerung in Funktionsrümpfen

6.1 Die Sequenz

Bei der Vereinbarung einer Anwenderfunktion mit der Spezialform "DE-
FUN" ist es möglich, eine oder mehrere Anforderungen innerhalb eines Funktionsrumpfs anzugeben.

Werden mehrere Anforderungen formuliert, so werden sie in der Abfolge evaluiert, in der sie innerhalb des Funktionsrumpfs aufgeführt sind. Da die Anforderungen vom LISP-Interpreter somit "sequentiell" verarbeitet werden,
wird von einer "Sequenz" gesprochen.

Eine *Sequenz* stellt sich generell wie folgt dar:

$$
\text{Funktionsrumpf:} \quad
\boxed{
\begin{array}{l}
\text{1. Anforderung} \\
\text{2. Anforderung} \\
\vdots \\
\vdots \\
\text{letzte Anforderung}
\end{array}
}
$$

<u>Hinweis:</u> In diesem Schema haben wir die Anforderungen untereinander angeordnet. Sie
können natürlich auch fortlaufend eingegeben werden.

Enthält ein Funktionsrumpf nicht nur eine Anforderung, sondern eine Sequenz von Anforderungen, so ergibt sich das Funktionsergebnis als derjenige
S-Ausdruck, der durch die Evaluierung der *letzten* Anforderung innerhalb
der Sequenz ermittelt wird.

Als Beispiel für eine Anwenderfunktion, in deren Funktionsrumpf eine Sequenz angegeben ist, haben wir die Anwenderfunktion "stundenzahl_2" wie
folgt vereinbart (siehe Abschnitt 4.2):

```
(DEFUN stundenzahl_2 (zeiten)
   (SETQ h_1 (CAAR zeiten))
   (SETQ min_1 (CADDAR zeiten))
   (SETQ h_2 (CAADR zeiten))
   (SETQ min_2 (CAR (CDDADR zeiten)))
   (/ (- (+ (* h_2 60) min_2) (+ (* h_1 60) min_1)) 60)
)
```

Bei einem Funktionsaufruf von "stundenzahl_2" wird zunächst die Spezialform "SETQ" in Form von

```
(SETQ h_1 (CAAR zeiten))
```

evaluiert. Anschließend erfolgt die Evaluierung der 2. Anforderung in Form
von:

```
(SETQ min_1 (CADDAR zeiten))
```

Durch diese beiden und die folgenden zwei Anforderungen werden die globalen Variablen "h_1", "min_1", "h_2" und "min_2" eingerichtet.
Als letzte Anforderung des Funktionsaufrufs wird die Systemfunktion "/" in
der Form

```
(/ (- (+ (* h_2 60) min_2) (+ (* h_1 60) min_1)) 60)
```

evaluiert. Diese Anforderung stellt sich als Verschachtelung von Systemfunktionen dar, die von *innen* nach *außen* evaluiert werden. Derjenige Wert, der
sich als Ergebnis dieses Funktionsaufrufs ergibt, wird als Funktionsergebnis
der Anwenderfunktion "stundenzahl_2" ermittelt.

Grundsätzlich wollen wir anstreben, Sequenzen zu vermeiden. Wenn irgend möglich, sollte ein Lösungsplan durch verschachtelte Funktionsaufrufe
realisiert werden. Eine Ausnahme stellt die Situation dar, daß man einen
S-Ausdruck, der an unterschiedlichen Stellen im Funktionsrumpf benötigt
wird, durch die Spezialform "SETQ" in einer Variablen zwischenspeichert.

6.2 Die Konditionalform (COND)

Nicht jeder Lösungsplan läßt sich allein durch verschachtelte Funktionsaufrufe realisieren. Es gibt Situationen, in denen eine oder mehrere Fallunterscheidungen zu treffen sind, so daß die jeweils zu evaluierende Anforderung vom Zutreffen einer oder mehrerer Bedingungen abhängig gemacht werden muß. Wie sich in diesem Fall ein Funktionsrumpf gestalten läßt, stellen wir im folgenden dar.

Eine veränderte Aufgabenstellung

Beim Aufruf der oben angegebenen Anwenderfunktion "stundenzahl_2" ist zu beachten, daß für den Parameter "zeiten" ein S-Ausdruck eingesetzt werden muß, der den folgenden Aufbau besitzt:

((1. Zeitpunkt) (2. Zeitpunkt))

Neben der grundsätzlichen Verabredung, daß der frühere Zeitpunkt zuerst aufgeführt wird, besteht bislang die *Einschränkung*, daß sich beide Zeitpunkte auf *denselben* Tag beziehen müssen.

Wir streben jetzt die Programmierung einer Funktion an, bei der diese einschränkende Voraussetzung nicht mehr beachtet werden muß. Somit stellen wir uns die Aufgabe, eine Anwenderfunktion zur Berechnung der Zeitdauer zu entwickeln, bei der der erste Zeitpunkt *vor* Mitternacht und der zweite Zeitpunkt *nach* Mitternacht liegen kann.

Lösungsplan

Innerhalb unseres Lösungsplans müssen wir somit die beiden folgenden Fälle unterscheiden:

- Beziehen sich beide Zeitpunkte auf denselben Tag, so bestimmt sich die Zeitdauer – wie bisher – aus der Differenz der beiden Zeitpunkte.

- Im anderen Fall berechnet sich die Zeitdauer aus der Addition des 2. Zeitpunktes zur Differenz aus dem Zeitpunkt 24.00 Uhr (24 * 60 Minuten) und dem 1. Zeitpunkt.

Im Hinblick auf diesen Lösungsansatz ist es sinnvoll, die Zeitdauer für die beiden vorgegebenen Zeitpunkte zu errechnen und dieses Zwischenergebnis – durch die Evaluierung der Spezialform "SETQ" – wie folgt der Variablen "differenz" zuzuordnen:

```
(SETQ differenz (- (+ (* h_2 60) min_2)
                   (+ (* h_1 60) min_1)))
```

Dies hat den Vorteil, daß sich der Wert, der an "differenz" gebunden ist, zunächst prüfen und in Abhängigkeit davon, ob er negativ oder nicht-negativ ist, anschließend geeignet weiterverarbeiten läßt.

Innerhalb des Funktionsrumpfes muß somit eine *Fallunterscheidung* durchgeführt werden. Dabei ist zunächst zu untersuchen, ob der an "differenz" gebundene Wert negativ ist. Ist dies der Fall, so beziehen sich die beiden Zeitpunkte auf verschiedene Tage. In dieser Situation soll zunächst allein der Text "verschiedene_Tage" angezeigt werden.

Ist der "differenz" zugeordnete Wert dagegen *nicht*-negativ, so soll die Zeitdauer durch die – später definierte – Anwenderfunktion "berechne" ermittelt und angezeigt werden.

Einsatz von COND

Um diese Fallunterscheidung durchzuführen, läßt sich die *Spezialform* "COND" – die sogenannte *Konditionalform* – in der folgenden Form einsetzen:

```
(COND ( (MINUSP differenz) 'verschiedene_Tage   )
      (        T           (berechne differenz) )
)
```

Als Argumente dieser Spezialform sind – hinter dem Schlüsselwort "COND" – zwei *Klauseln* in Form zweier Listen angegeben. Innerhalb jeder Klausel ist ein S-Ausdruck als *Testausdruck* aufgeführt, dem eine Anforderung in der folgenden Form zugeordnet ist:

```
(testausdruck anforderung)
```

Bei der 1. Klausel

```
( (MINUSP differenz) 'verschiedene_Tage )
```

hat der Testausdruck die Form:

```
(MINUSP differenz)
```

Die zugehörige Anforderung stellt sich wie folgt dar:

```
'verschiedene_Tage
```

Die 2. Klausel, die dem Schlüsselwort "COND" folgt, besitzt die Form:

```
(      T              (berechne differenz) )
```

Der Testausdruck ist gleich dem Atom "T". Als zugeordnete Anforderung ist der Funktionsaufruf "(berechne differenz)" angegeben.

Bei der *Evaluierung* der Konditionalform

```
(COND ( (MINUSP differenz) 'verschiedene_Tage   )
      (      T              (berechne differenz) )
)
```

wird zunächst die 1. Klausel bearbeitet. Dabei wird als erstes der Testausdruck

```
(MINUSP differenz)
```

evaluiert. Die Evaluierung der Prädikatsfunktion "MINUSP" führt zum Atom "NIL" oder zum Atom "T", je nachdem, ob die Variable "differenz" an einen nicht-negativen oder negativen Wert gebunden ist.

Ergibt sich *nicht* der Wert "NIL" (dies ist der Fall, wenn der an "differenz" gebundene Wert negativ ist), so wird die Anforderung " 'verschiedene_Tage" evaluiert, die als 2. Listenelement innerhalb der 1. Klausel angegeben ist. Der resultierende S-Ausdruck wird zum Ergebnis der Konditionalform, und die Evaluierung der Spezialform "COND" ist beendet.

Ergibt sich bei der Evaluierung des 1. Testausdrucks "(MINUSP differenz)" dagegen der Wert "NIL", so wird anschließend die 2. Klausel

```
(      T              (berechne differenz) )
```

bearbeitet.

In dieser Klausel ist das Atom "T" als Testausdruck angegeben. Die Evaluierung dieses S-Ausdrucks führt wiederum zum Wert "T" und somit zu einem *anderen* Wert als "NIL". In diesem Fall wird die zugeordnete Anforderung, d.h. der S-Ausdruck "(berechne differenz)", evaluiert. Das resultierende Funktionsergebnis ist das Ergebnis der Spezialform "COND", und die Evaluierung von "COND" ist beendet.

<u>Hinweis:</u> Der Testausdruck der letzten Klausel – in diesem Fall der 2. Klausel – muß zu einem S-Ausdruck evaluiert werden, der *ungleich* "NIL" ist. Ansonsten wird keine der in den Klauseln aufgeführten Anforderungen evaluiert. In diesem Fall wird "NIL" als Ergebnis der Evaluierung des letzten Testausdrucks und somit als Ergebnis der Spezialform "COND" erhalten.

Lösung der Aufgabenstellung

Auf der Basis der in Abschnitt 4.3 entwickelten Anwenderfunktion "dauer_1" kann unsere Aufgabenstellung insgesamt wie folgt gelöst werden:

```
(DEFUN dauer_2 (zeiten)
   (LET
      ( (h_1 (CAAR zeiten))
        (min_1 (CADDAR zeiten))
        (h_2 (CAADR zeiten))
        (min_2 (CAR (CDDADR zeiten)))
        (differenz NIL)
      )
      (SETQ differenz (- (+ (* h_2 60) min_2)
                         (+ (* h_1 60) min_1)))
      (COND ( (MINUSP differenz) 'verschiedene_Tage   )
            (        T                (berechne differenz) )
      )
   )
)
(DEFUN berechne (abstand)
   (LET
      ( (stunden (/ abstand 60))
        (minuten (REM abstand 60))
      )
      (LIST stunden 'h minuten 'min)
   )
)
```

<u>Hinweis:</u> Die (lokale) Variable "differenz" haben wir eingerichtet, um den Testausdruck in der 1. Klausel der Konditionalform zu vereinfachen und um eine möglicherweise doppelte Berechnung zu ersparen.

Mit der Anwenderfunktion "dauer_2" läßt sich z.B. der folgende Dialog führen:

```
> (dauer_2 '((3 h 23 min) (5 h 12 min)))
(1 H 49 MIN)
> (dauer_2 '((5 h 12 min) (3 h 23 min)))
VERSCHIEDENE_TAGE
```

Eine erweiterte Aufgabenstellung

Wir wollen jetzt in dem Fall, in dem der 1. Zeitpunkt *vor* Mitternacht und der 2. Zeitpunkt *nach* Mitternacht liegt, nicht den Text "verschiedene_Tage", sondern die ermittelte Zeitdifferenz anzeigen lassen. Dazu soll eine Anwenderfunktion "dauer_3" entwickelt werden, durch deren Einsatz z.B. der folgende Dialog möglich ist:

```
> (dauer_3 '((3 h 23 min) (5 h 12 min)))
(1 H 49 MIN)
> (dauer_3 '((5 h 12 min) (3 h 23 min)))
(22 H 11 MIN)
```

Lösung der Aufgabenstellung

Um dies zu erreichen, muß innerhalb des Funktionsrumpfes von "dauer_3" – für den Fall, daß sich die beiden Zeitpunkte *nicht* auf denselben Tag beziehen – die Differenz aus dem Minuten-Wert von 24.00 Uhr (24 * 60 Minuten) und dem Minuten-Wert des 1. Zeitpunktes berechnet werden. Dazu können wir z.B. die Funktion "verschieden" in der folgenden Form einsetzen:

```
(DEFUN verschieden (stunden_1 minuten_1 stunden_2 minuten_2)
    (+ (- (* 24 60) (+ (* stunden_1 60) minuten_1))
       (+ (* stunden_2 60) minuten_2))
)
```

Insgesamt läßt sich die Aufgabenstellung mit den folgenden Funktionen lösen:

```
(DEFUN dauer_3 (zeiten)
   (LET
      ( (h_1 (CAAR zeiten))
        (min_1 (CADDAR zeiten))
        (h_2 (CAADR zeiten))
        (min_2 (CAR (CDDADR zeiten)))
        (differenz NIL)
      )
      (SETQ differenz (- (+ (* h_2 60) min_2)
                         (+ (* h_1 60) min_1)))
      (COND ( (MINUSP differenz)
              (berechne (verschieden h_1 min_1 h_2 min_2)) )
            (     T            (berechne differenz)        )
      )
   )
)
(DEFUN berechne (abstand)
   (LET
      ( (stunden (/ abstand 60))
        (minuten (REM abstand 60))
      )
      (LIST stunden 'h minuten 'min)
   )
)
(DEFUN verschieden (stunden_1 minuten_1 stunden_2 minuten_2)
   (+ (- (* 24 60) (+ (* stunden_1 60) minuten_1))
      (+ (* stunden_2 60) minuten_2))
)
```

Nach der Definition dieser Funktionen kann z.B. der folgende Dialog geführt
werden:

```
> (dauer_3 '((23 h 23 min) (0 h 14 min)))
(0 H 51 MIN)
> (dauer_3 '((5 h 12 min) (3 h 23 min)))
(22 H 11 MIN)
```

Um sich zusätzlich anzeigen zu lassen, daß sich beide Zeitpunkte auf *denselben* Tag beziehen, kann statt der oben eingesetzten Konditionalform die
folgende Konditionalform verwendet werden:

```
(COND ( (MINUSP differenz)
        (berechne (verschieden h_1 min_1 h_2 min_2)) )
      ( (PRINT (berechne differenz)) 'derselbe_Tag   )
```

Anstelle des ursprünglich verwendeten Testausdrucks "T" ist in diesem Fall der S-Ausdruck

```
(PRINT (berechne differenz))
```

als Testausdruck angegeben. Die Evaluierung dieses S-Ausdrucks führt – in jedem Fall – zu einem Wert ungleich "NIL". Somit wird die Anforderung " 'derselbe_Tag" evaluiert und am Bildschirm als Funktionsegebnis von "dauer_3" – im Anschluß an die Ausgabe der Zeitdifferenz – angezeigt.

Stellen wir nach dieser Modifizierung die Anforderung

```
> (dauer_3 '((3 h 23 min) (5 h 12 min)))
```

so erhalten wir

```
(1 H 49 MIN)
DERSELBE_TAG
```

angezeigt.

Allgemeine Beschreibung von COND

Bislang haben wir die Konditionalform "COND" jeweils mit zwei Klauseln der Form

```
(testausdruck anforderung)
```

eingesetzt. Generell können innerhalb der Spezialform "COND" beliebig viele Klauseln aufgeführt werden, so daß "COND" die folgende Struktur besitzt:

```
(COND [ ( testausdruck anforderung ) ]...
)
```

Jede Klausel ist als Liste mit jeweils zwei Listenelementen anzugeben[1]. Das 1. Listenelement hat die Funktion eines *Testausdrucks*, bei dessen Evaluierung allein unterschieden wird, ob der resultierende S-Ausdruck gleich "NIL" oder ungleich "NIL" ist. Das jeweils 2. Listenelement jeder Klausel, das in der Syntax-Darstellung durch den Platzhalter "anforderung" gekennzeichnet ist, darf ein Atom, ein Funktionsaufruf, der Aufruf einer Spezialform oder ein verschachtelter Aufruf von Funktionen bzw. Spezialformen sein.

Hinweis: Es ist zulässig, daß für den Platzhalter "anforderung" eine Sequenz von Anforderungen eingesetzt wird.

Bei der Evaluierung der Konditionalform wird zunächst der Testausdruck der 1. Klausel evaluiert. Ergibt sich der Wert "NIL", so wird als nächstes der Testausdruck der 2. Klausel evaluiert. Ergibt sich wiederum der Wert "NIL", so wird mit der Evaluierung des Testausdrucks der nächsten Klausel fortgefahren, usw.

Hinweis: Führt die Evaluierung sämtlicher Testausdrücke jeweils zum Wert "NIL", so resultiert aus der Evaluierung der Konditionalform der Wert "NIL". Dieser Wert ist auch dann das Ergebnis von "COND", wenn die Konditionalform *ohne* Klauseln verwendet wird.

Wird bei der Evaluierung eines der Testausdrücke – *erstmals* – ein S-Ausdruck *ungleich* "NIL" ermittelt, so wird die Anforderung evaluiert, die diesem Testausdruck innerhalb derselben Klausel zugeordnet ist. Der S-Ausdruck, der sich durch die Evaluierung ergibt, stellt den Ergebniswert der Spezialform "COND" dar.

Hinweis: Ist eine Sequenz hinter einem Testausdruck aufgeführt, so werden sämtliche Anforderungen dieser Sequenz evaluiert. Der Ergebniswert von "COND" ist das Ergebnis der zuletzt evaluierten Anforderung.
Beim Einsatz der Konditionalform "COND" empfiehlt es sich, die einzelnen Klauseln nach aufsteigender Komplexität der zugehörigen Testausdrücke zu ordnen, so daß komplexere S-Ausdrücke als letzte aufgeführt werden.

Um sicherzustellen, daß mindestens ein Testausdruck zu einem Wert ungleich "NIL" evaluiert wird, sollte das Atom "T" als Testausdruck innerhalb der *letzten* Klausel der Konditionalform eingetragen werden.

---

[1]Es ist auch zulässig, daß eine Klausel nur *einen* S-Ausdruck enthält. In diesem Fall fungiert der S-Ausdruck als Testausdruck und gleichzeitig als Anforderung.

Struktogrammdarstellung

Die Beschreibung, wie eine Konditionalform evaluiert wird, läßt sich auch durch eine graphische Darstellung wiedergeben. Dazu betrachten wir z.B. die folgende, allgemein gehaltene Konditionalform:

```
(COND   ( testausdruck_1 anforderung_1 )
        ( testausdruck_2 anforderung_2 )
               ...
        ( testausdruck_n anforderung_n )
        ( T      'keine_der_Bedingungen_trifft_zu )
)
```

Deren Evaluierung wird durch das folgende Struktogramm gekennzeichnet:

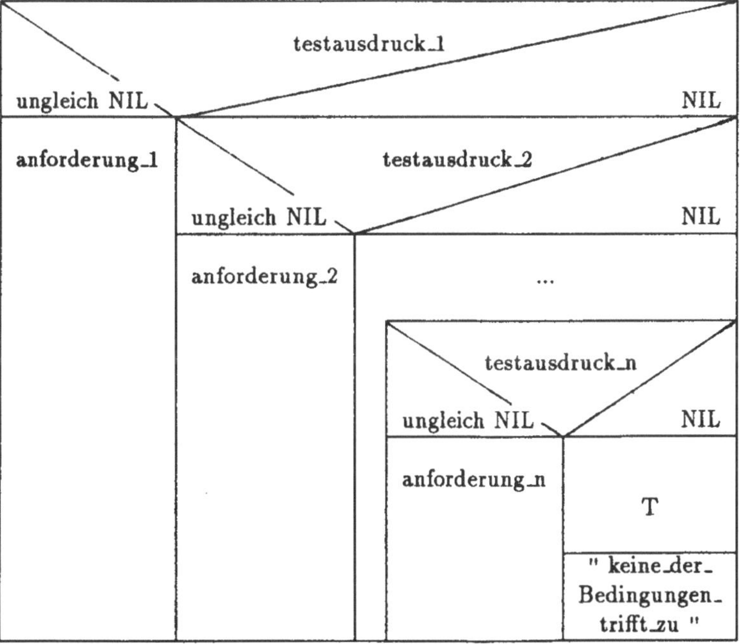

Die Testausdrücke werden schrittweise – von oben nach unten – evaluiert. Wird erstmals ein Wert ermittelt, der von "NIL" verschieden ist, so wird der zugehörige Zweig ausgeführt, d.h. die unterhalb angegebene Anforderung wird evaluiert. Der daraus resultierende S-Ausdruck ergibt den Ergebniswert der Spezialform "COND".

Führt die Evaluierung der Testausdrücke stets zum Wert "NIL", so wird letztlich der Testausdruck "T" ausgewertet, so daß der Text "keine_der_Begingungen_trifft_zu" als Ergebniswert der Konditionalform ermittelt wird.

<u>Hinweis:</u> Mit dem Wort "Bedingungen" kennzeichnen wir den Sachverhalt, der durch die zuvor evaluierten Testausdrücke beschrieben wird.

Noch ein Beispiel

Als Beispiel für den Einsatz einer Konditionalform, die mehr als zwei Klauseln enthält, können wir etwa die folgende Anwenderfunktion angeben:

```
(DEFUN ungerade_1 (zahlenpaar)
   (COND ( (ODDP (CAR zahlenpaar))   T  )
         ( (ODDP (CADR zahlenpaar))  T  )
         (          T              NIL )
   )
)
```

Durch diese Funktion wird geprüft, ob in einem Zahlenpaar, das aus zwei ganzen Zahlen besteht, (mindestens) eine *ungerade* Zahl enthalten ist. Mit dieser Funktion läßt sich z.B. der folgende Dialog führen:

```
> (ungerade_1 '(1 2))
T
> (ungerade_1 '(2 2))
NIL
```

6.3   Die Spezialformen AND und OR

Verschachtelung von Konditionalformen

Da innerhalb einer Konditionalform – hinter einem Testausdruck – als Anforderung wiederum eine Konditionalform aufgeführt werden darf, sind auch *verschachtelte* Konditionalformen möglich.

Wollen wir zum Beispiel bei einem Zahlenpaar, das aus zwei ganzen Zahlen besteht, prüfen, ob *beide* Zahlen *ungerade* sind, so können wir z.B. den folgenden Dialog führen:

```
> (DEFUN ungerade_2 (zahlenpaar)
    (COND ( (ODDP (CAR zahlenpaar))
            (COND ( (ODDP (CADR zahlenpaar)) T )
                  (        T              NIL )
            )
          )
          ( T    NIL )
    )
  )
UNGERADE_2
> (ungerade_2 '(1 1))
T
> (ungerade_2 '(1 2))
NIL
```

Bei der Evaluierung der Funktion "ungerade_2" wird zunächst der Testausdruck

```
(ODDP (CAR zahlenpaar))
```

innerhalb der "äußeren" Konditionalform geprüft.

Führt die Evaluierung dieses Testausdrucks zum Wert "NIL", weil die 1.
Zahl des Zahlenpaares *gerade* ist, so wird der Testausdruck der nächsten
Klausel

```
( T  NIL )
```

evaluiert. Dies ergibt den Wert "T", so daß sich "NIL" – als Evaluierungs-
ergebnis der zugeordneten Anforderung "NIL" – als Funktionsergebnis der
Anwenderfunktion "ungerade_2" ergibt.

Führt die Evaluierung des 1. Testaudrucks der "äußeren" Konditionalform
nicht zum Wert "NIL", sondern zum Wert "T", weil die 1. Zahl innerhalb des
Zahlenpaares ungerade ist, so wird die folgende "innere" Konditionalform –
als zugehörige Anforderung – evaluiert:

```
(COND ( (ODDP (CADR zahlenpaar)) T )
      (        T              NIL )
)
```

Ergibt sich bei der Evaluierung des 1. Testausdrucks

```
(ODDP (CADR zahlenpaar))
```

der Wert "T", weil auch die 2. Zahl des Zahlenpaares ungerade ist, so wird die zugeordnete Anforderung "T" evaluiert. Diese Evaluierung ergibt wiederum "T", so daß der Ergebniswert der "inneren" Konditionalform gleich "T" ist. Dieser Wert stellt gleichzeitig das Ergebnis der "äußeren" Konditionalform und somit das Funktionsergebnis von "ungerade_2" dar.

Wird bei der Evaluierung des Testausdrucks

```
(ODDP (CADR zahlenpaar))
```

jedoch der Wert "NIL" erhalten, so wird die 2. Klausel

```
( T  NIL )
```

innerhalb der "inneren" Konditionalform bearbeitet. Die Evaluierung des Testausdrucks "T" liefert den Wert "T" und somit einen Wert *ungleich* "NIL". Daher wird für die Funktion "ungerade_2" der Wert "NIL" ermittelt, der sich aus der Evaluierung der dem Testausdruck zugeordneten Anforderung "NIL" ergibt.

Einsatz von AND

Da sich durch den Einsatz von "COND" prinzipiell beliebig komplexe Fallunterscheidungen nachbilden lassen, besteht die Gefahr der Unübersichtlichkeit. Um dieser Gefahr vorzubeugen, gibt es die Möglichkeit, Fallunterscheidungen abkürzend durch die Spezialformen "AND", "OR" und "NOT" zu beschreiben.

Zum Beispiel läßt sich die Spezialform "AND" wie folgt als Alternative zur oben angegebenen Verschachtelung zweier Konditionalformen einsetzen:

```
> (DEFUN ungerade_3 (zahlenpaar)
    (AND (ODDP (CAR zahlenpaar))
         (ODDP (CADR zahlenpaar))
              T
    )
  )
UNGERADE_3
```

Bei der Evaluierung der Spezialform "AND" wird zunächst das 1. Argument "(ODDP (CAR zahlenpaar))" evaluiert.

Führt dies zum Wert "NIL", so ist die Evaluierung von "AND" beendet, und es resultiert der Wert "NIL" als Ergebnis der Spezialform "AND".

Ergibt sich dagegen ein S-Ausdruck, der ungleich "NIL" ist, so wird die Evaluierung von "AND" fortgesetzt, indem das 2. Argument "(ODDP (CADR zahlenpaar))" evaluiert wird. Führt die Auswertung dieses *vorletzten* Arguments zum Wert "NIL", so ist "NIL" das Ergebnis der Spezialform.

Resultiert jedoch auch aus der Evaluierung des *vorletzten* Arguments von "AND" ein Wert ungleich "NIL", so wird als Ergebnis der Spezialform derjenige S-Ausdruck erhalten, der durch die Evaluierung des *letzten* Arguments von "AND" – in Form des S-Ausdrucks "T" – ermittelt wird.

Allgemeine Form von AND

Generell läßt sich die Spezialform "AND" in der folgenden Form einsetzen:

> (AND [argument]...)

Hinweis: Wird bei der Spezialform "AND" *kein* Argument angegeben, so wird "T" als Ergebniswert ermittelt.

Bei der Evaluierung von "AND" werden die Argumente schrittweise – von links nach rechts – evaluiert. Diese Auswertung wird dann beendet, wenn erstmalig ein Argument zum Wert "NIL" evaluiert wird. In diesem Fall ist "NIL" der Ergebniswert von "AND".

Wird dagegen – einschließlich des *vorletzten* Arguments – jeweils ein S-Ausdruck ermittelt, der ungleich "NIL" ist, so ist der Ergebniswert von "AND" gleich dem S-Ausdruck, der durch die Evaluierung des *zuletzt* angegebenen Arguments erhalten wird.

Hinweis: Wir erhalten beim Einsatz von "AND" – ähnlich wie beim logischen UND – nur dann den Wahrheitswert "T" bzw. einen Wert *ungleich* NIL, wenn *alle* Argumente von "AND" zu einem Wert *ungleich* "NIL" evaluiert werden.

Einsatz von OR

In Abschnitt 6.2 haben wir die folgende Anwenderfunktion entwickelt:

```
(DEFUN ungerade_1 (zahlenpaar)
   (COND ( (ODDP (CAR zahlenpaar)) T  )
         ( (ODDP (CADR zahlenpaar)) T  )
         (         T              NIL )
   )
)
```

Durch ihren Einsatz ließ sich feststellen, ob in einem Zahlenpaar (mindestens) eine *ungerade* Zahl enthalten ist.

Die Leistung, die durch die aufgeführte Spezialform "COND" erbracht wird, läßt sich durch den Einsatz der Spezialform "OR" wie folgt anfordern:

```
> (DEFUN ungerade_4 (zahlenpaar)
     (OR (ODDP (CAR zahlenpaar))
         (ODDP (CADR zahlenpaar))
     )
  )
UNGERADE_4
```

Bei der Evaluierung von "OR" wird zunächst das 1. Argument

```
(ODDP (CAR zahlenpaar))
```

evaluiert.

Wird hierdurch ein Wert ungleich "NIL" erhalten, so wird die Evaluierung von "OR" beendet und dieser Wert als Ergebnis der Spezialform "OR" ermittelt.

Führt dagegen die Evaluierung des 1. Arguments zu "NIL", so wird das 2. Argument "(ODDP (CADR zahlenpaar))" evaluiert.

Ergibt sich dabei ein von "NIL" verschiedener S-Ausdruck, so stellt dieser das Ergebnis von "OR" dar.

Wird dagegen bei der Evaluierung des 2. Arguments ebenfalls der Wert "NIL" erhalten, so wird die Evaluierung von "OR" beendet, und wir erhalten den Wert "NIL" als Ergebnis dieser Spezialform.

Allgemeine Form von OR

Generell läßt sich die Spezialform "OR" in der folgenden Form einsetzen:

(OR [argument]...)

<u>Hinweis:</u> Wird bei der Spezialform "OR" kein Argument angegeben, so wird "NIL" als Ergebniswert ermittelt.

Bei der Evaluierung von "OR" werden die Argumente schrittweise – von links nach rechts – evaluiert. Als Ergebnis der Spezialform "OR" wird "NIL" erhalten, wenn bei der Evaluierung sämtlicher Argumente der S-Ausdruck "NIL" erhalten wird.

Wird bei der Evaluierung der Argumente von "OR" *erstmalig* ein Wert ungleich "NIL" ermittelt, so wird die Bearbeitung beendet. Derjenige S-Ausdruck, der als *erster* ungleich "NIL" ist, wird zum Ergebnis der Spezialform "OR".

<u>Hinweis:</u> Der Einsatz der Spezialform "OR" liefert – ähnlich wie beim logischen ODER – immer dann den Wahrheitswert "T" bzw. einen Wert *ungleich* "NIL", wenn *eines* der Argumente von "OR" zu einem Wert *ungleich* "NIL" evaluiert wird.

Einsatz von NOT

Als Ergänzung der Spezialformen "AND" und "OR" steht die Systemfunktion "NOT" zur Verfügung, die in der folgenden Form eingesetzt werden kann:

(NOT argument)

Durch die Evaluierung von "NOT" wird der Wahrheitswert negiert, den die Auswertung des Arguments liefert. Somit ist das Funktionsergebnis von "NOT" bei einem Argument, dessen Evaluierung einen Wert *ungleich* "NIL" liefert, als "NIL" festgelegt. Dagegen ist für ein Argument, das zu "NIL" evaluiert wird, "T" als Funktionsergebnis von "NOT" festgelegt.

Mit der Funktion "ungerade_1" (siehe Abschnitt 6.2) konnten wir feststellen, ob in einem Zahlenpaar *mindestens* ein *ungerader* Zahlen-Wert enthalten ist. Wollen wir prüfen, ob ein Zahlenpaar *höchstens* eine *ungerade* Zahl enthält, so können wir "ungerade_1" durch die Systemfunktion "NOT" wie folgt ändern:

```
(DEFUN ungerade_1_not (zahlenpaar)
   (COND ( (NOT (ODDP (CAR zahlenpaar)))   T  )
         ( (NOT (ODDP (CADR zahlenpaar)))   T  )
         (          T                      NIL )
   )
)
```

Anschließend läßt sich mit dieser Funktion z.B. der folgende Dialog führen:

```
> (ungerade_1_not '(1 1))
NIL
> (ungerade_1_not '(1 2))
T
```

6.4   Die Rekursion

Ein erstes Beispiel

Bei der Verschachtelung von Funktionsaufrufen haben wir bislang den Fall ausgespart, daß die Funktion, deren Funktionsrumpf vereinbart wird, selbst innerhalb ihres *eigenen* Funktionsrumpfes als Anforderung verwendet wird. Anders ist dies zum Beispiel bei der folgenden Definition:

```
(DEFUN REM_eigen_1 (zahl teiler)
   (COND ( (< zahl teiler)            zahl                      )
         (      T        (REM_eigen_1 (- zahl teiler) teiler) )

   )
)
```

Beim Aufruf dieser Funktion soll eine ganzzahlige Division durchgeführt werden, bei der der ganzzahlige Divisionsrest als Funktionsergebnis ermittelt wird. Bei dieser Division wird der Dividend ("zahl") schrittweise um den Divisor ("teiler") vermindert. Auf die jeweilige Differenz wird erneut die Funktion "REM_eigen_1" angewendet. Dies geschieht solange, bis der Divisor kleiner als der Dividend ist.

Hinweis: Um anzudeuten, daß durch diese Anwenderfunktion genau dieselbe Leistung erbracht werden soll, wie es bei der Systemfunktion "REM" der Fall ist, haben wir den Funktionsnamen "REM_eigen_1" vergeben.

Im folgenden beschreiben wir die Auswertung Schritt für Schritt:
Bei der Evaluierung von "REM_eigen_1" wird innerhalb der Konditionalform
zunächst der Testausdruck

```
(< zahl teiler)
```

geprüft. Sofern dessen Evaluierung zum Wert "T" führt, wird der Wert,
an den der Parameter "zahl" gebunden ist, als Funktionsergebnis von
"REM_eigen_1" ermittelt. Dies ist dann der Fall, wenn dieser Wert kleiner ist als der dem Parameter "teiler" zugeordnete Wert.
Sofern die Evaluierung von

```
(< zahl teiler)
```

nicht zu "T", sondern zum Wert "NIL" führt, wird die Evaluierung der
Konditionalform mit der Bearbeitung der Klausel

```
(     T       (REM_eigen_1 (- zahl teiler) teiler) )
```

fortgeführt. Da der Testausdruck "T" zum Wert "T" evaluiert wird, erfolgt
die Auswertung der zugeordneten Anforderung, d.h. der Funktionsaufruf in
der Form:

```
(REM_eigen_1 (- zahl teiler) teiler)
```

Dies bedeutet, daß die Funktion "REM_eigen_1" *erneut* aufgerufen wird.
Wir können uns dazu vorstellen, daß die Evaluierung der Funktion
"REM_eigen_1" unterbrochen wird – zugunsten der Bearbeitung eines 2. Ex-
emplars der Funktion "REM_eigen_1". Dieses 2. Exemplar ist ein genaues
Abbild des *Basisexemplars*, das mit *neuen* Exemplaren von (gleichnamigen)
Parametern des Basisexemplars ausgestattet ist und ansonsten den gleichen
Funktionsrumpf wie das Basisexemplar besitzt.
Bei der Evaluierung des 2. Exemplars von "REM_eigen_1" wird durch den
Aufruf

```
(REM_eigen_1 (- zahl teiler) teiler)
```

dem 1. Parameter "zahl" des *neuen* Funktionsexemplars derjenige Wert zugeordnet, der sich durch die Evaluierung des Arguments

```
(- zahl teiler)
```

ergibt.

Dem 2. Parameter "teiler" wird der Wert zugeordnet, der durch die Evaluierung des 2. Arguments erhalten wird. Da das 2. Argument gleich "teiler" ist, wird dem Parameter "teiler" des *neuen* Funktionsexemplars derjenige Wert zugeordnet, an den bereits der Parameter "teiler" des Basisexemplars gebunden war.

Bei der Evaluierung des 2. Funktionsexemplars, wird wiederum dieselbe Konditionalform evaluiert. Sofern aus der Evaluierung des Testausdrucks

```
(< zahl teiler)
```

wiederum der Wert "NIL" resultiert, kommt die Anforderung

```
(REM_eigen_1 (- zahl teiler) teiler)
```

im Funktionsrumpf des 2. Exemplars von "REM_eigen_1" zur Ausführung. Jetzt wird die Evaluierung des 2. Funktionsexemplars unterbrochen, und es wird ein 3. Exemplar von "REM_eigen_1" eingerichtet und bearbeitet. Dabei wird dem *neuen* Parameterexemplar "teiler" wiederum der Wert zugeordnet, an den bereits das alte Exemplar von "teiler" gebunden war. Dem *neuen* Exemplar des Parameters "zahl" wird derjenige Wert zugeordnet, der durch die Evaluierung von

```
(- zahl teiler)
```

ermittelt wird. Dabei sind "zahl" und "teiler" diesmal die Parameter des 2. Funktionsexemplars von "REM_eigen_1".
Anschließend wird die Evaluierung mit der erneuten Evaluierung der Konditionalform – diesmal als Bestandteil des 3. Funktionsexemplars – fortgesetzt. Wir können uns somit vorstellen, daß – ausgehend von dem Basisexemplar der Funktion "REM_eigen_1" auf der obersten Stufe – bei jedem neuen Aufruf der Funktion ein neues Funktionsexemplar – auf der nächst tieferen Stufe – eingerichtet und aufgerufen wird.

Dies demonstriert das folgende Schema:

Argumente von
"REM_eigen_1":

Basisexemplar:	zahl	teiler
2. Funktionsexemplar:	(− zahl teiler)	teiler
3. Funktionsexemplar:	(− (− zahl teiler) teiler)	teiler
…	…	…

Die Einrichtung weiterer Funktionsexemplare und deren Evaluierung erfolgt
solange, bis die Evaluierung des Testausdrucks

```
(< zahl teiler)
```

− aus der 1. Klausel der Spezialform "COND" − letztendlich zum Wert "T"
führt, so daß kein weiteres Funktionsexemplar von "REM_eigen_1" mehr
eingerichtet werden muß. Da folglich der Prozeß des wiederholten Aufrufs
abgebrochen wird, bezeichnet man den Testausdruck "(< zahl teiler)" als
Abbruchkriterium.

Hinweis: Die Evaluierung des Abbruchkriteriums liefert irgendwann den Wert "T", weil
die wiederholte Subtraktion eines positiven Zahlen-Werts von einem positiven Zahlen-Wert
letztendlich zu einem negativen Ergebnis führt.

Da die 1. Klausel der Konditionalform die Form

```
( (< zahl teiler) zahl )
```

besitzt, wird der Wert, an den "zahl" gebunden ist, als Ergebnis der Konditionalform − der tiefsten Stufe − ermittelt. Dieser Wert stellt somit auch
das Ergebnis der Konditionalform auf der nächst höheren Stufe und damit auch auf jeder weiteren, höheren Stufe dar. Letztendlich wird dieser
Wert als Ergebnis der Konditionalform ermittelt, die auf der höchsten Stufe
zum Basisexemplar von "REM_eigen_1" gehört. Dadurch ist gleichzeitig das
Funktionsergebnis von "REM_eigen_1" bestimmt, da es als Wert der letzten
Anforderung des Funktionsrumpfs übernommen wird.
Wie z.B. der Funktionsaufruf "(REM_eigen_1 5 2)" evaluiert wird, erläutert
die folgende Darstellung:

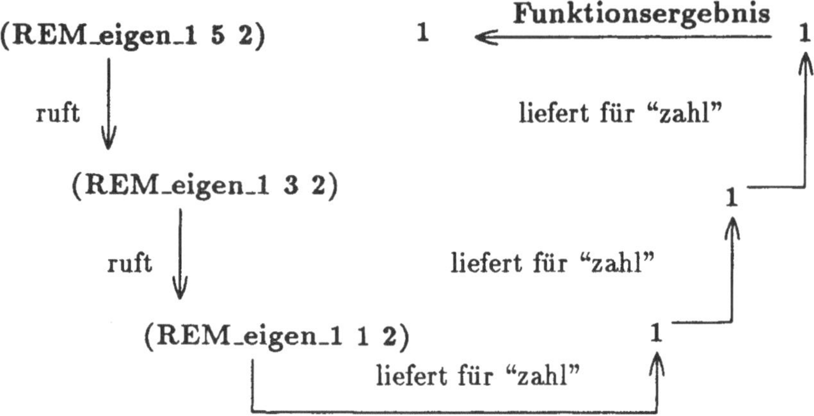

Anzeige des rekursiven Ablaufs

Um bei der Ausführung von "REM_eigen_1" verfolgen zu können, an welchen Wert jeweils das 1. Argument bei einem Funktionsaufruf gebunden ist, verwenden wir die Systemfunktion "PRINT". Mit dieser Funktion vereinbaren wir die Anwenderfunktion "REM_eigen_2", so daß sich z.B. der folgende Dialog führen läßt:

```
> (DEFUN REM_eigen_2 (zahl teiler)
    (COND ( (< zahl teiler)          zahl                        )
          (  T  (REM_eigen_2 (PRINT (- zahl teiler)) teiler) )
    )
  )
REM_EIGEN_2
> (REM_eigen_2 5 2)
3
1
1
> (REM_eigen_2 4 2)
2
0
0
> (REM_eigen_2 312 60)
252
192
132
72
12
```

12

Hinweis: Der jeweils unmittelbar vor dem Prompt ">" angegebene Wert stellt das jeweilige Funktionsergebnis dar.

Der Begriff der Rekursion

Bislang war es möglich, die Lösungspläne so zu programmieren, daß deren Realisierung in Form einer *endlichen* Verschachtelung (Komposition) von Funktionsaufrufen angegeben werden konnte. Bei bestimmten Aufgabenstellungen reicht diese Form der Programmierung nicht mehr aus, da die Anzahl der jeweils erforderlichen Verschachtelungen nicht vorab absehbar ist.

Folglich ist eine Programmierung anzustreben, bei der eine beliebig tiefe Verschachtelung möglich ist und die jeweils erforderliche Verschachtelungstiefe geeignet kontrolliert werden kann. Dieses Prinzip läßt sich durch die *rekursive* Programmierung verwirklichen.

Hinweis: Die Alternative zur rekursiven Programmierung stellt die "Iteration" ("Repetition") dar, die ebenfalls in LISP verwendet werden kann, um gleiche Anforderungen mit verschiedenen Werten der Argumente zu wiederholen. Da sich die Programmiersprache LISP gerade für die rekursive Programmierung von Lösungsplänen besonders gut eignet, sind die von uns dargestellten Lösungspläne *nicht* iterativ programmiert. Damit ist die Darstellung der Sprachelemente zur Programmierung von Schleifen und Sprüngen, die für die Programmierung von Iterationen benötigt werden, entbehrlich.

Eine Funktion, deren Funktionsname innerhalb des eigenen Funktionsrumpfes aufgeführt wird, nennt man eine *rekursive* Funktion. Charakteristisch ist, daß – bei der Evaluierung einer rekursiven Funktion – immer die gleichen Anforderungen – jedoch mit unterschiedlichen Werten in den Funktionsargumenten – zur Ausführung gelangen. Damit gesichert ist, daß dieser Prozeß zu irgendeinem Zeitpunkt abbricht, muß innerhalb des Funktionsrumpfes einer rekursiven Funktion ein *Abbruchkriterium* enthalten sein.

Dieses Abbruchkriterium haben wir bei der rekursiven Anwenderfunktion "REM_eigen_1" durch die 1. Klausel der Konditionalform in der folgenden Form festgelegt:

```
( (< zahl teiler) zahl )
```

Beim Aufruf einer rekursiven Funktion enthält der zu evaluierende Funktionsrumpf wiederum einen Funktionsaufruf derselben Funktion. Beim Funktionsaufruf geht die Kontrolle von dem Basisexemplar an ein weiteres Exemplar der Funktion über.

Hinweis: Im Normalfall ist das Abbruchkriterium als 1. Klausel einer Konditionalform anzugeben, die im Funktionsrumpf der rekursiv definierten Funktion enthalten ist und vor einem weiteren Funktionsaufruf derselben Funktion evaluiert werden muß.

Die Verschachtelung, bei der bei jedem Funktionsaufruf der rekursiven Funktion ein weiteres Funktionsexemplar eingerichtet wird, wiederholt sich solange, bis sie durch ein Abbruchkriterium beendet wird.

Hinweis: Da bei jedem rekursiven Aufruf das Basisexemplar im Hauptspeicher kopiert wird, kann es vorkommen, daß der Speicherplatz nicht ausreicht. Der LISP-Interpreter "XLISP" gibt in diesem Fall eine Fehlermeldung in der Form

```
error: argument stack overflow
```

aus. Ist ein Funktionsrumpf vollständig ausgeführt, so wird der zugehörige Speicherplatz freigegeben.

Wenn das zuletzt aufgerufene Funktionsexemplar evaluiert ist, geht die Kontrolle an das *zuvor* eingerichtete Funktionsexemplar der rufenden Funktion über. Nach der Rückkehr in die rufende Funktion wird die Evaluierung mit der Anforderung fortgesetzt, die dem Funktionsaufruf folgt.

Vereinfacht gesagt, wird eine rekursive Funktion durch sich selbst definiert. Dabei wird eine erste Auswertung unterbrochen, um eine zweite Auswertung durchzuführen, deren Ergebnis in der ersten Auswertung benötigt wird. Die zweite Auswertung der Funktion hängt wiederum vom Ergebnis einer dritten Auswertung ab und bleibt ebenso wie die erste Auswertung vorerst in der Schwebe. Das gleiche gilt für die dritte Auswertung, ebenso für die vierte und so rekursiv weiter. Die Rekursion endet dann, wenn ein Abbruchkriterium erfüllt ist. Dieses Kriterium gestattet es, sämtliche unterbrochenen Auswertungen – in umgekehrter Reihenfolge – wieder aufzunehmen und einen Funktionsrumpf nach dem anderen bis zu seinem Ende zu evaluieren.

Hinweis: Die entwickelte Funktion "REM_eigen_1" ist ein Beispiel für eine *tail-rekursive* Funktion. Bei einer tail-rekursiven Funktion ist der rekursive Aufruf einer Funktion gleichzeitig die zuletzt evaluierte Anforderung innerhalb eines Funktionsrumpfs. Beim Einsatz von tail-rekursiven Funktionen werden somit keine Auswertungen zurückgestellt, und es ist deshalb auch nicht notwendig, Argumente für eine spätere Evaluierung – von der unterbrochenen Auswertung bis zum Ende des Funktionsrumpfs – festzuhalten. Somit kann das Funktionsergebnis des zuletzt evaluierten Funktionsexemplars *unverändert* dem Basisexemplar durchgereicht werden.

Das Prinzip der Rekursion ist bei der Programmierung in LISP von besonderer Bedeutung. Neben der Verschachtelung und der Konditionalform ist die Rekursion die wichtigste *Kontrollstruktur* zur Steuerung des Ablaufs bei der Evaluierung von Funktionen.

<u>Hinweis:</u> Unter Kontrollstrukturen verstehen wir Mittel zur Steuerung der Auswertungsreihenfolge von Anforderungen.

Rekursive Definition

Das Prinzip der Rekursion haben wir – ohne es gesondert hervorzuheben – bereits bei der Beschreibung von S-Ausdrücken und Listen eingesetzt.

In Abschnitt 2.1 wurde dargestellt, daß ein S-Ausdruck entweder ein Atom oder eine Liste ist, deren Listenelemente wiederum S-Ausdrücke sein können. Dabei war unter einer Liste eine geordnete Reihung von Symbolen verstanden worden, die durch "(" und ")" eingeklammert sind und deren Komponenten wiederum Listen sein dürfen.

Die *rekursive* Definition von "S-Ausdruck" und "Liste" lautet somit:

- Jedes Atom ist ein S-Ausdruck.

- Wird ein S-Ausdruck oder werden mehrere S-Ausdrücke durch ein Klammerpaar – d.h. durch "(" und ")" – eingeklammert, so ergibt sich wiederum ein S-Ausdruck, der "Liste" genannt wird.

- Das Zeichenmuster "()" bzw. "NIL" ist ebenfalls eine Liste, die als *leere Liste* bezeichnet wird.

Ein weiteres Beispiel

Im Abschnitt 6.3 haben wir die Funktion "ungerade_3" in der folgenden Form definiert:

```
(DEFUN ungerade_3 (zahlenpaar)
   (AND (ODDP (CAR zahlenpaar))
        (ODDP (CADR zahlenpaar))
               T
   )
)
```

Durch die Evaluierung von "ungerade_3" läßt sich feststellen, ob ein Zahlenpaar aus zwei *ungeraden* Zahlen besteht.

Wir wollen jetzt diese Aufgabenstellung erweitern. Dazu setzen wir uns zum Ziel, eine *beliebige* Liste aus ganzen Zahlen daraufhin zu prüfen, ob sie nur *ungerade* Zahlen enthält.

Da die Listenelemente nacheinander – in immer *derselben* Weise – zu untersuchen sind, liegt es nahe, einen Lösungsplan zu entwickeln, der sich durch einen *rekursiven* Funktionsaufruf realisieren läßt.

Dazu betrachten wir die folgende Anwenderfunktion:

```
(DEFUN ungerade_5_1 (zahlen_liste)
   (COND ( (EQUAL zahlen_liste NIL)  T )
         (  T   (AND  (ungerade_5_1 (CDR zahlen_liste))
                      (ODDP (CAR zahlen_liste))) )
   )
)
```

Durch die 1. Klausel der Konditionalform wird das *Abbruchkriterium* festgelegt. Der Testausdruck dieser Klausel prüft, ob die an "zahlen_liste" gebundene Liste *leer* ist.

Ist dies nicht der Fall, so wird die 2. Klausel von "COND" evaluiert, die die Form

```
(  T   (AND  (ungerade_5_1 (CDR zahlen_liste))
             (ODDP (CAR zahlen_liste))) )
```

hat.

Bei der Auswertung der Spezialform "AND" wird zunächst das 1. Argument

```
(ungerade_5_1 (CDR zahlen_liste))
```

evaluiert und damit ein neues Exemplar der Funktion "ungerade_5_1" eingerichtet. Als Argument erhält dieses neue Exemplar eine um das 1. Listenelement verkürzte Liste. Bei der Evaluierung dieses 2. Exemplars wird wiederum so vorgegangen, wie wir es soeben für das Basisexemplar von "ungerade_5_1" beschrieben haben.

Dabei ist zu beachten, daß die Evaluierung des Funktionsrumpfs im Basisexemplar und allen weiteren Funktionsexemplaren unterbrochen wird. Somit wird die jeweilige Auswertung von

```
(ODDP (CAR zahlen_liste))
```

zurückgestellt.

<u>Hinweis:</u> Diese Anforderung wird – zu einem späteren Zeitpunkt – nur dann evaluiert, wenn das Funktionsergebnis des Funktionsexemplars der nächst tieferen Stufe einen anderen Wert als "NIL" hat.

Dazu ist es notwendig, daß sich der LISP-Interpreter das jeweils aktuelle 1. Listenelement in Form von

```
(CAR zahlen_liste)
```

merkt.

Durch die sukzessive Verkürzung der ursprünglichen Argument-Liste von "ungerade_5_1" ergibt sich schließlich die *leere* Liste.
In dieser Situation führt die Evaluierung des Testausdrucks

```
(EQUAL zahlen_liste NIL)
```

im *letzten* Funktionsexemplar von "ungerade_5_1" zum Wert "T".
Daraufhin erfolgt – innerhalb des *zuvor* eingerichteten Funktionsexemplars – die Evaluierung des 2. Arguments von "AND" in Form von

```
(ODDP (CAR zahlen_liste))
```

Somit wird *erst* jetzt – beginnend mit dem letzten Listenelement von "zahlen_liste" – durch

```
(ODDP (CAR zahlen_liste))
```

geprüft, ob das jeweilige Listenelement eine ungerade Zahl ist.
Sind alle Listenelemente *ungerade* Zahlen, so erhalten wir für jedes Funktionsexemplar – einschließlich des Basisexemplars von "ungerade_5_1" – den Wert "T" als Funktionsergebnis.
Ist jedoch eines der Listenelemente *geradzahlig*, so liefert die Evaluierung von "ODDP" im jeweils aktuellen Funktionsexemplar von "ungerade_5_1" den Wert "NIL". Dieses Funktionsexemplar wurde von dem Funktionsexemplar nächst höherer Stufe – durch die Evaluierung des 1. Arguments von "AND" – eingerichtet. Somit stellt sich "NIL" als Funktionsergebnis des Funktionsexemplars der nächst höheren Stufe und aller weiteren Exemplare dar.
Dabei wird innerhalb dieser Funktionsexemplare die jeweilige Anforderung im 2. Argument von "AND" in Form von

```
(ODDP (CAR zahlen_liste))
```

nicht evaluiert, so daß schließlich der Wert "NIL" zum Funktionsergebnis des Basisexemplars von "ungerade_5_1" ermittelt wird.

Anzeige des rekursiven Ablaufs

Durch den Einsatz der Spezialform "TRACE" können wir uns die Auswertung des Funktionsaufrufs "(ungerade_5_1 '(1 3 4 5))" anzeigen lassen. Dazu führen wir den folgenden Dialog:

```
> (TRACE ungerade_5_1 ODDP)
(UNGERADE_5_1 ODDP)
> (ungerade_5_1 '(1 3 4 5))
Entering: UNGERADE_5_1, Argument list: ((1 3 4 5))
 Entering: UNGERADE_5_1, Argument list: ((3 4 5))
  Entering: UNGERADE_5_1, Argument list: ((4 5))
   Entering: UNGERADE_5_1, Argument list: ((5))
    Entering: UNGERADE_5_1, Argument list: (NIL)
    Exiting: UNGERADE_5_1, Value: T
    Entering: ODDP, Argument list: (5)
    Exiting: ODDP, Value: T
   Exiting: UNGERADE_5_1, Value: T
   Entering: ODDP, Argument list: (4)
   Exiting: ODDP, Value: NIL
  Exiting: UNGERADE_5_1, Value: NIL
 Exiting: UNGERADE_5_1, Value: NIL
Exiting: UNGERADE_5_1, Value: NIL
NIL
```

<u>Hinweis:</u> Bei dieser Ausgabe ist zu beachten, daß der Aufruf ("Entering") und das Ende einer Evaluierung ("Exiting"), die sich beide auf dasselbe Funktionsexemplar von "ungerade_5_1" beziehen, jeweils mit Beginn der gleichen Spalte angezeigt werden. Außerdem werden beim jeweiligen Funktionsaufruf die Funktionsargumente ("Argument list") sowie die resultierenden Funktionsergebnisse ("Value") ausgegeben. Die Verbreiterung erfolgt, wenn bei der Funktionsevaluierung eine Folge unterbrochener Auswertungen aufgebaut wird. Die Verengung geschieht dann, wenn die Evaluierung der zunächst unterbrochenen Auswertungen fortgesetzt wird.

Die zuletzt vorgestellte Anwenderfunktion "ungerade_5_1" hat den Nachteil, daß für jeweils ein geradzahliges oder ungeradzahliges Listenelement von "zahlen_liste" neben dem Basisexemplar ein zusätzliches Funktionsexemplar eingerichtet wird. Erst anschließend erfolgt die Prüfung der Listenelemente von "zahlen_liste". Dabei ist es notwendig, in jeder Stufe die jeweiligen ersten Listenelemente zu speichern.

Jetzt wollen wir eine weitere Anwenderfunktion namens "ungerade_5_2" angeben, die im Falle geradzahliger Listenelemente weniger Funktionsexemplare als "ungerade_5_1" einrichtet. Somit sollen z.B. bei einer Anforderung in der Form "(ungerade_5_2 '(1 3 4 5))" nur zwei zusätzliche Funktionsexemplare von "ungerade_5_2" eingerichtet werden.

Dazu vertauschen wir die beiden Argumente der Spezialform "AND" – innerhalb der Funktion "ungerade_5_1" – und erhalten somit die folgende Anwenderfunktion:

```
(DEFUN ungerade_5_2 (zahlen_liste)
   (COND ( (EQUAL zahlen_liste NIL)  T )
         (   T   (AND  (ODDP (CAR zahlen_liste))
                       (ungerade_5_2 (CDR zahlen_liste))) )
   )
)
```

Durch die 1. Klausel der Konditionalform wird wiederum das Abbruchkriterium festgelegt. Ist "zahlen_liste" ungleich der *leeren* Liste, so wird mit der Auswertung der 2. Klausel fortgesetzt.

Erst dann, wenn das 1. Listenelement von "zahlen_liste" als ungerade Zahl erkannt ist, erfolgt ein rekursiver Aufruf der Funktion "ungerade_5_2" mit einem neu eingerichteten Funktionsexemplar.

Sobald jedoch ein geradzahliger Wert vorliegt, resultiert aus der Auswertung des 1. Arguments

```
(ODDP (CAR zahlen_liste))
```

von "AND" das Ergebnis "NIL". Daraufhin wird die weitere Auswertung von "AND" beendet, und es erfolgt somit *kein* neuer rekursiver Aufruf der Form:

```
(ungerade_5_2 (CDR zahlen_liste))
```

Damit ist der Wert "NIL" auch das Ergebnis des Funktionsexemplars, das das zuletzt evaluierte Funktionsexemplar eingerichtet hat, und schließlich auch das Ergebnis der Evaluierung des Basisexemplars von "ungerade_5_2".

Mit dem Einsatz der Funktion "ungerade_5_2" können wir z.B. den folgenden Dialog führen:

```
> (TRACE ungerade_5_2 ODDP)
(UNGERADE_5_2 ODDP)
> (ungerade_5_2 '(1 3 4 5))
Entering: UNGERADE_5_2, Argument list: ((1 3 4 5))
 Entering: ODDP, Argument list: (1)
 Exiting: ODDP, Value: T
 Entering: UNGERADE_5_2, Argument list: ((3 4 5))
  Entering: ODDP, Argument list: (3)
  Exiting: ODDP, Value: T
  Entering: UNGERADE_5_2, Argument list: ((4 5))
   Entering: ODDP, Argument list: (4)
   Exiting: ODDP, Value: NIL
  Exiting: UNGERADE_5_2, Value: NIL
 Exiting: UNGERADE_5_2, Value: NIL
Exiting: UNGERADE_5_2, Value: NIL
NIL
```

Die zuletzt angegebenen Funktionen "ungerade_5_1" und "ungerade_5_2" haben den Nachteil, daß wir bei Anforderungen der Form

```
(ungerade_5_1 '())
```

oder

```
(ungerade_5_2 '())
```

jeweils den Wert "T" als Funktionsergebnis erhalten.

Jetzt wollen wir eine Funktion entwickeln, die in diesem Fall den Text

```
LEERE_LISTE
```

anzeigt.

Dazu vereinbaren wir die folgende Anwenderfunktion:

```
(DEFUN ungerade_6 (zahlen_liste)
   (COND ( (EQUAL zahlen_liste NIL)  'leere_liste )
         ( (EQUAL (CDR zahlen_liste) NIL)
              (ODDP (CAR zahlen_liste)) )
         (  T   (AND  (ODDP (CAR zahlen_liste))
                      (ungerade_6 (CDR zahlen_liste))) )
   )
)
```

Mit den ersten beiden Klauseln der Konditionalform werden die *Abbruch-kriterien* festgelegt. Dabei wird durch die 1. Klausel geprüft, ob die an "zahlen_liste" gebundene Liste *leer* ist, während die 2. Klausel den Fall behandelt, daß "zahlen_liste" nur *eine* Zahl enthält.

Trifft keiner der beiden Fälle zu, so wird die 3. Klausel von "COND" evaluiert, die in der Form

```
(   T   (AND  (ODDP (CAR zahlen_liste))
              (ungerade_6 (CDR zahlen_liste)))) )
```

angegeben ist.

Bei der Auswertung der Spezialform "AND" wird zunächst das 1. Argument in der Form

```
(ODDP (CAR zahlen_liste))
```

evaluiert.

Handelt es sich beim jeweiligen 1. Listenelement von "zahlen_liste" um eine ungerade Zahl, so wird durch die anschließende Auswertung des 2. Arguments von "AND" die Funktion "ungerade_6" – mit dem Argument "(CDR zahlen_liste)" – erneut aufgerufen und somit ein neues Funktionsexemplar eingerichtet.

Sobald das jeweilige 1. Listenelement von "zahlen_liste" *geradzahlig* ist, liefert die Auswertung des 1. Arguments von "AND" im aktuellen Funktionsexemplar den Wert "NIL" und es erfolgt *kein* neuer rekursiver Aufruf.

Schließlich erhalten wir in dieser Situation – analog zur Funktion "ungerade_5_2" – als Ergebnis der Evaluierung des Aufrufs von "ungerade_6" den Wert "NIL" angezeigt.

Sind letztlich *alle* bisherigen Listenelemente als *ungerade* erkannt, so wird das letzte Listenelement der zu prüfenden Liste untersucht.

Dies führt beim letzten Exemplar von "ungerade_6" durch die Evaluierung von

```
(EQUAL (CDR zahlen_liste) NIL)
```

zum Wert "T".

Damit entscheidet die Auswertung der zugehörigen Anforderung in der Form

```
(ODDP (CAR zahlen_liste))
```

über das Funktionsergebnis des letzten Exemplars von "ungerade_6" und damit über das Funktionsergebnis aller zuvor eingerichteten Exemplare einschließlich des Basisexemplars von "ungerade_6".

Mit dem Einsatz der Funktion "ungerade_6" läßt sich etwa der folgende Dialog führen:

```
> (ungerade_6 '())
LEERE_LISTE
> (ungerade_6 '(1 3 4 5))
NIL
> (ungerade_6 '(1 3 5 7))
T
```

Noch ein Beispiel

Als abschließendes Beispiel für die rekursive Programmierung geben wir die folgende Anwenderfunktion "fakultaet" an:

```
(DEFUN fakultaet (zahl)
   (COND ( (EQUAL zahl 0)          1           )
         (    T    (* zahl (fakultaet (- zahl 1))) )
   )
)
```

Durch diese Anwenderfunktion läßt sich die Fakultät einer nicht-negativen ganzen Zahl ermitteln.

Die Fakultät einer Zahl errechnet sich als Produkt sämtlicher nicht-negativer ganzer Zahlen, die kleiner oder gleich dem vorgegebenen Zahlen-Wert sind. Dabei ist der Zahlen-Wert "1" als Fakultät der Zahl "0" festgelegt.

Zum Beispiel erhalten wir für die Fakultät von "3" den Zahlen-Wert "6" ($= 1 * 2 * 3$). Dies zeigt der folgende Dialog:

```
> (fakultaet 3)
6
```

Bei der Evaluierung von "(fakultaet 3)" entsteht die folgende Auswertungs-reihenfolge:

**Argumente von
"fakultaet":**

Basisexemplar: (∗ 3   (fakultaet (− 3 1))   )

2. Funktionsexemplar: (∗ 2   (fakultaet (− 2 1))   )

3. Funktionsexemplar: (∗ 1   (fakultaet (− 1 1)))

Bei der Evaluierung von "(fakultaet (− 1 1))", d.h. von "(fakultaet 0)", wird abschließend durch die Auswertung von

```
( (EQUAL zahl 0) 1 )
```

festgestellt, daß das Abbruchkriterium "(EQUAL zahl 0)" erfüllt ist und daher der Wert "1" als Ergebnis bestimmt.
Damit ergibt sich − durch die Evaluierung von "(∗ 1 1)", d.h. "(∗ 1 (fakultaet 0))" − für das 3. Funktionsexemplar der Wert "1". Durch die Evaluierung von "(∗ 2 1)", d.h. "(∗ 2 (fakultaet 1))", wird als Funktionsergebnis des 2. Funktionsexemplars der Wert "2" erhalten. Folglich ergibt sich durch die Evaluierung von "(∗ 3 2)", d.h. "(∗ 3 (fakultaet 2))" − innerhalb des Basisexemplars − als Funktionsergebnis von "(fakultaet 3)" der angezeigte Zahlen-Wert "6".
Diese Evaluierung läßt sich am folgenden Schema nachvollziehen:

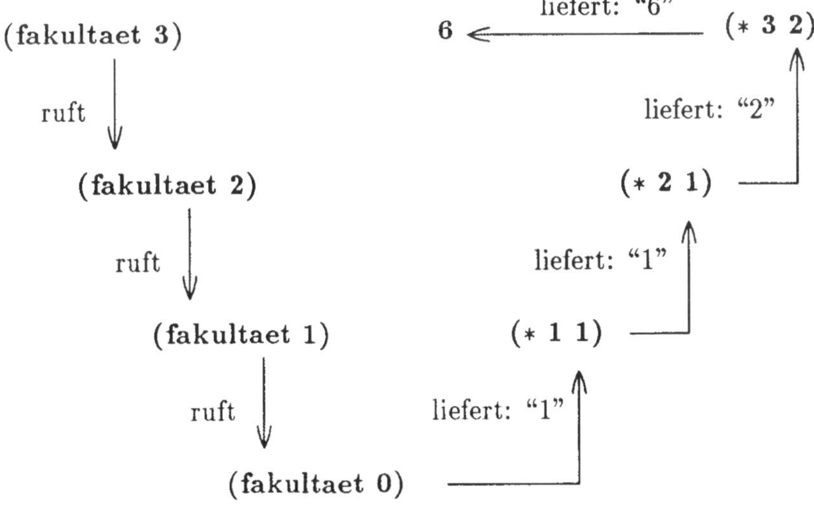

Abschließend verwenden wir die Spezialform "TRACE", um uns den Verlauf
der Auswertung des Funktionsaufrufs "(fakultaet 3)" am Bildschirm anzeigen zu lassen. Wir geben als Anforderung

```
> (TRACE fakultaet)
```

ein und rufen anschließend die Funktion "fakultaet" wie folgt auf:

```
> (fakultaet 3)
```

Daraufhin erhalten wir die folgende Ausgabe:

```
Entering: FAKULTAET, Argument list: (3)
 Entering: FAKULTAET, Argument list: (2)
  Entering: FAKULTAET, Argument list: (1)
   Entering: FAKULTAET, Argument list: (0)
   Exiting: FAKULTAET, Value: 1
  Exiting: FAKULTAET, Value: 1
 Exiting: FAKULTAET, Value: 2
Exiting: FAKULTAET, Value: 6
6
```

6.5 Aufgaben

Aufgabe 6.1
Begründe die Ergebnisanzeigen des folgenden Dialogs:

```
> (AND 'a 'b 'c)
C
> (AND 'a 'b NIL)
NIL
> (AND 'a 'b T)
T
> (OR 'a 'b 'c)
A
> (OR NIL 'a NIL)
A
```

Aufgabe 6.2
Definiere geeignete Anwenderfunktionen, die durch den Einsatz der Spezial-
form "COND" und der Systemfunktion "NOT" die Leistungen der folgenden
Funktionsaufrufe nachbilden:

```
1. (NOT x)
2. (AND x y z)
3. (OR x y z)
```

Aufgabe 6.3

Bilde die Leistung der folgenden Anwenderfunktionen durch andere Anwenderfunktionen nach, bei denen die Spezialform "COND" durch die Spezialformen "AND" und "OR" ersetzt werden:

```
1. (DEFUN positiv_1 (x)
     (COND ( (NUMBERP x) (> x 0) )
           (     T          NIL     )
     )
   )
2. (DEFUN hauptstadt_1 (x)
      (COND ( (EQUAL x 'paris)  'frankreich )
            ( (EQUAL x 'london) 'england    )
            ( (EQUAL x 'rom)    'italien     )
            (      T            'unbekannt   )
      )
   )
```

Aufgabe 6.4

Definiere eine rekursive Funktion (mit 2 Argumenten) namens "summe_1" zur Berechnung der Summe der ganzen Zahlen von "1" bis zu einem vorgegebenen Wert! Welche Funktion mit einem Argument leistet das gleiche?

Aufgabe 6.5

Definiere eine rekursive Funktion zur Berechnung des Produkts zweier positiver ganzer Zahlen. Setze dabei die Basisfunktion "EQUAL" und die Systemfunktionen "+" und "−" ein!

Aufgabe 6.6

Die Fibonacci-Folge "1, 1, 2, 3, 5, 8, 13, ... " enthält die Zahl "1" als erstes und zweites Element. Jedes weitere Element ist die Summe der beiden unmittelbar vorhergehenden Zahlen. Formuliere eine (rekursive) Funktion zur Berechnung des n.ten Elements der Fibonacci-Folge, so daß z.B. durch die Anforderung der Form "(fibonacci 5)" die Zahl "5" angezeigt wird!

Aufgabe 6.7
Entwickle eine Funktion, mit der S-Ausdrücke aus einer Datei eingelesen und am Bildschirm angezeigt werden können!

Aufgabe 6.8
In welchem Verhältnis stehen die Systemfunktionen "NULL" und "NOT"?

Kapitel 7

Verarbeitung von Listen

Im vorigen Kapitel haben wir erläutert, wie sich Lösungspläne durch den Einsatz von Sequenzen, der Konditionalform sowie verschachtelter Funktionsaufrufe und rekursiver Funktionen in LISP beschreiben lassen. Sofern Listen zur Lösung einer Aufgabenstellung verwendet werden, brauchen für die jeweils durchzuführenden Lösungsschritte oftmals keine Anwenderfunktionen entwickelt zu werden, da der LISP-Interpreter über leistungsfähige Systemfunktionen zur Verarbeitung von Listen verfügt. Im folgenden stellen wir einige dieser Systemfunktionen zur Listenverarbeitung vor.

7.1 Länge einer Liste (LENGTH)

Um die *Länge* einer Liste, d.h. die Anzahl ihrer Listenelemente, bestimmen zu können, läßt sich die Systemfunktion "LENGTH" wie folgt einsetzen:

> (LENGTH liste)

Führt die Evaluierung des Arguments "liste" zu keiner Liste, so wird eine Fehlermeldung angezeigt. Ergibt sich aus der Auswertung von "liste" die *leere* Liste, so wird der Funktionswert "0" ermittelt. In allen anderen Fällen resultiert die Anzahl der Listenelemente.

Somit können wir z.B. den folgenden Dialog führen:

```
> (LENGTH '(5 h 12 min))
4
> (LENGTH '((3 h 23 min) (5 h 12 min)))
2
> (LENGTH '((3 (h)) (12 (min))))
2
```

Hieraus ist erkennbar, daß durch "LENGTH" einzig und allein die Anzahl der Listenelemente festgestellt wird, die zur Liste mit den äußeren Listenklammern gehören. Um dies zu verdeutlichen, sprechen wir von "der Liste auf der obersten Ebene".

<u>Hinweis:</u> Es zeigt sich, daß der durch "LENGTH" ermittelte Wert angibt, wie oft die Basisfunktion "CDR" hintereinander auf eine Liste (der obersten Ebene) angewandt werden kann, ohne daß "NIL" als Funktionsergebnis resultiert.

7.2 Prüfung von Listenelementen (MEMBER)

Zur Prüfung, ob in einer Liste ein bestimmtes Listenelement enthalten ist, läßt sich die Systemfunktion "MEMBER" wie folgt einsetzen:

> (MEMBER s_ausdruck liste [prüfungs_vorschrift])

<u>Hinweis:</u> Ergibt sich aus der Evaluierung von "liste" keine Liste, so erfolgt eine Fehlermeldung.

Durch die Ausführung von "MEMBER" wird geprüft, ob das 1. Argument "s_ausdruck" nach seiner Evaluierung – gemäß der Prüfungsvorschrift – mit einem Listenelement derjenigen Liste (auf oberster Ebene) übereinstimmt, die durch die Evaluierung des 2. Arguments ("liste") ermittelt wird.

Beim Vergleich wird zunächst das 1. Listenelement überprüft. Wird keine Übereinstimmung – gemäß der Prüfungsvorschrift – festgestellt, so wird der Vergleich mit dem 2. Listenelement und – bei erneuter Unterschiedlichkeit – mit dem nächsten und entsprechend mit allen nachfolgenden Listenelementen fortgesetzt.

Wird bei der Prüfung aller Listenelemente keine Übereinstimmung festgestellt, so resultiert für "MEMBER" das Funktionsergebnis "NIL".

In dem Fall, in dem die Prüfung jedoch positiv verläuft, liefert der Aufruf von "MEMBER" als Funktionsergebnis eine *Liste*. Diese Liste ist gleich der Restliste von "liste", die durch dasjenige Listenelement eingeleitet wird, bei dem die Überprüfung *erstmalig* positiv ausfällt.

<u>Hinweis:</u> Die Systemfunktion "MEMBER" ist nicht bei allen LISP-Interpretern gleich implementiert. Es gibt Interpreter, bei denen im Falle einer erfolgreichen Überprüfung *nicht* die Restliste, sondern das spezielle Atom "T" ermittelt wird.

Soll die Prüfung als *Mustervergleich* durchgeführt werden, so ist für
"prüfungs_vorschrift" – bei den meisten LISP-Interpretern – folgendes anzugeben:

```
:TEST 'EQUAL
```

Mit dem Einsatz der Systemfunktion "MEMBER" läßt sich beim LISP-
Interpreter "XLISP" z.B. der folgende Dialog führen:

```
> (MEMBER 'h '(3 h 23 min) :TEST 'EQUAL)
(H 23 MIN)
> (MEMBER '(5 h 12 min) '((3 h 23 min) (5 h 12 min)) :TEST 'EQUAL)
((5 H 12 MIN))
> (MEMBER '(5 h 12 min) '((3 h 23 min) (5 h 12 min)))
NIL
```

<u>Hinweis:</u> Beim Einsatz der Systemfunktion "MEMBER" sollten wir ":TEST 'EQUAL"
immer dann angeben, wenn das 1. Argument kein Atom ist. Wird die Prüfungsvorschrift
beim Aufruf von "MEMBER" weggelassen, so wird bei den meisten LISP-Interpretern
auf eine identische Speicherablage hin geprüft. Dies bedeutet, daß nicht die Basisfunktion
"EQUAL", sondern die Systemfunktion "EQ" als "Prüffunktion" eingesetzt wird. Welche
Leistung durch den Aufruf von "EQ" erbracht wird, stellen wir im Anhang A.2 dar.

Beim Einsatz von "MEMBER" wird die Prüfung der Listenelemente allein
auf der obersten Ebene durchgeführt. Dies zeigt der folgende Dialog:

```
> (MEMBER 3 '((3 h 12 min)) :TEST 'EQUAL)
NIL
```

Soll beim Abgleich der Listenelemente *kein* Mustervergleich, sondern ein
Vergleich auf numerische Übereinstimmung durchgeführt werden, so läßt
sich die Prüfungsvorschrift beim Aufruf von "MEMBER" folgendermaßen
formulieren:

```
:TEST '=
```

Somit ergibt sich z.B.:

```
> (MEMBER 12.0 '(3 h 12 min) :TEST '=)
(12 MIN)
```

7.3 Anfügen von Listen (APPEND)

Um aus zwei oder mehreren Listen eine gemeinsame Liste aufzubauen, kann
die Systemfunktion "APPEND" in der folgenden Form eingesetzt werden:

> (APPEND liste_1 liste_2 [liste_3]...)

Bei der Evaluierung von "APPEND" werden die Listen, die sich durch die
Evaluierung der Argumente von "APPEND" ergeben, zu einer "Ergebnisliste" verbunden. Dabei werden die Listenelemente sämtlicher Listen – von
links nach rechts – aneinandergereiht.

Geben wir z.B. eine Anforderung in der Form

```
(APPEND '(3 h 23 min) '(5 h 12 min))
```

ein, so erhalten wir die Liste

```
(3 H 23 MIN 5 H 12 MIN)
```

angezeigt. Entsprechend ergibt sich:

```
> (APPEND '((3 h 23 min)) '((5 h 12 min)))
((3 H 23 MIN) (5 H 12 MIN))
> (APPEND '((3 h 23 min)) '(5 h 12 min))
((3 H 23 MIN) 5 H 12 MIN)
```

7.4 Invertierung von Listen (REVERSE)

Zur Invertierung einer Liste können wir die Systemfunktion "REVERSE" in
der folgenden Form einsetzen:

> (REVERSE liste)

<u>Hinweis:</u> Ergibt sich aus der Evaluierung des Arguments "liste" keine Liste, so erfolgt eine Fehlermeldung.

Bei der Evaluierung von "REVERSE" wird aus den Listenelementen der Liste, die durch die Evaluierung des Arguments "liste" erhalten wird, eine Ergebnisliste aufgebaut. Dabei wird das ursprünglich letzte Listenelement von "liste" zum 1. Element der Ergebnisliste, das ursprünglich vorletzte Listenlement von "liste" zum 2. Listenelement der Ergebnisliste, usw.

Bei dieser Invertierung wird allein die oberste Ebene von "liste" bearbeitet, d.h. durch die Invertierung sind keine Listen betroffen, die als Listenelemente innerhalb des Arguments von "REVERSE" aufgeführt sind.

Somit können wir z.B. den folgenden Dialog führen:

```
> (REVERSE '(3 h 23 min))
(MIN 23 H 3)
> (REVERSE '((3 h 23 min) (5 h 12 min)))
((5 H 12 MIN)(3 H 23 MIN))
```

7.5   Entfernen von Listenelementen (REMOVE-IF)

Oftmals sind zur Lösung einer Problemstellung Daten innerhalb einer Liste zu sammeln und anschließend schrittweise aus dieser Liste zu entfernen. Bei dieser Reduktion sind die einzelnen Listenelemente daraufhin zu untersuchen, ob für sie eine gewisse Eigenschaft zutrifft oder nicht.

Sofern sich diese Prüfung durch eine *Testfunktion* wie z.B. eine Prädikatsfunktion durchführen läßt, kann die Listenreduktion wie folgt durch die Systemfunktion "REMOVE-IF" angefordert werden:

> **(REMOVE-IF test_funktion liste)**

<u>Hinweis:</u> Ergibt sich aus der Evaluierung des Arguments "liste" keine Liste bzw. ist keine Funktion namens "test_funktion" bekannt, so erfolgt eine Fehlermeldung.

Bei der Evaluierung von "REMOVE-IF" wird eine Ergebnisliste aufgebaut. Welche von denjenigen Listenelementen, die sich durch die Evaluierung von "liste" ergeben, in die Ergebnisliste übernommen werden, wird durch einen Test festgestellt. Zu diesem Test wird eine Testfunktion herangezogen, deren Name sich durch die Evaluierung des 1. Arguments von "REMOVE-IF" ergibt. Bei dieser Testfunktion kann es sich um eine Prädikatsfunktion oder eine beliebige Anwenderfunktion handeln.

Durch den Test werden alle diejenigen Listenelemente in die Ergebnisliste übernommen, für die die angegebene Testfunktion zum Wert "NIL" evaluiert wird.

Sämtliche Listenelemente von "liste", für die die Testfunktion zu einem Wert evaluiert wird, der von "NIL" verschieden ist, werden herausgefiltert und *nicht* in die Ergebnisliste übernommen.

Ist z.B. eine neue Liste aufzubauen, indem alle numerischen Atome aus einer Liste entfernt werden, so können wir die Prädikatsfunktion "NUMBERP" in der folgenden Form einsetzen:

```
> (REMOVE-IF 'NUMBERP '(3 h 23 min))
(H MIN)
> (REMOVE-IF 'NUMBERP '((3 h 23 min)(5 h 12 min)))
((3 H 23 MIN)(5 H 12 MIN))
```

In der 1. Anforderung prüft die Prädikatsfunktion "NUMBERP" für jedes Listenelement von "(3 h 23 min)", ob es sich um ein numerisches Atom handelt. Ist dies der Fall, so wird das Listenelement *nicht* in die Ergebnisliste übernommen. Daher resultiert die Ergebnisliste "(h min)".

Bei der 2. Anforderung wird festgestellt, daß es sich bei beiden Listenelementen um *Listen* und nicht um numerische Atome handelt. Somit werden keine Listenlemente herausgefiltert, sondern beide Listenelemente in die Ergebnisliste übernommen.

Sollen bei dem Zeitpunkt "(3 h 23 min)" nicht die numerische Atome, sondern die beiden symbolischen Atome "h" und "min" entfernt werden, so können wir dies durch den Einsatz der Anwenderfunktion "vergleichen" wie folgt durchführen[1]:

```
> (DEFUN vergleichen (element)
    (OR (EQUAL element 'h)
        (EQUAL element 'min)
    )
  )
> (REMOVE-IF 'vergleichen '(3 h 23 min))
(3 23)
```

---

[1]Wir könnten hier auch die Prädikatsfunktion "SYMBOLP" zur Prüfung auf symbolische Atome in der Form "(REMOVE-IF 'SYMBOLP '(3 h 23 min))" einsetzen.

7.6   Vergleich von Listen (Pattern Matching)

Im folgenden wollen wir vier Anwenderfunktionen namens "match1", "match2", "match3" und "match4" entwickeln. Sie sollen die Aufgabe eines *Mustervergleichers* (engl.: pattern matcher) übernehmen. Ein Mustervergleicher stellt fest, ob eine *Musterliste* zu einer angegebenen *Prüfliste* paßt. Dabei wird ein reiner Abgleich von Zeichenmustern durchgeführt und geprüft, ob die korrespondierenden Listenelemente beider Listen identisch sind oder in Übereinstimmung gebracht werden können. Mustervergleicher lassen sich einsetzen z.B. zur Satzanalyse, zur Formelmanipulation, zur Untersuchung logischer Ausdrücke und bei regelbasierten Expertensystemen.

Durch die erste zu entwickelnde Anwenderfunktion ("match1") sollen zwei Listen verglichen werden, die aus Listenelementen in Form von symbolischen oder numerischen Atomen bestehen. Dabei ist zu prüfen, ob die korrespondierenden Listenelemente zeichengetreu vorkommen. Sofern eine vollständige Übereinstimmung vorliegt – dies ist z.B. beim Abgleich der Musterliste "(A B C D)" und der Prüfliste "(A B C D)" der Fall –, so soll dies durch die Ausgabe von "T" angezeigt werden.

Bei einer erweiterten Aufgabenstellung, die durch die Anwenderfunktion "match2" gelöst werden soll, ist zu prüfen, ob eine Musterliste (wie z.B. "(A * D)") mit einer Prüfliste (wie z.B. "(A B C D)") in Übereinstimmung gebracht werden kann. Dabei besitzt "*" die Funktion eines "Wildcard-Zeichens", d.h. es kann stellvertretend für *mindestens* ein Listenelement innerhalb der Prüfliste stehen.

Als Erweiterung sollen ferner die Anwenderfunktionen "match3" und "match4" entwickelt werden, bei denen innerhalb der Musterliste ein oder mehrere Listenelemente als *Mustervariable* eingesetzt werden können. Eine Mustervariable soll die Form einer Liste haben und "*" als 1. Listenelement enthalten. Durch das 2. Element sollen sämtliche Mustervariablen innerhalb der Musterliste unterschieden werden. So kann zum Beispiel gefordert werden, die Musterliste "((* 1) B (* 2))" mit der Prüfliste "(A B C D)" in Übereinstimmung zu bringen. Dies ist dadurch möglich, daß die Mustervariable "(* 1)" als Platzhalter für "A" und die Mustervariable "(* 2)" als Platzhalter für "C" und "D" angegeben wird.

Entwicklung der Anwenderfunktionen

Zur Prüfung, ob die korrespondierenden Listenelemente einer Musterliste und einer Prüfliste identisch sind, vereinbaren wir die Anwenderfunktion "match1".

Diese Funktion soll zwei Argumente haben. Durch das 1. Argument wird die Musterliste und durch das 2. Argument die Prüfliste festgelegt. Die Funktion "match1" hat die folgende Form:

```
(DEFUN match1 (muster_liste pruef_liste)
   (COND
         ( (AND (NULL muster_liste) (NULL pruef_liste)) T )
         ( (OR  (NULL muster_liste) (NULL pruef_liste)) NIL )
         ( (EQUAL (CAR muster_liste) (CAR pruef_liste))
           (match1 (CDR muster_liste) (CDR pruef_liste)) )
   )
)
```

Beim Funktionsaufruf von "match1" wird zunächst die 1. Klausel der Spezialform "COND" in Form von

```
( (AND (NULL muster_liste) (NULL pruef_liste)) T )
```

betrachtet. Sofern der Testausdruck dieser Klausel zum Wert "T" führt, ist das Ende beider Listen erreicht und wir erhalten abschließend den Wert "T" als Funktionsergebnis angezeigt. In diesem Fall sind die Elemente der Musterliste und der Prüfliste identisch.

Ist hingegen eine der beiden Listen bis zum Ende bearbeitet, während die andere Liste noch Elemente enthält, so soll der Wert "NIL" als Funktionsergebnis resultieren.
Dies leistet die folgende Klausel:

```
( (OR  (NULL muster_liste) (NULL pruef_liste)) NIL )
```

Ist noch kein Listenende erreicht worden, so wird die Funktionsausführung mit der 3. Klausel in der Form

```
( (EQUAL (CAR muster_liste) (CAR pruef_liste))
  (match1 (CDR muster_liste) (CDR pruef_liste)) )
```

fortgesetzt. Durch den Testausdruck dieser Klausel wird geprüft, ob die korrespondierenden ersten Listenelemente beider Listen identisch sind. Wird eine Übereinstimmung festgestellt, so wird die Funktion "match1" *erneut* aufgerufen. Dabei werden beide Argument-Listen um die beiden soeben betrachteten Listenelemente verkürzt.

Sobald sich die ersten Listenelemente der Musterliste und der Prüfliste unterscheiden, liefert die Auswertung des Testausdrucks der 3. Klausel den Wert "NIL", und es wird daraufhin die Ausführung der Funktion "match1" mit dem Funktionsergebnis "NIL" beendet.

Hinweis: Der Einsatz der Funktion "match1" führt insbesondere dann zum Wert "NIL", wenn die Prüfliste mehr Listenelemente als die Musterliste enthält.

Jetzt wollen wir innerhalb der Musterliste das *Wildcard-Zeichen* "*" zulassen. Dieses Zeichen soll als Platzhalter für ein oder mehrere Listenelemente innerhalb der Prüfliste stehen, damit die Musterliste und die Prüfliste in Übereinstimmung gebracht werden können.

Somit soll mit der zu entwickelnden Anwenderfunktion "match2" z.B. der folgende Dialog geführt werden können:

```
> (match2 '(A * D) '(A B C D))
T
> (match2 '(A * D) '(A B C))
NIL
```

Das Ergebnis der 1. Anforderung liefert den Wert "T", da beide Listen mit den Listenelementen "A" beginnen und mit "D" enden. Somit können beide Listen in Übereinstimmung gebracht werden, wenn das Zeichen "*" als Platzhalter für die Listenelemente "B" und "C" angegeben wird.

Als Ergebnis der 2. Anforderung wird der Wert "NIL" angezeigt. Der Versuch, beide Listen in Übereinstimmung zu bringen, scheitert daran, daß die beiden letzten Listenelemente "D" und "C" nicht identisch sind. Somit können beide Listen – auch wenn das Zeichen "*" als Platzhalter für das Listenelement "B" angesehen wird – nicht in Übereinstimmung gebracht werden.

Die Funktion "match2" hat die folgende Form:

```
(DEFUN match2 (muster_liste pruef_liste)
   (COND
         (  (AND (NULL muster_liste) (NULL pruef_liste)) T )
         (  (OR (NULL muster_liste) (NULL pruef_liste)) NIL )
         (  (EQUAL (CAR muster_liste) (CAR pruef_liste))
            (match2 (CDR muster_liste) (CDR pruef_liste)) )
         (  (EQUAL (CAR muster_liste) '*)
            (OR (match2 (CDR muster_liste) (CDR pruef_liste))
                (match2 muster_liste (CDR pruef_liste))) )
   )
)
```

In dieser Funktion werden durch die ersten drei Klauseln die gleichen
Prüfungen vorgenommen wie bei der Funktion "match1".

Durch die Klausel

```
(  (EQUAL (CAR muster_liste) '*)
   (OR (match2 (CDR muster_liste) (CDR pruef_liste))
       (match2 muster_liste (CDR pruef_liste))) )
```

die als 4. Klausel in die Konditionalform aufgenommen wurde, wird das
Wildcard-Zeichen "*" verarbeitet. Innerhalb dieser Klausel wird durch das
1. Argument von "OR" der Fall behandelt, in dem das Zeichen "*" für genau
ein Listenelement stehen muß, damit die Musterliste mit der Prüfliste in
Übereinstimmung gebracht werden kann. In dieser Situation wird sowohl das
Zeichen "*" als auch das korrespondierende Listenelement aus der jeweiligen
Argument-Liste ausgeblendet.

Steht das Zeichen "*" als Platzhalter für mehrere Listenelemente, so ist
es notwendig, das 2. Argument von "OR" zu evaluieren. Dabei wird das
Zeichen "*" in der Musterliste beibehalten und die Verarbeitung mit einer
Prüfliste fortgesetzt, die um das 1. Listenelement verkürzt ist.

Im folgenden wollen wir die Ausführung der Funktion "match2" bei einer
Anforderung in der Form

```
(match2 '(A * D) '(A B C D))
```

beschreiben.

Bei der Evaluierung dieser Anforderung werden innerhalb der Konditionalform zunächst die Testausdrücke in den beiden Klauseln

```
(  (AND (NULL muster_liste) (NULL pruef_liste)) T )
(  (OR (NULL muster_liste) (NULL pruef_liste)) NIL )
```

geprüft. Die Evaluierung beider Testausdrücke führt zum Wert "NIL", so
daß die Auswertung mit der 3. Klausel in der Form

```
(  (EQUAL (CAR muster_liste) (CAR pruef_liste))
   (match2 (CDR muster_liste) (CDR pruef_liste)) )
```

fortgesetzt wird. Da die ersten Listenelemente innerhalb der Musterliste und
der Prüfliste identisch sind, liefert der Testausdruck der 3. Klausel den Wert
"T", und es erfolgt daraufhin ein erneuter Aufruf der Funktion "match2" in
der Form:

```
(match2 '(* D) '(B C D))
```

In dieser Situation liefern sämtliche Testausdrücke in den ersten drei Klauseln der Konditionalform den Wert "NIL". Daraufhin wird die Evaluierung
der Konditionalform mit der Bearbeitung der Klausel

```
(  (EQUAL (CAR muster_liste) '*)
   (OR (match2 (CDR muster_liste) (CDR pruef_liste))
       (match2 muster_liste (CDR pruef_liste))) )
```

fortgeführt. Dabei wird durch den Testausdruck dieser Klausel festgestellt,
daß das 1. Listenelement der Musterliste identisch mit dem Wildcard-Zeichen
"*" ist.

Dies bedeutet, daß die zugehörige Anforderung mit der Spezialform "OR"
bearbeitet wird. Die Evaluierung der Argumente von "OR" verläuft von
links nach rechts, bis *erstmalig* ein Wert ungleich "NIL" resultiert.

Somit erfolgt durch die Evaluierung des 1. Arguments von "OR" erneut ein
rekursiver Aufruf der Funktion "match2" in der Form:

```
(match2 '(D) '(C D))
```

Da keiner der Testausdrücke in allen Klauseln der Konditionalform einen
Wert ungleich "NIL" liefert, wird der rekursive Aufruf beendet, der aus der
Evaluierung des 1. Arguments von "OR" resultierte.

Anschließend erfolgt die Evaluierung des 2. Arguments von "OR". Dies führt
zu einem neuen rekursiven Aufruf der Funktion "match2" in der Form:

```
(match2 '(* D) '(C D))
```

Da keine der beiden Listen gleich der leeren Liste und die beiden ersten Listenelemente der Argument-Listen von "match2" nicht identisch sind, liefert die Evaluierung dieses Aufrufs – wiederum durch die Auswertung des Testausdrucks in der 4. Klausel – den Wert "T".

Daraufhin wird wiederum das 1. Argument von "OR" evaluiert. Dies führt zu einem Aufruf der Funktion "match2" in der Form:

```
(match2 '(D) '(D))
```

In diesem Fall wird durch die Auswertung des Testausdrucks in der 3. Klausel eine Übereinstimmung der beiden ersten Listenelemente festgestellt. Dies führt daraufhin zur Evaluierung der Anforderung in der 3. Klausel, die sich wie folgt darstellt:

```
(match2 '() '())
```

Anschließend wird durch den Testausdruck innerhalb der 1. Klausel der Konditionalform festgestellt, daß das Ende beider Argument-Listen erreicht ist. Somit führt die Evaluierung des 1. Arguments von "OR" zum Wert "T", und wir erhalten abschließend diesen Wert als Funktionsergebnis von "match2" angezeigt.

Den Ablauf der Anforderung

```
(match2 '(A * D) '(A B C D))
```

können wir graphisch wie folgt veranschaulichen:

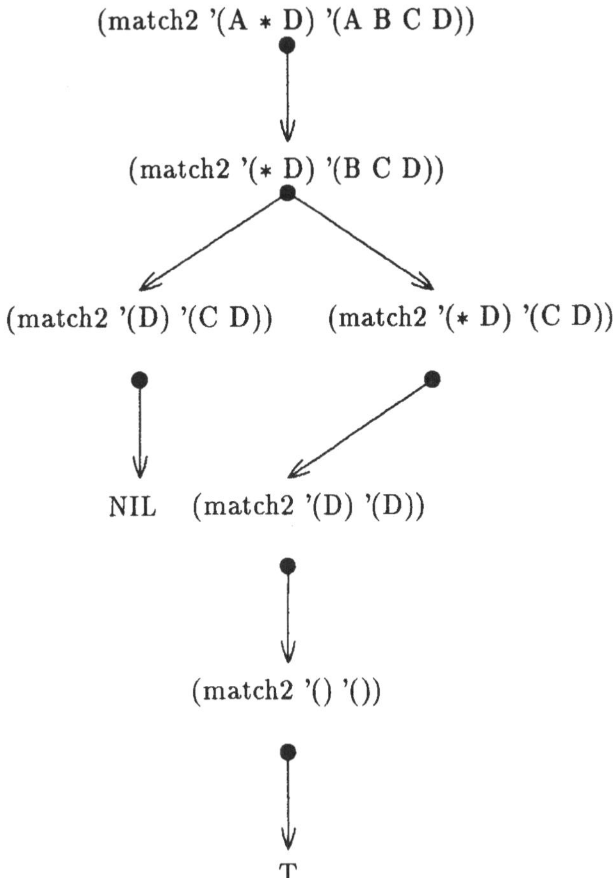

Damit die Werte, für die das Wildcard-Zeichen "*" bei einem gelungenen Abgleich stellvertretend steht, auch angezeigt werden können, ist die Funktion "match2" geeignet zu erweitern.

Beim Aufruf der zu entwickelnden Funktion "match3" sollen Mustervariablen z.B. der Form "(* 1)", "(* 2)" usw. verwendet werden können.

Hinweis: Enthält die Musterliste mehrere Mustervariablen, so setzen wir voraus, daß sich die Kennungen der Mustervariablen unterscheiden.

Um die jeweiligen Werte der Mustervariablen anzeigen zu können, verwenden wir die Liste "instanz" als 3. Argument der Funktion "match3". In dieser Liste sollen die im Laufe der Funktionsausführung von "match3" ermittelten Werte der Mustervariablen gesammelt werden.

So soll z.B. eine Anforderung in der Form

```
(match3 '((* 1) B (* 2)) '(A B C D) NIL)
```

die folgende Ergebnisliste liefern:

```
(T (1 A) (2 C) (2 D))
```

Durch das 1. Listenelement dieser Ergebnisliste ("T") wird angezeigt, daß
beide Listen in Übereinstimmung gebracht werden können. Durch die folgenden Listenelemente werden die Werte angegeben, für die die Mustervariablen
stehen müssen. Somit wird durch "(1 A)", "(2 C)" und "(2 D)" angegeben,
daß die Mustervariable "(* 1)" Platzhalter für das Listenelement "A" ist
und die Mustervariable "(* 2)" für die Elemente "C" und "D" – in dieser
Reihenfolge – steht.

<u>Hinweis:</u> In der Funktion "match3" haben wir vorausgesetzt, daß die gleiche Musterva-
riable nur einmal innerhalb der Musterliste vorkommt. Wollen wir zulassen, daß dieselbe
Mustervariable mehr als einmal vorkommt, so müssen wir dafür sorgen, daß – im Laufe
der Funktionsausführung – in der jeweiligen Musterliste die gleichnamigen Variablen auch
für die gleichen Listenelemente stehen (siehe unten).

Als Lösung der Aufgabenstellung geben wir die folgende Anwenderfunktion
an:

```
(DEFUN match3 (muster_liste pruef_liste instanz)
  (COND
    ( (AND (NULL muster_liste) (NULL pruef_liste))
      (CONS T instanz) )
    ( (OR  (NULL muster_liste) (NULL pruef_liste)) NIL )
    ( (ATOM (CAR muster_liste))
      (AND
        (EQUAL (CAR muster_liste) (CAR pruef_liste))
        (match3 (CDR muster_liste) (CDR pruef_liste) instanz)) )
    ( (EQUAL (CAAR muster_liste) '*)
      (OR (match3 (CDR muster_liste)
            (CDR pruef_liste)
            (APPEND instanz
              (LIST (LIST (CADAR muster_liste) (CAR pruef_liste)))))

          (match3 muster_liste
            (CDR pruef_liste)
            (APPEND instanz
              (LIST (LIST (CADAR muster_liste) (CAR pruef_liste))))))
    )
  )
)
```

In dieser Funktion erreichen wir durch den Testausdruck

```
(ATOM (CAR muster_liste))
```

in der 3. Klausel der Konditionalform, daß die zugehörige Anforderung nur dann ausgeführt wird, wenn das 1. Listenelement der Musterliste *keine* Mustervariable ist.

Innerhalb der letzten Klausel haben wir die Anforderung

```
(APPEND instanz (LIST (LIST (CADAR muster_liste) (CAR pruef_liste))))
```

als jeweiliges 3. Argument der Funktion "match3" aufgeführt. Wir erreichen dadurch, daß jeder *einzelne* Wert ("(CAR pruef_liste)"), für den eine Mustervariable steht, zusammen mit seiner Kennung ("(CADAR muster_liste)") als Listenelement der Liste "instanz" angefügt wird.

Stellen wir die Anforderung

```
(TRACE match3)
```

und rufen wir anschließend die Funktion "match3" in der Form

```
(match3 '((* 1) B (* 2)) '(A B C D) NIL)
```

auf, so erhalten wir daraufhin die folgende Ausgabe:

```
Entering: MATCH3, Argument list: (((* 1) B (* 2)) (A B C D) NIL)
 Entering: MATCH3, Argument list: ((B (* 2)) (B C D) ((1 A)))
  Entering: MATCH3, Argument list: (((* 2)) (C D) ((1 A)))
   Entering: MATCH3, Argument list: (NIL (D) ((1 A) (2 C)))
   Exiting: MATCH3, Value: NIL
   Entering: MATCH3, Argument list: (((* 2)) (D) ((1 A) (2 C)))
    Entering: MATCH3, Argument list: (NIL NIL ((1 A) (2 C) (2 D)))
    Exiting: MATCH3, Value: (T (1 A) (2 C) (2 D))
   Exiting: MATCH3, Value: (T (1 A) (2 C) (2 D))
  Exiting: MATCH3, Value: (T (1 A) (2 C) (2 D))
 Exiting: MATCH3, Value: (T (1 A) (2 C) (2 D))
Exiting: MATCH3, Value: (T (1 A) (2 C) (2 D))
(T (1 A) (2 C) (2 D))
```

Sollen alle Werte, für die *eine* Mustervariable steht, innerhalb einer Liste zusammengefaßt werden, so können wir dazu die folgende Funktion einsetzen:

```
(DEFUN erweitere_instanz (variable wort instanz)
   (COND
     ( (NULL instanz) (LIST (LIST variable wort)) )
     ( (EQUAL variable (CAAR instanz))
       (CONS (APPEND (CAR instanz) (LIST wort))
             (CDR instanz)) )
     (   T   (CONS (CAR instanz)
                   (erweitere_instanz variable wort (CDR instanz)))) )
   )
)
```

Ersetzen wir in der Funktion "match3" innerhalb der 4. Klausel jeweils die
3. Argumente von "match3" in der Form

```
(APPEND instanz (LIST (LIST (CADAR muster_liste) (CAR pruef_liste)))))
```

durch den Funktionsaufruf

```
(erweitere_instanz (CADAR muster_liste) (CAR pruef_liste) instanz)
```

so erhalten wir als Funktionsergebnis der Anforderung

```
(match3 '((* 1) B (* 2)) '(A B C D) NIL)
```

eine Liste in der Form

```
(T (1 A) (2 C D))
```

angezeigt.

Abschließend geben wir weitere Anwenderfunktionen an, durch deren Einsatz auch der Fall behandelt werden kann, in dem gleichnamige Mustervariablen innerhalb der Musterliste vorkommen. In diesem Fall müssen gleichnamige Mustervariablen auch tatsächlich durch stets ein und denselben Wert ersetzt werden.

Insgesamt können wir diese erweiterte Aufgabenstellung durch die folgenden Anwenderfunktionen lösen:

```
(DEFUN match4 (muster_liste pruef_liste instanz zuletzt bereits)
    (COND
        ( (AND (NULL muster_liste) (NULL pruef_liste)) (CONS T instanz) )
        ( (OR  (NULL muster_liste) (NULL pruef_liste)) NIL )
        ( (ATOM (CAR muster_liste))
          (AND
             (EQUAL (CAR muster_liste) (CAR pruef_liste))
             (match4 (CDR muster_liste) (CDR pruef_liste) instanz
                     NIL
                     (CONS zuletzt bereits))) )
        ( (EQUAL (CAAR muster_liste) '*)
          (COND
             ( (NOT (MEMBER (CADAR muster_liste) bereits))
               (OR (match4 (CDR muster_liste) (CDR pruef_liste)
                      (erweitere_instanz (CADAR muster_liste)
                                         (CAR pruef_liste) instanz)
                      (CADAR muster_liste)
                      bereits)
                   (match4 muster_liste (CDR pruef_liste)
                      (erweitere_instanz (CADAR muster_liste)
                                         (CAR pruef_liste) instanz)
                      (CADAR muster_liste)
                      bereits)
               )
             )
             (           T
               (match4 (APPEND (hole (CADAR muster_liste) instanz)
                               (CDR muster_liste))
                      pruef_liste
                      instanz
                      NIL
                      bereits)
             )
          )
        )
    )
)

(DEFUN erweitere_instanz (variable wort instanz)
   (COND
      ( (NULL instanz) (LIST (LIST variable wort)) )
      ( (EQUAL variable (CAAR instanz))
        (CONS (APPEND (CAR instanz) (LIST wort))
              (CDR instanz)) )
      (   T   (CONS (CAR instanz)
                    (erweitere_instanz variable wort (CDR instanz)))) )
   )
)
```

```
(DEFUN hole (schluessel instanz)
   (COND
     ( (NULL instanz) NIL )
     ( (EQUAL schluessel (CAAR instanz))
       (CDAR instanz) )
     ( T   (hole schluessel (CDR instanz)) )
   )
 )
```

Mit diesen Funktionen können wir z.B. den folgenden Dialog führen:

```
> (match4 '(  (* 1)   F (* 2) I   (* 1))
            '(A B C D E F  G H  I A B C D E)
            NIL NIL NIL)
(T (1 A B C D E) (2 G H))
```

Beim Einsatz gleichnamiger Mustervariablen müssen wir dafür sorgen, daß die gleiche Mustervariable stets durch Listenelemente ersetzt wird, die in einem früheren Schritt dieser Variablen bereits zugeordnet wurden. Dazu ist es notwendig, daß wir die Funktion "hole" vereinbaren und die Funktion "match4" um die beiden zusätzlichen Argumente "zuletzt" und "bereits" erweitern. Dabei soll das Argument "zuletzt" dazu dienen, die Kennung der zuletzt betrachteten Mustervariablen ("(CADAR muster_liste)") in die Liste "bereits" einzutragen.

Somit müssen wir bei der Betrachtung jeder Mustervariablen prüfen, ob dieser Variablen bereits Listenelemente zugeordnet sind. Diese Prüfung leistet die Anforderung

```
(NOT (MEMBER (CADAR muster_liste) bereits))
```

innerhalb der Konditionalform in der 4. Klausel. Ist die Mustervariable mit der Kennung "(CADAR muster_liste)" in der Liste "bereits" enthalten, so wird die jeweilige Mustervariable durch das Funktionsergebnis von "hole" in der Form

```
(hole (CADAR muster_liste) instanz)
```

ersetzt und beim rekursiven Aufruf von "match4" in der Form

```
(match4 (APPEND (hole (CADAR muster_liste) instanz)
                (CDR muster_liste))
   pruef_liste
   instanz
   NIL
   bereits)
```

zur Verfügung gestellt.

7.7 Aufbau und Evaluierung von Funktionsaufrufen (EVAL, APPLY, FUNCALL)

Da in LISP sowohl Funktionsaufrufe als auch Daten die Form von S-Ausdrücken besitzen, können wir einen Funktionsaufruf zunächst als Datum aufbauen und unmittelbar anschließend evaluieren lassen. Dadurch ist es z.B. möglich, einen Funktionsnamen als Argument eines Funktionsaufrufs zu übergeben und die zugehörige Funktion anschließend ausführen zu lassen.

Um diese Bearbeitung von S-Ausdrücken durchführen zu können, stehen die Systemfunktionen "EVAL", "APPLY" und "FUNCALL" zur Verfügung.

Die Systemfunktion EVAL

Durch den Einsatz der Systemfunktion "EVAL" in der Form

```
(EVAL s_ausdruck)
```

kann ein S-Ausdruck, der durch die Evaluierung von "s_ausdruck" erhalten wird, zur Ausführung gebracht werden.

<u>Hinweis:</u> Die Systemfunktion "EVAL" können wir als Pendant zur Spezialform "QUOTE" auffassen. Während durch "QUOTE" eine Evaluierung blockiert wird, initiiert "EVAL" eine Auswertung.

Somit läßt sich z.B. der folgende Dialog führen:

```
> (SETQ stunden '(* 3 60))
(* 3 60)
> (EVAL stunden)
180
```

Durch die Evaluierung der Funktion "EVAL" wird der S-Ausdruck, der durch die Evaluierung des Funktionsarguments "stunden" in Form von "(* 3 60)" erhalten wird, erneut evaluiert. Diese – um eine Stufe tiefere – Auswertung liefert den Wert "180" als Funktionsergebnis.

Wie sich an einem S-Ausdruck eine mehrstufige Auswertung durchführen läßt, zeigt der folgende Dialog:

```
> (SETQ stunden ''(* 3 60))
(QUOTE (* 3 60))
> (EVAL stunden)
(* 3 60)
> (EVAL (EVAL stunden))
180
```

Dieses Beispiel erläutert, wie jeder Aufruf von "EVAL" zu einem weiteren Auswertungszyklus führt.

Aufbau von Funktionsaufrufen

In dem oben angegebenen Beispiel ist der durch "EVAL" auszuführende Funktionsaufruf einer Variablen ("stunden") zugeordnet, die zuvor durch "SETQ" an diesen Funktionsaufruf gebunden wurde.

Soll ein Funktionsaufruf zur *unmittelbaren* Ausführung durch "EVAL" bereitgestellt werden, so ist eine geeignete Liste aufzubauen. Dazu eignet sich z.B. die Basisfunktion "CONS", sofern sie wie folgt eingesetzt wird:

(CONS funktionsname liste_mit_funktionsargumenten)

Hierdurch ist es möglich, einen Funktionsnamen als Parameter zu übergeben und als Parameter dieser Funktion diejenigen S-Ausdrücke bereitzustellen, die sich durch die Evaluierung von "liste_mit_funktionsargumenten" ergeben.

Der in dieser Form aufgebaute Funktionsaufruf läßt sich durch den folgendermaßen strukturierten Aufruf von "EVAL" ausführen:

(EVAL (CONS funktionsname liste_mit_funktionsargumenten))

Bei der Auswertung einer derartigen Anforderung wird zunächst die Basisfunktion "CONS" evaluiert. Sie liefert als Ergebnis eine Liste, in der die Evaluierungsergebnisse der Argumente "funktionsname" und "liste_mit_funktionsargumenten" als Listenelemente in einer gemeinsamen Liste gereiht sind. Diese Liste stellt das Argument der Systemfunktion "EVAL" dar. Sie enthält somit als 1. Element einen Funktionsnamen, und die nachfolgenden Listenelemente stehen für die Parameter von "funktionsname". Die Evaluierung von "EVAL" besteht somit darin, daß die Funktion "funktionsname" mit diesen Parametern ausgewertet wird.

Als Beispiel für einen derartigen Aufbau und die Auswertung eines Funktionsaufrufs betrachten wir den folgenden Dialog:

```
> (DEFUN stundenzahl (h_1 min_1 h_2 min_2)
    (/ (- (+ (* h_2 60) min_2) (+ (* h_1 60) min_1)) 60)
  )
STUNDENZAHL
> (DEFUN minutenzahl (h_1 min_1 h_2 min_2)
    (REM (- (+ (* h_2 60) min_2) (+ (* h_1 60) min_1)) 60)
  )
MINUTENZAHL
> (EVAL (CONS 'stundenzahl '(3 23 5 12)))
1
> (EVAL (CONS 'minutenzahl '(3 23 5 12)))
49
```

Die Systemfunktion APPLY

Zur Vereinfachung des oben angegebenen verschachtelten Aufrufs von "EVAL" und "CONS" kann die Systemfunktion "APPLY" in der folgenden Form eingesetzt werden:

> **(APPLY funktionsname liste_mit_funktionsargumenten)**

Nach der Evaluierung der beiden Argumente von "APPLY" wird die Auswertung eines Funktionsaufrufs durchgeführt. Dabei sind die zu evaluierende Funktion durch das Argument "funktionsname" und die zugehörigen Parameter durch das Argument "liste_mit_funktionsargumenten" bestimmt.
Als Ergebnis der Evaluierung der Systemfunktion "APPLY" erhalten wir den S-Ausdruck, der sich aus dem Funktionsaufruf von "funktionsname" mit den in "liste_mit_funktionsargumenten" aufgeführten Argumenten ergibt.

<u>Hinweis:</u> Steht "funktionsname" für eine argumentlose Funktion, so ist die *leere* Liste als 2. Argument von "APPLY" anzugeben.

Durch den Einsatz von "APPLY" läßt sich die oben angegebene Anforderung wie folgt abändern:

```
> (APPLY 'stundenzahl '(3 23 5 12)))
1
> (APPLY 'minutenzahl '(3 23 5 12)))
49
```

In diesem Fall sind die unterschiedlichen Anforderungen zur Berechnung der Stunden- und Minuten-Werte durch zwei *verschiedene* Funktionsnamen gekennzeichnet. Alternativ lassen sich die Ergebniswerte auch durch den Aufruf einer einzigen Funktion ermitteln, indem über einen Parameter gesteuert wird, ob die Stunden- oder die Minuten-Werte zu ermitteln sind.

Hierzu legen wir eine Funktion namens "dauer_4" in der folgenden Form fest:

```
(DEFUN dauer_4 (berechne zeitpunkte)
   (COND ( (EQUAL berechne 'h)
           (APPLY 'stundenzahl zeitpunkte) )
         ( (EQUAL berechne 'min)
           (APPLY 'minutenzahl zeitpunkte) )
         (        T          'falsche_Eingabe )
   )
)
```

Anschließend läßt sich der folgende Dialog führen:

```
> (dauer_4 'h '(3 23 5 12))
1
> (dauer_4 'min '(3 23 5 12))
49
```

Die Systemfunktion FUNCALL

Die bisher gewählte Form, in der ein Funktionsaufruf aufgebaut und anschließend ausgeführt wird, läßt sich auch durch den Einsatz der Systemfunktion "FUNCALL" in der Form

$$\boxed{\text{(FUNCALL funktionsname [funktionsargument]...)}}$$

erreichen. Die Systemfunktion "FUNCALL" kann mit *einem* Argument oder auch mit *mehreren* Argumenten eingesetzt werden.

Wird "FUNCALL" mit einem Argument aufgerufen, so kennzeichnet der durch eine Evaluierung erhaltene Name eine Funktion mit einer leeren Parameterliste.

Enthält der Funktionsaufruf von "FUNCALL" mehr als ein Argument, so werden die aus "funktionsargument" resultierenden Evaluierungsergebnisse als Argumente der über das 1. Argument ermittelten Funktion aufgefaßt.

<u>Hinweis:</u> Soll die Funktion "FUNCALL" zur Evaluierung einer Funktion eingesetzt werden, so muß die Anzahl der Argumente von "funktionsname" von vornherein bekannt sein. Anders ist dies bei der Systemfunktion "APPLY", da die Funktionsargumente in diesem Fall als Elemente einer Liste übergeben werden.

Mit dem Einsatz von "FUNCALL" können wir – statt der oben angegebenen Anforderungen – auch den folgenden Dialog führen:

```
> (FUNCALL 'stundenzahl 3 23 5 12))
1
> (FUNCALL 'minutenzahl 3 23 5 12))
49
> (DEFUN dauer_5 (berechne h_1 min_1 h_2 min_2)
    (COND ( (EQUAL berechne 'h)
            (FUNCALL 'stundenzahl h_1 min_1 h_2 min_2) )
          ( (EQUAL berechne 'min)
            (FUNCALL 'minutenzahl h_1 min_1 h_2 min_2) )
          (           T                'falsche_Eingabe )
    )
  )
DAUER_5
> (dauer_5 'h 3 23 5 12)
1
> (dauer_5 'min 3 23 5 12)
49
```

7.8 Simultane Verarbeitung von Listenelementen (MAPCAR)

Im vorigen Abschnitt haben wir kennengelernt, wie sich eine Liste als Funktionsaufruf auffassen und evaluieren läßt. Diese Form, bei der S-Ausdrücke als Daten bereitgestellt und anschließend als Funktionsaufruf übergeben werden, läßt sich dahingehend erweitern, daß die gleiche Funktion – mit verschiedenen Argumenten – *simultan* evaluiert werden kann.

Dazu ist die Systemfunktion "MAPCAR" in der folgenden Form einsetzbar:

> **(MAPCAR funktionsname [liste_mit_funktionsargumenten]...)**

Als Ergebnis der Evaluierung von "MAPCAR" erhalten wir eine Liste, deren Listenelemente aus der simultanen Evaluierung der durch "funktionsname" bestimmten Funktion resultieren. Diese Funktion, deren Funktionsname sich durch die Evaluierung des 1. Argument von "MAPCAR" ergibt, wird *sukzessive* auf die ihr jeweils zugeordneten Argumente angewandt.

Dabei sind die Argumente für jeden einzelnen Funktionsaufruf durch das zweite und alle nachfolgenden Argumente von " MAPCAR" bestimmt. Dabei muß die Evaluierung dieser Argumente jeweils zu einer Liste führen. Wir bezeichnen die hieraus resultierenden Listen fortan als "Argument-Listen", da die Argumente für die einzelnen Funktionsaufrufe aus diesen Listen zusammengestellt werden.

Gehört zu "funktionsname" *ein* Parameter, so muß *eine* Argument-Liste vorliegen. Für jedes Listenelement der Argument-Liste wird ein Funktionsaufruf ausgeführt, indem – nach und nach – jedes Listenelement als Argument von "funktionsname" interpretiert wird.

Hinweis: Dieses Verfahren erinnert an den Einsatz der Systemfunktion "REMOVE-IF", bei dem es möglich war, eine Testfunktion *simultan* auf alle Elemente einer Liste anzuwenden. Somit realisiert "MAPCAR" die Rekursion, ohne daß wir ein Abbruchkriterium angeben müssen.

So gilt z.B.:

```
> (MAPCAR 'EVAL '((* 3 60) (* 5 60)))
(180 300)
```

Gehören zu "funktionsname" *zwei* Argumente, so müssen *zwei* Argument-Listen vorliegen. Bei der Evaluierung von "MAPCAR" werden für den ersten Funktionsaufruf die ersten *beiden* Listenelemente ("CAR"-Teile) der beiden Argument-Listen als Argumente bereitgestellt, für den zweiten Funktionsaufruf die beiden "CADR"-Teile der beiden Argument-Listen, für den dritten Funktionsaufruf die beiden "CADDR"-Teile der beiden Argument-Listen, usw.

Die Evaluierung von "funktionsname" wird beendet, wenn zum erstenmal das Ende einer Argument-Liste erreicht ist. Dabei werden weitere Listenelemente in der anderen Argument-Liste nicht weiter betrachtet.

So gilt z.B.:

```
> (MAPCAR '* '(3 5) '(60 60))
(180 300)
> (MAPCAR '* '(3 5) '(60))
(180)
```

In dem Fall, in dem zu "funktionsname" *mehrere* Argumente gehören, muß
die Anzahl der aus der Evaluierung von "liste_mit_funktionsargumenten" resultierenden Argument-Listen mit der Anzahl der Argumente übereinstimmen, die für die Auswertung von "funktionsname" erforderlich sind.

Bei der Evaluierung von "MAPCAR" werden für den ersten Funktionsaufruf
sämtliche "CAR"-Teile dieser Argument-Listen bereitgestellt, für den zweiten Funktionsaufruf sämtliche "CADR"-Teile dieser Argument-Listen, usw.

Hinweis: Gehört zu "funktionsname" kein Argument, so muß "MAPCAR" als 3. Argument die leere Liste "NIL" enthalten. In diesem Fall wird das Ergebnis des Aufrufs von
"MAPCAR" insgesamt zu "NIL" evaluiert.

Einige LISP-Interpreter stellen im Hinblick auf die simultane Verarbeitung weitere "MAP"-
Funktionen, wie z.B. die Systemfunktion "MAPLIST", zur Verfügung.

So gilt z.B.:

```
> (MAPCAR 'APPEND '((3)(5)) '((h)(h)) '((23 12)) '((min)(min)))
((3 H 23 MIN) (5 H 12 MIN))
```

Abschließend zeigen wir, wie sich die Minuten-Werte zweier Zeitangaben
durch den Einsatz von "MAPCAR" simultan ermitteln lassen. Dazu können
wir den folgenden Dialog führen:

```
> (DEFUN minuten (zeitpunkt)
     (+ (* (CAR zeitpunkt) 60) (CADDR zeitpunkt))
  )
MINUTEN
> (MAPCAR 'minuten '((3 h 23 min) (5 h 12 min)))
(203 312)
```

7.9   Einsatz anonymer Funktionen (LAMBDA)

Bei dem oben angegebenen Dialog wird die Anwenderfunktion "minuten"
global eingerichtet, d.h. sie steht anschließend für alle weiteren Anforderungen zur Verfügung. Dieser durch die Funktionsvereinbarung mit der Spezialform "DEFUN" erzielte Seiteneffekt ist nicht notwendig, wenn die Funktion
"minuten" nur temporär zur Verfügung gestellt werden soll.

Um die globale Vereinbarung einer Anwenderfunktion zu verhindern, kann
die Spezialform "LAMBDA" eingesetzt werden. Durch "LAMBDA" läßt
sich eine *anonyme Funktion* in der folgenden Form vereinbaren:

```
(LAMBDA      ( [ parameter ]... )
         funktions_rumpf
)
```

Diese Struktur entspricht der Vereinbarung einer Anwenderfunktion mit der
Spezialform "DEFUN". Der einzige Unterschied besteht darin, daß das symbolische Atom "LAMBDA" an der Stelle eingetragen wird, an der normaler-
weise das Schlüsselwort "DEFUN" und der Name einer Anwenderfunktion
aufgeführt werden.

<u>Hinweis:</u> Die Spezialform "LAMBDA" können wir immer dann einsetzen, wenn eine Funk-
tion lediglich an einer einzigen Stelle benötigt und innerhalb von anderen Funktionen nicht
aufgerufen wird. Im strengen Sinne ist "LAMBDA" keine Spezialform, sondern allein die
Markierung einer Liste, die eine Parameterliste und einen Funktionsrumpf enthält.

Unter Einsatz einer anonymen Funktion läßt sich – alternativ zu den obigen
zwei Anforderungen – der folgende Dialog führen:

```
> (MAPCAR '(LAMBDA (zeitpunkt)
            (+ (* (CAR zeitpunkt) 60) (CADDR zeitpunkt))
          )
          '((3 h 23 min) (5 h 12 min))
  )
(203 312)
```

Hierbei ist durch "LAMBDA" eine Funktion vereinbart, deren Gültigkeitsbereich sich auf diese Anforderung beschränkt und die allein für die
Dauer der Funktionsausführung von "MAPCAR" zur Verfügung steht.

Eine anonyme Funktion läßt sich nicht nur innerhalb der Systemfunktion
"MAPCAR" verwenden, sondern auch eigenständig zur Anforderung einer
Auswertung einsetzen. Dazu sind – innerhalb einer Liste – die Vereinbarung
der anonymen Funktion als 1. Listenelement und die zugehörigen Argumente
als weitere Listenelemente anzugeben.

Somit haben wir die folgende Form:

```
(
   (LAMBDA      ( [ parameter ]... )
          funktions_rumpf
   )
[ argumente ]...
)
```

Wird "LAMBDA" in dieser Form eingesetzt, so können wir z.B. den folgenden Dialog zur Umrechnung des Zeitpunktes "(3 h 23 min)" in einen Minuten-Wert führen:

```
> ( (LAMBDA (zeitpunkt)
        (+ (* (CAR zeitpunkt) 60) (CADDR zeitpunkt))
    )
    '(3 h 23 min)
  )
203
```

Um aus zwei Zeitpunkten die Differenz der zugehörigen Minuten-Werte zu ermitteln, können wir wie folgt verfahren:

```
> (DEFUN dauer_6 (zeiten)
    ( (LAMBDA (minuten_werte)
          (- (CADR minuten_werte) (CAR minuten_werte))
      )
      (MAPCAR (LAMBDA (zeitpunkt)
                  (+ (* (CAR zeitpunkt) 60) (CADDR zeitpunkt))
              )
              zeiten
      )
    )
  )
DAUER_6
```

Die Vereinbarung der Funktion "dauer_6" hat den Vorteil, daß keine der früher verwendeten Funktionen, wie etwa "minuten", *global* eingerichtet sein muß.

Bringen wir die Funktion "dauer_6" durch die Anforderung

```
(dauer_6 '((3 h 23 min) (5 h 12 min)))
```

zur Ausführung, so erhalten wir den Zahlen-Wert

```
109
```

als Ergebnis angezeigt.

Nach der Übergabe der beiden Zeitangaben in Form der Liste "((3 h 23 min) (5 h 12 min))" an den Parameter "zeiten" wird die Liste im Funktionsrumpf von "dauer_6" wie folgt evaluiert:

1. Durch die Evaluierung des 1. Listenelements wird eine anonyme Funktion zur Berechnung der Differenz der Minuten-Werte *lokal* eingerichtet. Bevor sich diese Funktion auswerten läßt, müssen ihre Argumente bereitgestellt werden.

2. Durch die Evaluierung von "MAPCAR" im 2. Listenelement erfolgt die simultane Anwendung der anonymen Funktion zur Umrechnung der beiden Zeitangaben in ihre Minuten-Werte. Somit ergibt sich die Liste "(203 312)" als Ergebnis von "MAPCAR".

3. Anschließend wird die Liste "(203 312)" als Argument an die anonyme Funktion zur Berechnung der Differenz der beiden Minuten-Werte übergeben, so daß schließlich der Zahlen-Wert "109" als Funktionsergebnis von "dauer_6" erhalten wird.

7.10 Aufgaben

Aufgabe 7.1
Bilde die Systemfunktion "LENGTH" nach!

Aufgabe 7.2
Stelle in Form einer Tabelle die Ergebnisse zusammen, die die Evaluierungen der Basisfunktion "CONS", der Systemfunktionen "LIST" und "APPEND" mit Argumenten in Form von "(a b)" und "(1 2)", "a" und "b", "a" und "(b 1)", "(a b)" und "1" liefern (siehe auch den Anhang unter A.2) !

Aufgabe 7.3
Bilde die Systemfunktion "MEMBER" nach! Ihr Einsatz soll den folgenden Dialog ermöglichen:

```
> (MEMBER_eigen '(a b) '((a b) (c d)))
((A B) (C D))
```

Aufgabe 7.4
Bilde mit den Systemfunktionen "LIST" und "APPEND" eine Funktion, die für eine vorzugebende Zahl "n" eine Liste der Form "(1 2 3 ... n−1 n)" aufbaut!

Aufgabe 7.5
Definiere Funktionen zur Bestimmung der maximalen Schachtelungstiefe einer Liste!

Aufgabe 7.6
Entwickle eine Funktion, die die Anzahl der in einer Liste enthaltenen Atome – unabhängig von der Schachtelungstiefe – bestimmt! Definiere zwei weitere Lösungsversionen unter Einsatz der Systemfunktionen "MAPCAR" und "APPLY" bzw. "MAPCAR" und "EVAL"!

Aufgabe 7.7
Definiere eine Funktion, mit der geprüft werden kann, ob ein Atom in einer Liste — unabhängig von der Schachtelungstiefe — enthalten ist!

Aufgabe 7.8
Entwickle eine Funktion unter Einsatz von "MAPCAR" und "EVAL", die zählt, wie oft ein bestimmtes Atom — unabhängig von der Schachtelungstiefe — in einer Liste vorkommt!

Aufgabe 7.9
Entwickle eine Funktion mit 2 Argumenten, die eine Liste aus den beiden Funktionsargumenten bildet! Haben nicht *beide* Argumente die Form von Listen, so soll dies angezeigt werden!

Aufgabe 7.10
Definiere Funktionen, durch deren Ausführung die Invertierung einer Liste durchgeführt werden kann!

Aufgabe 7.11
Unter einem Palindrom soll eine Liste mit einer Folge von symbolischen Atomen verstanden werden, die – rückwärts gelesen – mit dem ursprünglichen Wortlaut übereinstimmt. Definiere mit der Systemfunktion "REVERSE" und der Basisfunktion "EQUAL" eine Funktion namens "palindrom", die feststellt, ob eine Liste ein Palindrom darstellt oder nicht!

Aufgabe 7.12

Für zwei Listen, deren Listenelemente numerische Atome sind, sind die jeweils miteinander korrespondierenden Listenelemente zu multiplizieren und anschließend die Summe dieser Produkte zu bilden! Gib 2 Lösungen an, bei denen die Systemfunktionen "MAPCAR" und "EVAL" bzw. "MAPCAR" und "APPLY" eingesetzt werden!

Aufgabe 7.13

Definiere eine Funktion namens "vergangen", deren Argument aus einer Liste von Wörtern besteht! Durch die Evaluierung dieser Funktion sollen innerhalb einer Argument-Liste bestimmte Wörter wie z.B. "bin", "sind", "hier" durch "war", "waren" bzw. "dort" ersetzt werden. So soll z.B. ein Aufruf der Form "(vergangen '(bin))" das symbolische Atom "war" liefern. Dadurch können einfache Sätze z.B. von der Gegenwartsform in die Vergangenheitsform übertragen werden.

Setze diese Funktion zusammen mit der Systemfunktion "MAPCAR" ein, um die Liste "(ich bin hier)" in eine Liste der Form "(ich war dort)" umzuformen.

Aufgabe 7.14

Schreibe die Funktion "auswerten" zur Auswertung arithmetischer Ausdrücke mit den Operatoren "/", "*", "+" und "−"! Zum Beispiel soll die Anforderung "(auswerten '(2 + (3 * 4)))" den Wert "14" liefern.

Aufgabe 7.15

Entwickle eine Funktion namens "aufloesen_1", die mehrfach verschachtelte Listen verarbeitet. Diese Funktion soll alle Klammern auflösen und eine einstufige Liste erstellen. So soll z.B. aus der Liste "((a b) c (d e) f)" die Liste "(a b c d e f)" gebildet werden. Vereinbare eine weitere Funktion mit dem Einsatz von "MAPCAR" und "APPLY", die das gleiche wie "aufloesen_1" leistet.

Aufgabe 7.16

Bei einem Mobile z.B. in der Form

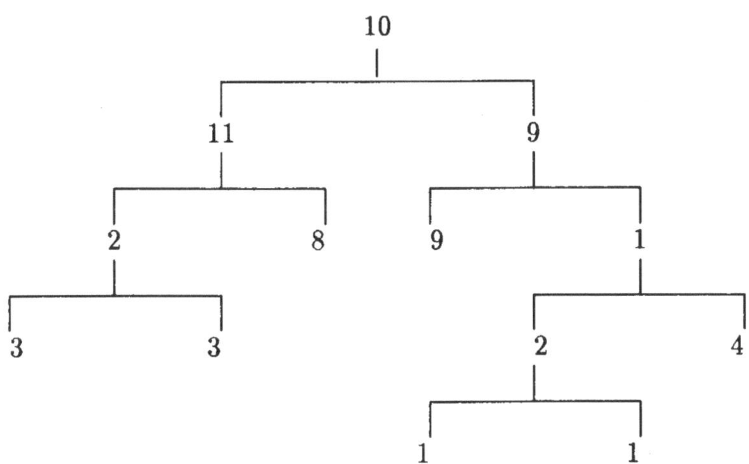

können wir unterscheiden zwischen dem Gewicht der Horizontalen und dem Gewicht der Objekte, die an den Enden der Horizontalen aufgehängt sind. Somit läßt sich z.B. der unterste Zweig dieses Mobiles durch die drei-elementige Unter-Liste "(2 1 1)" darstellen. In dieser Darstellung kennzeichnet das erste Listenelement das Gewicht der Horizontalen und die beiden restlichen Elemente die Gewichte der Objekte an den beiden Enden der Horizontalen. Wollen wir auch den darüberliegenden Zweig beschreiben, so erhalten wir eine Liste der Form "(1 (2 1 1) 4)". Wenden wir diese Vorschrift *rekursiv* auf alle Elemente des Mobiles an, so läßt sich das Mobile durch eine Liste der Form "(10 (11 (2 3 3) 8) (9 9 (1 (2 1 1) 4)))" darstellen. Es sind zwei Funktionen namens "mobile" und "pruefe" zu entwickeln, die feststellen, ob ein gegebenes Mobile ausgewogen ist!
Nach einer Anforderung z.B. in Form von

```
(mobile '(10 (11 (2 3 3) 8) (9 9 (1 (2 1 1) 4))) )
```

soll der Wert "64" als Gesamtgewicht des Mobiles angezeigt werden. Ist das Mobile *nicht* ausgewogen, so soll die Evaluierung der Funktion "mobile" den Wahrheitswert "NIL" liefern.

Aufgabe 7.17

Zu welcher Anforderung ist der folgende Ausdruck äquivalent?

```
( (LAMBDA (var_1 var_2) rumpf)
  s_ausdruck_1 s_ausdruck_2
)
```

Kapitel 8

Einsatz von Eigenschaftslisten

8.1 Aufbau und Änderung von Eigenschaftslisten

Aufgabenstellung

In den vorigen Kapiteln haben wir beschrieben, wie wir mit den Basis- und Systemfunktionen des LISP-Interpreters unterschiedlichste Formen von Listen einrichten und verarbeiten können. Welche Listen jeweils aufgebaut werden müssen und wie diese Listen zu bearbeiten sind, wird durch die Aufgabenstellung bestimmt, für die ein Lösungsplan zu entwickeln ist.

Gegenstand des Anwendungsbereichs der "Künstlichen Intelligenz" (KI) sind überwiegend Problemstellungen, deren Lösungspläne sich nicht durch einen *konstruktiven* Algorithmus beschreiben lassen. Dies bedeutet, daß eine Problemlösung nur dadurch erhalten werden kann, daß mögliche Lösungen durchprobiert werden. Man sagt, daß derartige KI-Probleme durch die "Versuch-und-Irrtum-Strategie" ("trial and error") gelöst werden. Bei dieser Strategie wird – durch den Einsatz geeigneter Suchverfahren – systematisch versucht, mögliche Lösungen eines Problems zu finden, um anschließend die – nach bestimmten Kriterien – beste Lösung auszuwählen.

Suchverfahren spielen im KI-Bereich eine zentrale Rolle. Sie gehen von einem Ausgangszustand aus und finden, sofern überhaupt eine Lösung existiert, einen Weg zum Zielzustand durch die Bestimmung der jeweils direkten Folgezustände.

Bei vielen Aufgabenstellungen aus dem KI-Bereich läuft ein Lösungsansatz zunächst darauf hinaus, daß *Eigenschaften* von Objekten gespeichert werden müssen, die bei Bedarf geeignet auszuwerten sind.

Als Beispiel für eine Aufgabenstellung, bei deren Lösung sich ein derartiger Ansatz anbietet, betrachten wir das folgende Problem:

- Es sind Anfragen nach direkten IC-Verbindungen zu beantworten. Dies bedeutet, daß es möglich sein soll, eine Auskunft darüber zu erhalten, ob es zwischen zwei Stationen eine direkte Zugverbindung im IC-Netz gibt oder nicht.

<u>Hinweis:</u> Wir können uns dazu vorstellen, daß die Stationsnamen als Zustände und die vorgegebenen Direktverbindungen als Zustandsänderungen aufgefaßt werden können.

Dazu legen wir den folgenden Aussschnitt eines stark vereinfachten IC-Netzes der Deutschen Bundesbahn zugrunde:

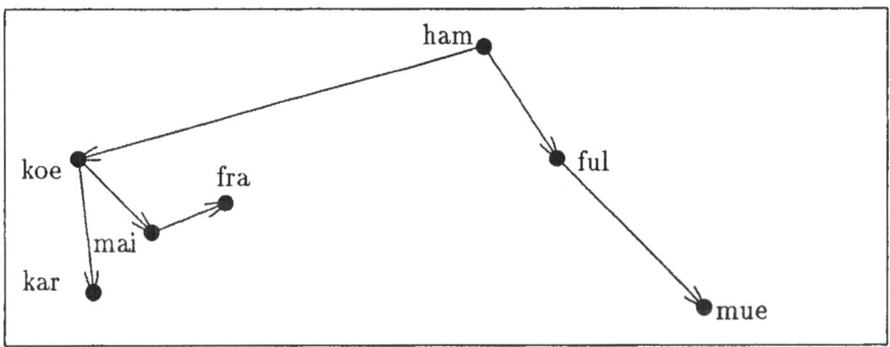

Abb. 8.1

Dieses Netz enthält die Stationen Hamburg ("ham"), Köln ("koe"), Mainz ("mai"), Frankfurt ("fra"), Karlsruhe ("kar"), Fulda ("ful") und München ("mue").

<u>Hinweis:</u> Wir orientieren uns zunächst an den eingetragenen Richtungen – unabhängig davon, daß es im "richtigen Bahnnetz" natürlich auch die Verbindungen in der Gegenrichtung gibt.

Lösungsplan

Da *nur* Direktverbindungen angefragt werden sollen, liegt es nahe, bei der Speicherung des in der Zeichnung dargestellten Sachverhalts so vorzugehen:

- Wir ordnen den Bahnstationen eine *Liste* zu, in der *sämtliche* Stationen eingetragen sind, zu denen eine *Direktverbindung* existiert. Dies bedeutet, daß die folgenden Zuordnungen zu treffen sind:

```
ham  →  (koe ful)
koe  →  (kar mai)
mai  →  (fra)
ful  →  (mue)
```

Anschließend muß bei Vorgabe eines Abfahrtsortes geprüft werden, ob eine ihm in dieser Weise zugeordnete Liste vorhanden ist. Ist dies der Fall, so ist anschließend zu untersuchen, ob der Ankunftsort ein Element dieser Liste ist.

Aufbau von Eigenschaftslisten

Innerhalb der oben angegebenen Zuordnungen ist den Atomen "ham", "koe", "mai" und "ful" jeweils eine Liste zugeordnet. Die Atome "ham", "koe", "mai" und "ful" besitzen sämtlich die *Eigenschaft*, daß sie Abfahrtsorte im Hinblick auf eine Direktverbindung sind. Als *Eigenschaftswert* des *Eigenschaftsnamens* "Direktverbindung" ist somit jedem Abfahrtsort eine Liste mit Ankunftsorten zugeordnet, zu denen vom Abfahrtsort aus eine Direktverbindung besteht.

Kennzeichnen wir die Eigenschaft "Direktverbindung" abkürzend durch den *Eigenschaftsnamen* "dic", so lassen sich die angegebenen Zuordnungen in Form von vier *Eigenschaftslisten* realisieren. Dies verdeutlichen wir z.B. für das Atom "ham" am folgenden Diagramm:

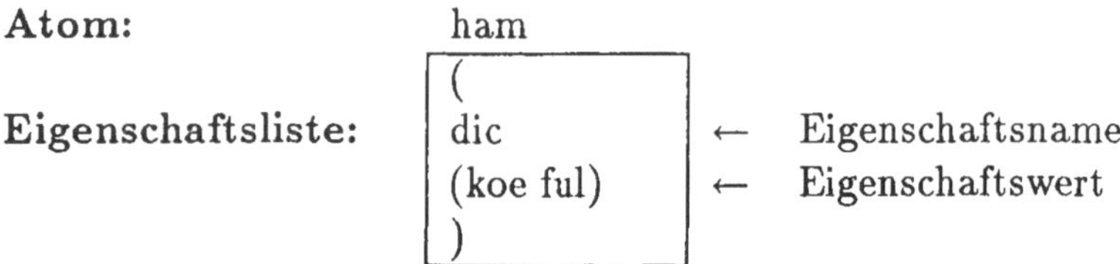

Diese Eigenschaftsliste können wir durch das Zusammenwirken der Spezialform "SETF" und der Systemfunktion "GET" durch den folgenden Dialog einrichten:

```
> (SETF (GET 'ham 'dic) '(koe ful))
(KOE FUL)
```

Bei der Evaluierung des (verschachtelten) Funktionsaufrufs

```
(SETF (GET 'ham 'dic) '(koe ful))
```

wird dem Atom "ham" eine Eigenschaftsliste zugeordnet, in der der Eigenschaftsname "dic" sowie der zugehörige Eigenschaftswert "(koe ful)" gespeichert werden.

Die zum Atom "ham" gehörende Eigenschaftsliste besitzt somit die folgende Form:

    (dic (koe ful))

Entsprechend werden durch den Dialog

```
> (SETF (GET 'koe 'dic) '(kar mai))
(KAR MAI)
> (SETF (GET 'mai 'dic) '(fra))
(FRA)
> (SETF (GET 'ful 'dic) '(mue))
(MUE)
```

für das Atom "koe" die Eigenschaftsliste

    (dic (kar mai))

und für die Atome "mai" und "ful" die Eigenschaftslisten

    (dic (fra))   und   (dic (mue))

vom LISP-Interpreter eingerichtet.

Generell läßt sich durch die Evaluierung einer Anforderung in der Form[1]

(SETF (GET symbol eigenschaftsname) eigenschaftswert)

eine *Eigenschaftsliste* ("P-Liste" als Abkürzung für "property list") einrichten. Bei der Evaluierung von "GET" und "SETF" werden sämtliche Argumente, d.h. die für die Platzhalter "symbol", "eigenschaftsname" und "eigenschaftswert" aufgeführten Größen evaluiert. Resultieren daraus für die

---

[1]Die Spezialform "SETF" besitzt die folgende syntaktische Struktur:
  (SETF s_ausdruck wert)
Ist "s_ausdruck" ein symbolisches Atom, so hat "SETF" die gleiche Wirkung wie die Spezialform "SETQ". Im anderen Fall erfolgt – abhängig vom Ergebnis der Evaluierung von "s_ausdruck" – eine Zuweisung von "wert" an eine durch "s_ausdruck" gekennzeichnete Größe.

beiden Argumente von "GET" *keine* symbolischen Atome, so wird eine Fehlermeldung angezeigt. Andernfalls wird für das *symbolische Atom* "symbol" eine Eigenschaftsliste eingerichtet. In diese Liste wird das *symbolische Atom* "eigenschaftsname", das eine Eigenschaft von "symbol" kennzeichnet, sowie der zugehörige *S-Ausdruck* "eigenschaftswert" eingetragen. Als Funktionsergebnis wird der ermittelte Eigenschaftswert angezeigt.

<u>Hinweis:</u> Eine Eigenschaftsliste wird stets *global* eingerichtet.

In einer Eigenschaftsliste, die einem symbolischen Atom zugeordnet wurde, lassen sich nicht nur *eine* Eigenschaft, sondern – durch den Einsatz verschiedener Eigenschaftsnamen – beliebig *viele* Eigenschaften speichern.

So ist es z.B. möglich, dem Eigenschaftsnamen "ic_verbindung" die Liste sämtlicher von "ham" aus zu erreichender Ankunftsorte als Eigenschaftswert wie folgt zuzuordnen:

```
> (SETF (GET 'ham 'ic_verbindung) '(koe kar mai fra ful mue))
(KOE KAR MAI FRA FUL MUE)
```

Hierduch wird die ursprüngliche Eigenschaftsliste von "ham" – vom Anfang her – ergänzt, so daß sie jetzt die folgende Form besitzt:

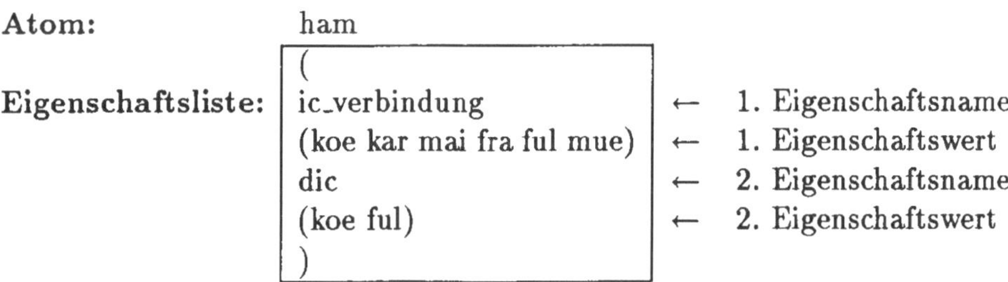

Die Eigenschaftsliste

```
(ic_verbindung (koe kar mai fra ful mue) dic (koe ful))
```

enthält jetzt sowohl die von "ham" ausgehenden Direktverbindungen als auch die sämtlich möglichen IC-Verbindungen.

Grundsätzlich besteht eine Eigenschaftsliste, die einem Atom zugeordnet ist, aus *Paaren* von S-Ausdrücken. Bei jedem einzelnen Paar stellt das 1. Element den *Eigenschaftsnamen* dar, der die Form eines symbolischen Atoms besitzt. Das 2. Element ist ein *Eigenschaftswert*, der die Form eines beliebigen S-Ausdrucks haben kann.

Anzeige von Eigenschaftslisten

Um sich den jeweils aktuellen Inhalt einer Eigenschaftsliste anzeigen zu lassen, kann die Systemfunktion "SYMBOL-PLIST" in der Form

> **(SYMBOL-PLIST symbol)**

eingesetzt werden. Bei deren Evaluierung wird zunächst das für den Platzhalter "symbol" eingetragene Argument evaluiert. Ergibt sich dadurch kein symbolisches Atom, so führt dies zu einer Fehlermeldung. Wurde für das ermittelte symbolische Atom noch keine Eigenschaftsliste eingerichtet, so ist der Funktionswert von "SYMBOL-PLIST" auf den Wert "NIL" festgelegt. Wurde dagegen bereits eine Eigenschaftsliste vereinbart, so wird diese Liste als Funktionsergebnis angezeigt.

Daher ergibt sich z.B. auf der Basis der oben angegebenen Anforderungen der folgende Dialog:

```
> (SYMBOL-PLIST 'ham)
(IC_VERBINDUNG (KOE KAR MAI FRA FUL MUE) DIC (KOE FUL))
```

Hinweis: Bei einigen LISP-Interpretern ist hierzu die Systemfunktion "PROPLIST" einzusetzen.

Änderung von Eigenschaftslisten

Soll aus einer Eigenschaftsliste ein Eigenschaftsname und der zugehörige Eigenschaftswert *gelöscht* werden, so ist die Systemfunktion "REMPROP" in der folgenden Form einzusetzen:

> **(REMPROP symbol eigenschaftsname)**

Bei der Evaluierung werden zunächst die für die Platzhalter "symbol" und "eigenschaftsname" aufgeführten Argumente evaluiert. Führt dies nicht zu symbolischen Atomen, so erfolgt eine Fehlermeldung. In allen anderen Fällen erhalten wir "NIL" als Funktionsergebnis angezeigt[2].

Somit läßt sich zum Beispiel der folgende Dialog führen:

---

[2]Dieses Ergebnis erhalten wir auch, wenn für das symbolische Atom noch keine Eigenschaftsliste eingerichtet ist oder der Eigenschaftsname nicht als Listenelement auftritt.

```
> (SYMBOL-PLIST 'ham)
(IC_VERBINDUNG (KOE KAR MAI FRA FUL MUE) DIC (KOE FUL))
> (REMPROP 'ham 'ic_verbindung)
NIL
> (SYMBOL-PLIST 'ham)
(DIC (KOE FUL))
```

8.2 Abfrage und Überschreiben von Eigenschaftswerten

Abfrage von Eigenschaftswerten

Haben wir zu den Orten "ham", "koe", "mai" und "ful" die zugehörigen Eigenschaftlisten eingerichtet, so läßt sich der aktuelle Bestand durch den folgenden Dialog abfragen:

```
> (SYMBOL-PLIST 'ham)
(DIC (KOE FUL))
> (SYMBOL-PLIST 'koe)
(DIC (KAR MAI))
> (SYMBOL-PLIST 'mai)
(DIC (FRA))
> (SYMBOL-PLIST 'ful)
(DIC (MUE))
```

Im Hinblick auf die Anfrage nach Direktverbindungen sind wir nicht an den Eigenschaftslisten, sondern allein an den Eigenschaftswerten interessiert, die unter dem Eigenschaftsnamen "dic" gespeichert sind.

Um für ein symbolisches Atom den Eigenschaftswert, der zu einem bestimmten Eigenschaftsnamen gespeichert ist, ermitteln zu lassen, steht die Systemfunktion "GET" zur Verfügung. Diese Funktion läßt sich wie folgt aufrufen:

```
(GET symbol eigenschaftsname)
```

Hinweis: Bei einigen LISP-Interpretern leistet dies die Systemfunktion "GETPROP".

Bei der Evaluierung werden zuerst die Argumente evaluiert, die für die Platzhalter "symbol" und "eigenschaftsname" eingesetzt sind. Resultieren daraus keine symbolischen Atome, so wird eine Fehlermeldung ausgegeben. Andernfalls wird geprüft, ob der aufgeführte Eigenschaftsname in derjenigen

Eigenschaftsliste enthalten ist, die dem symbolischen Atom "symbol" zugeordnet ist. Ist der Eigenschaftsname in der Eigenschaftsliste eingetragen, so
wird der zugehörige Eigenschaftswert zum Funktionswert von "GET". Läßt
sich der Eigenschaftsname nicht identifizieren, so ist der Wert "NIL" als
Funktionsergebnis festgelegt[3].

Auf der Basis der zuvor vereinbarten Eigenschaftslisten können wir z.B. den
folgenden Dialog führen:

```
> (GET 'ham 'dic)
(KOE FUL)
> (GET 'koe 'dic)
(KAR MAI)
> (GET 'bie 'dic)
NIL
```

Überschreiben von Eigenschaftswerten

Ist ein bereits zugeordneter Eigenschaftswert nachträglich zu ändern, so
können wir ihn wiederum durch den Einsatz der Spezialform "SETF" und
der Systemfunktion "GET" *überschreiben.*

Bei der Evaluierung von

$$\boxed{\textbf{(SETF (GET symbol eigenschaftsname) eigenschaftswert)}}$$

wird für das symbolische Atom "symbol" eine Eigenschaftsliste eingerichtet,
sofern für dieses Atom noch keine Eigenschaftsliste besteht. Ist dagegen
bereits eine Eigenschaftsliste vorhanden, so sind zwei Fälle möglich:

- Sofern der aufgeführte Eigenschaftsname noch *nicht* Bestandteil der
  Eigenschaftsliste ist, wird der Eigenschaftsname sowie der zugehörige
  Eigenschaftswert innerhalb der Eigenschaftsliste (am Anfang) *ergänzt.*

- Ist der Eigenschaftsname bereits innerhalb der Eigenschaftsliste *vorhanden*, so wird der Eigenschaftswert, der ihm bislang zugeordnet war,
  durch den im Funktionsaufruf aufgeführten Eigenschaftswert *ersetzt*,
  d.h. der alte Wert wird durch den neuen Wert überschrieben.

---

[3]Das Ergebnis "NIL" erhalten wir auch, wenn wir als Eigenschaftswert die leere Liste
explizit angegeben haben.

In jedem Fall wird das Funktionsergebnis als derjenige Eigenschaftswert erhalten, der dem Eigenschaftsnamen durch die Evaluierung zugeordnet ist. Somit ergibt sich zum Beispiel:

```
> (SETF (GET 'ham 'dic) '(ful))
(FUL)
> (SETF (GET 'ham 'dic) '(koe ful))
(KOE FUL)
> (GET 'ham 'dic)
(KOE FUL)
```

Die Anwenderfunktion PUTPROP_eigen

Beim Eintragen neuer Eigenschaftsnamen und der zugehörigen Eigenschaftswerte, sowie beim Überschreiben von alten Eigenschaftswerten haben wir die Spezialform "SETF" und die Systemfunktion "GET" verschachtelt eingesetzt. Jetzt wollen wir eine Anwenderfunktion vereinbaren, die dasselbe leistet wie der verschachtelte Aufruf von "SETF" und "GET". Wir wählen dazu den Funktionsnamen "PUTPROP_eigen" und definieren die folgende Funktion:

```
(DEFUN PUTPROP_eigen (symbol eigenschaftswert eigenschaftsname)
   (SETF (GET symbol eigenschaftsname) eigenschaftswert)
)
```

Hinweis: Diese Funktion wird unter den Namen "PUTPROP" oder "PUT" von den meisten LISP-Interpretern zur Verfügung gestellt. Dabei ist zu beachten, daß bei einigen LISP-Interpretern statt "(PUTPROP symbol eigenschaftswert eigenschaftsname)" eine Anforderung in der Form "(PUTPROP symbol eigenschaftsname eigenschaftswert)" einzusetzen ist.

Somit ist die Anforderung

```
(SETF (GET 'ham 'dic) '(koe ful))
```

gleichbedeutend mit dem Aufruf der Anwenderfunktion "PUTPROP_eigen" in der Form:

```
(PUTPROP_eigen 'ham '(koe ful) 'dic)
```

Durch den Einsatz der Funktion "PUTPROP_eigen" lassen sich die oben eingerichteten Eigenschaftslisten auch durch den folgenden Dialog aufbauen:

```
> (PUTPROP_eigen 'ham '(koe ful) 'dic)
(KOE FUL)
> (PUTPROP_eigen 'koe '(kar mai) 'dic)
(KAR MAI)
> (PUTPROP_eigen 'mai '(fra) 'dic)
(FRA)
> (PUTPROP_eigen 'ful '(mue) 'dic)
(MUE)
```

8.3   Eintragen und Ergänzen von Eigenschaftswerten

Sofern wir die Eigenschaftslisten mit den Direktverbindungen durch den
Aufruf der Anwenderfunktion "PUTPROP_eigen" einrichten, müssen wir
sämtliche Ankunftsorte, zu denen von einem Abfahrtsort Direktverbindungen bestehen, als Liste zusammenfassen und diese Liste als Eigenschaftswert
angeben.

Ergänzend zu diesem Vorgehen sollte eine Möglichkeit bestehen, die den
sukzessiven Nachtrag neuer Ankunftsorte ermöglicht. Dies ist z.B. dann von
Bedeutung, wenn das IC-Netz um neue Direktverbindungen erweitert werden
soll. Zu diesem Zweck definieren wir die Anwenderfunktion "eintragen" in
der folgenden Form:

```
(DEFUN eintragen (abfahrt ankunft e_name)
   (LET ( (stationsliste (GET abfahrt e_name)) )
      (COND ( (EQUAL stationsliste NIL)
               (PUTPROP_eigen abfahrt (LIST ankunft) e_name) )
            ( (MEMBER ankunft stationsliste)
               'bereits_vorhanden )
            (   T   (PUTPROP_eigen abfahrt
                     (APPEND stationsliste (LIST ankunft))
                     e_name) )
      )
   )
)
```

Somit könnten wir – als Alternative zum bislang geführten Dialog mit der
Anwenderfunktion "PUTPROP_eigen" – den Aufbau des IC-Netzes z.B.
auch wie folgt festlegen:

```
> (eintragen 'ham 'koe 'dic)
(KOE)
> (eintragen 'ham 'ful 'dic)
(KOE FUL)
> (eintragen 'koe 'kar 'dic)
(KAR)
> (eintragen 'koe 'mai 'dic)
(KAR MAI)
> (eintragen 'mai 'fra 'dic)
(FRA)
> (eintragen 'ful 'mue 'dic)
(MUE)
```

<u>Hinweis</u>: Beim Einsatz von "eintragen" ist zu beachten, daß neue Direktverbindungen
– wie z.B. von "koe" nach "mai" – ans Ende des bisherigen Eigenschaftswerts "(kar)"
angefügt werden.

8.4   Auskunft über Verbindungen

8.4.1   Prüfung von Direktverbindungen

Nachdem wir bislang kennengelernt haben, wie wir eine Eigenschaftsliste für
ein symbolisches Atom aufbauen können, wollen wir jetzt Anfragen an das
gespeicherte "Wissen" stellen.

Zur Prüfung, ob eine Direktverbindung von einem Abfahrtsort zu einem
Ankunftsort besteht, geben wir die folgende Anwenderfunktion "direkt" an:

```
(DEFUN direkt (abfahrt ankunft)
   (COND ( (MEMBER ankunft (GET abfahrt 'dic))
              'Direktverbindung_existiert )
          (    T      'Direktverbindung_existiert_nicht )
   )
)
```

Innerhalb der Konditionalform wird durch die Systemfunktionen "GET" und
"MEMBER" geprüft, ob zu "abfahrt" eine Eigenschaftsliste mit der Eigen-
schaft "dic" existiert, die "ankunft" als Eigenschaftswert enthält.
Somit läßt sich z.B. der folgende Dialog führen:

```
> (direkt 'ham 'koe)
DIREKTVERBINDUNG_EXISTIERT
> (direkt 'ham 'mai)
DIREKTVERBINDUNG_EXISTIERT_NICHT
```

8.4.2   Prüfung von Verbindungen

Netzerweiterung

Im folgenden wollen wir Anwenderfunktionen entwickeln, mit denen nicht nur das Bestehen von Direktverbindungen, sondern von *beliebigen* IC-Verbindungen untersucht werden kann.

Um eine breitere Basis von Verbindungen zur Verfügung zu halten, legen wir fortan das wie folgt erweiterte IC-Netz zugrunde:

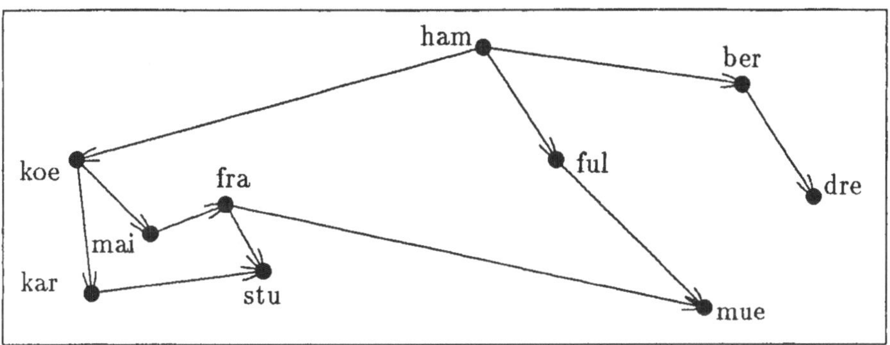

Abb. 8.2

<u>Hinweis:</u> Genau wie bei dem zuerst angegebenen IC-Netz[4] orientieren wir uns nach wie vor an den eingetragenen Richtungen – unabhängig davon, daß es im "richtigen Bahnnetz" natürlich auch die Verbindungen in der Gegenrichtung gibt.

- In diesem Netz schließen wir den Fall aus, daß eine Station über eine Direktverbindung oder eine Folge von Direktverbindungen *nochmals* erreicht werden kann. So gäbe es z.B. bei einer zusätzlichen Direktverbindung von "fra" nach "ham" eine Verbindung von "ham" über "koe", "mai" und "fra" wieder zum Ausgangsort "ham".

Unter der Voraussetzung, daß das IC-Netz aus Abb. 8.1 bereits in Form von Eigenschaftslisten beschrieben ist, können wir diese Netzerweiterung durch den folgenden Dialog vornehmen:

---

[4] Dieses Netz haben wir um die Stationen Stuttgart ("stu"), Berlin ("ber"), Dresden ("dre") und die Verbindung von "fra" nach "mue" erweitert.

```
> (eintragen 'ham 'ber 'dic)
(KOE FUL BER)
> (eintragen 'ber 'dre 'dic)
(DRE)
> (eintragen 'fra 'stu 'dic)
(STU)
> (eintragen 'fra 'mue 'dic)
(STU MUE)
> (eintragen 'kar 'stu 'dic)
(STU)
```

Anschließend lassen sich die aktuellen Eigenschaftslisten wie folgt abrufen:

```
> (SYMBOL-PLIST 'ham)
(DIC (KOE FUL BER))
> (SYMBOL-PLIST 'koe)
(DIC (KAR MAI))
> (SYMBOL-PLIST 'ful)
(DIC (MUE))
> (SYMBOL-PLIST 'ber)
(DIC (DRE))
> (SYMBOL-PLIST 'kar)
(DIC (STU))
> (SYMBOL-PLIST 'mai)
(DIC (FRA))
> (SYMBOL-PLIST 'fra)
(DIC (STU MUE))
> (SYMBOL-PLIST 'stu)
NIL
> (SYMBOL-PLIST 'mue)
NIL
> (SYMBOL-PLIST 'dre))
NIL
```

Erweiterung der Aufgabenstellung

Auf der Basis des in Abb. 8.2 angegebenen Netzes stellen wir uns die folgende Aufgabe:

- Es sind Anfragen nach IC-Verbindungen zu beantworten, bei denen der Abfahrtsort nicht direkt mit dem Ankunftsort verbunden sein muß, d.h. die Verbindung kann über eine oder mehrere Zwischenstationen führen.

Lösungsplan

Um diese Aufgabenstellung zu lösen, können wir uns z.B. den folgenden Lösungsplan überlegen:

1. Bestimme zum Abfahrtsort die Liste seiner direkten Nachfolger (Nachfolger 1. Grades)!

2. Ist der Ankunftsort *kein* Listenelement dieser Liste, so ersetze die Nachfolger 1. Grades *sämtlich* durch ihre direkten Nachfolger (Nachfolger 2. Grades). Gibt es für einen Nachfolger 1. Grades keine direkten Nachfolger, so ist er aus der Liste zu streichen.

3. Ist der Ankunftsort wiederum kein Listenelement der so erhaltenen Liste, so fahre mit der Ersetzung fort, bis der Ankunftsort in der Liste der Nachfolger enthalten ist und das Suchverfahren *erfolgreich* endet.

4. Ist der Ankunftsort in keiner der ermittelten Nachfolgerlisten enthalten und kann letztendlich für keines der Listenelemente ein weiterer Nachfolger ermittelt werden, so erhalten wir eine *leere* Nachfolgerliste. Damit ist das Suchverfahren *erfolglos* beendet.

Somit gehen wir bei der Prüfung, ob eine IC-Verbindung z.B. von "ham" nach "mue" existiert, folgendermaßen vor:

Abfahrtsort:				ham	
Liste der Nachfolger 1. Grades:		(koe		ful	ber)
Liste der Nachfolger 2. Grades:	(kar		mai	mue	dre)

Die Liste der Nachfolger 1. Grades wird aus den direkten Nachfolgern des Abfahrtsortes "ham" aufgebaut. Die Liste der Nachfolger 2. Grades wird dadurch erhalten, daß die Station "koe" durch ihre direkten Nachfolger "kar" und "mai", die Station "ful" durch ihren direkten Nachfolger "mue" und die Station "ber" durch ihren direkten Nachfolger "dre" ersetzt wird. Der Ankunftsort "mue" ist bereits in dieser Liste der Nachfolger 2. Grades als Element enthalten, so daß der Suchprozeß nach zwei Schritten *erfolgreich* beendet werden kann.

Das durchgeführte Suchverfahren läßt sich graphisch wie folgt beschreiben:

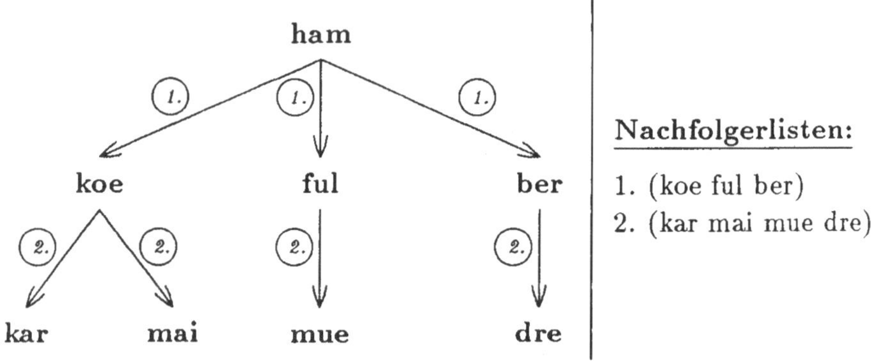

Hinweis: In diesem Graphen haben wir durch die eingekreisten Nummern die Reihenfolge gekennzeichnet, in der die möglichen Nachfolger bestimmt werden.

Bei diesem Suchverfahren wird ein *gerichteter Graph* – als Suchgraph – aufgebaut, der aus Knoten besteht, die durch *gerichtete Kanten* miteinander verbunden sind. Jede Kante legt die Nachfolgerbeziehung zwischen zwei Knoten fest.

Ein Knoten ohne Vorgänger – wie in diesem Fall "ham" – wird *Startknoten* (Wurzelknoten) genannt. Ein direkter Nachfolger wird als "Knoten 1. Grades" bezeichnet, ein direkter Nachfolger eines Knotens 1. Grades als "Knoten 2. Grades", usw. Ein Knoten, der einen Zielzustand – wie z.B. der Knoten "mue" – beschreibt, wird *Zielknoten* genannt. Die Lösung des Suchverfahrens entspricht dem Weg, der den Startknoten mit dem Zielknoten verbindet.

Um von einem Knoten die zugehörigen Nachfolgerknoten zu erhalten, muß der Knoten *expandiert* werden, d.h. zur jeweiligen Station sind die zugehörigen *direkten* Nachfolgerstationen zu bestimmen. Es ist zu beachten, daß durch die Expansion der Knoten – in der Regel – nicht das vollständige IC-Netz, sondern nur ein Ausschnitt des IC-Netzes als hierarchisches Netz ermittelt wird[5]. Der Suchgraph stimmt nur dann mit den Knoten des vollständigen IC-Netzes überein, wenn der Ankunftsort erst in derjenigen Nachfolgerliste enthalten ist, die als letzte ermittelt wird, oder aber wenn es keine Verbindung zwischen dem Abfahrts- und dem Ankunftsort gibt.

Entwicklung der Anwenderfunktionen

Zur Prüfung, ob zwischen einem Abfahrtsort und einem Ankunftsort eine IC-Verbindung existiert, vereinbaren wir die folgende Anwenderfunktion "verbindung_1":

```
(DEFUN verbindung_1 (abfahrt ankunft)
    (verbindung_rek (LIST abfahrt) ankunft)
)
```

Im Funktionsrumpf wird die *rekursive* Anwenderfunktion "verbindung_rek" verabredet. Durch diese Funktion soll geprüft werden, ob der Ankunftsort innerhalb der Liste der Nachfolger enthalten ist. Diese Funktion läßt sich wie folgt definieren:

```
(DEFUN verbindung_rek (stationsliste ankunft)
    (COND ( (EQUAL stationsliste NIL) NIL )
          ( (MEMBER ankunft stationsliste) T )
          (      T    (verbindung_rek
                          (alle_nachfolger stationsliste)
                          ankunft) )
    )
)
```

Durch den Funktionsrumpf in "verbindung_rek" ist festgelegt, daß letztendlich der Funktionswert "NIL" ermittelt wird, wenn *keine* IC-Verbindung existiert. Dies ist dann der Fall, wenn die Nachfolgerliste "stationsliste" der expandierten Knoten gleich der leeren Liste ist. Läßt sich jedoch eine IC-Verbindung herstellen, so wird – durch die Anforderung in der 2. Klausel der Spezialform "COND" – der Wert "T" als Funktionsergebnis ermittelt. Die Liste der Nachfolger wird durch die *rekursive* Anwenderfunktion "alle_nachfolger" aufgebaut. Wir können sie wie folgt vereinbaren:

---

[5]Da in diesem Netz jeder Knoten – mit Ausnahme des Abfahrtsortes – *einen* Vorgängerknoten hat, wird der Suchgraph auch *Baum* genannt.

```
(DEFUN alle_nachfolger (liste_von_stationen)
   (COND ( (EQUAL (CAR liste_von_stationen) NIL) NIL )
           ( T  (APPEND (GET (CAR liste_von_stationen) 'dic)
                        (alle_nachfolger
                            (CDR liste_von_stationen))) )
   )
)
```

Ausführung

Mit Hilfe der angegebenen Funktionen läßt sich der folgende Dialog führen:

```
> (verbindung_1 'ham 'mue)
T
> (verbindung_1 'mai 'ham)
NIL
```

Um die Eingabe des Abfahrtsortes und des Ankunftsortes *dialog-orientiert* durchführen zu können und um gleichfalls die Ausgabe "sprechender" zu gestalten, vereinbaren wir die Anwenderfunktion "ic_1", die als Aufrufrahmen der Anwenderfunktion "verbindung_1" dienen soll, wie folgt:

```
(DEFUN ic_1 ()
   (LET ( (abfahrt NIL) (ankunft NIL) )
      (PRINT 'Abfahrtsort:)
      (SETQ abfahrt (READ))
      (PRINT 'Ankunftsort:)
      (SETQ ankunft (READ))
      (COND ( (EQUAL (verbindung_1 abfahrt ankunft) NIL)
              'IC-Verbindung_existiert_nicht )
            (  T  'IC-Verbindung_existiert )
      )
   )
)
```

Jetzt läßt sich z.B. der folgende Dialog führen:

```
> (ic_1)
ABFAHRTSORT:
ham
ANKUNFTSORT:
stu
IC-VERBINDUNG_EXISTIERT
> (ic_1)
```

```
ABFAHRTSORT:
mai
ANKUNFTSORT:
ham
IC-VERBINDUNG_EXISTIERT_NICHT
```

<u>Hinweis:</u> Bei dieser Darstellung handelt es sich bei den Atomen "ham", "stu" und "mai" um Eingaben, die durch die Evaluierung der Systemfunktion "READ" angefordert werden.

8.4.3   Prüfung durch Breitensuche

<u>Änderung der Prüfstrategie</u>

Bei dem bisherigen Lösungsplan wurde eine Nachfolgerliste dadurch bestimmt, daß für *sämtliche* Elemente der zuvor bestimmten Nachfolgerliste die jeweils direkten Nachfolger ermittelt wurden.

Dieses Verfahren hat den Nachteil, daß in dem Fall, in dem bereits eine IC-Verbindung festgestellt werden kann, weitere Funktionsaufrufe evaluiert werden, obwohl dies nicht erforderlich ist.

Deshalb wollen wir die Strategie, stets *alle* Listenelemente einer Nachfolgerliste *gleichzeitig* zu expandieren und durch ihre Nachfolger zu ersetzen, wie folgt modifizieren:

- Zunächst ist die Nachfolgerliste 1. Grades zu ermitteln und die Prüfung, ob der Ankunftsort erreicht ist, für das 1. Listenelement durchzuführen.

- Stimmt das 1. Listenelement *nicht* mit dem Ankunftsort überein, so soll anschließend *nur* dieses 1. Listenelement expandiert und die Nachfolger am *Ende* der Nachfolgerliste eingefügt werden. Anschließend wird das ursprünglich 1. Listenelement *gelöscht* und eine erneute Prüfung für das *neue* 1. Listenelement der Nachfolgerliste durchgeführt.

- Wird wiederum keine Übereinstimmung mit dem Ankunftsort festgestellt, so sind die Nachfolger des jetzt 1. Listenelements der Nachfolgerliste ans Ende der aktuellen Nachfolgerliste anzufügen. Anschließend wird wieder das 1. Listenelement aus der Nachfolgerliste gestrichen und die Prüfung für das *neue* 1. Listenelement vorgenommen.

- Solange der Ankunftsort noch nicht erreicht ist, muß dieses Verfahren schrittweise für jedes weitere Listenelement der Nachfolgerliste durchgeführt werden.

- Die Prüfung ist dann *abzubrechen*, wenn das 1. Listenelement der Nachfolgerliste mit dem Ankunftsort übereinstimmt.

- Die Prüfung ist insgesamt erfolglos, wenn keine Übereinstimmung ermittelt werden kann und letztendlich die Nachfolgerliste gleich der leeren Liste ist.

Eine graphische Beschreibung dieses Verfahrens gibt das folgende Struktogramm:

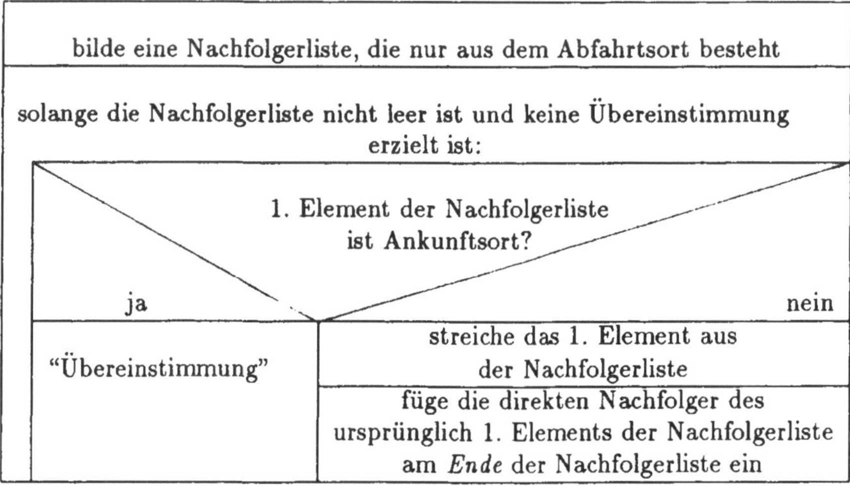

Dieses Verfahren wird *Breitensuche* (engl.: Breadth-first Search) genannt. Es läßt sich z.B. für die Anfrage, ob eine IC-Verbindung zwischen "ham" und "mue" besteht, graphisch folgendermaßen veranschaulichen:

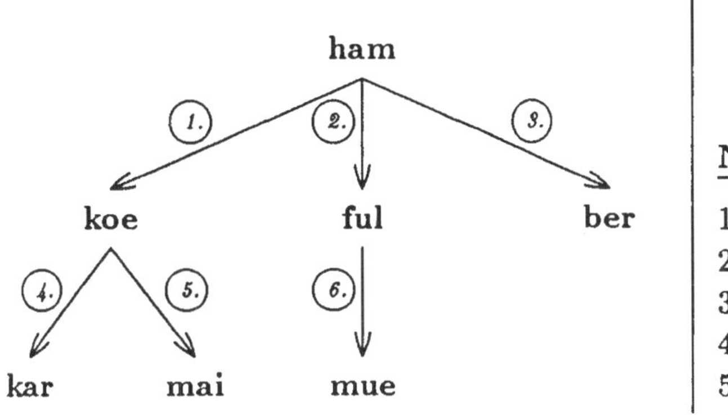

Nachfolgerlisten:

1. (koe ful ber)
2. (ful ber <u>kar mai</u>)
3. (ber kar mai <u>mue</u>)
4. (kar mai mue <u>dre</u>)
5. (mai mue dre <u>stu</u>)
6. (mue dre stu <u>fra</u>)

<u>Hinweis:</u> Neben der Kennzeichnung der Reihenfolge bei der Nachfolgerbestimmung haben wir in den Nachfolgerlisten die direkten Nachfolger des jeweiligen 1. Elements der vorausgehenden Nachfolgerliste unterstrichen.

Lösung

Um die Breitensuche durchzuführen, vereinbaren wir die folgenden Anwenderfunktionen:

```
(DEFUN ic_2 ()
   (LET ( (abfahrt NIL) (ankunft NIL) )
      (PRINT 'Abfahrtsort:)
      (SETQ abfahrt (READ))
      (PRINT 'Ankunftsort:)
      (SETQ ankunft (READ))
      (COND ( (EQUAL (verbindung_2 abfahrt ankunft) NIL)
              'IC-Verbindung_existiert_nicht )
            ( T  'IC-Verbindung_existiert )
      )
   )
 )
(DEFUN verbindung_2 (abfahrt ankunft)
   (verbindung_breiten_rek (LIST abfahrt) ankunft)
)
(DEFUN verbindung_breiten_rek (stationsliste ankunft)
   (COND ( (EQUAL stationsliste NIL) NIL )
         ( (EQUAL (CAR stationsliste) ankunft) T )
         (     T   (verbindung_breiten_rek
                     (APPEND (CDR stationsliste)
                             (nachfolger (CAR stationsliste)))
```

```
                             ankunft) )
        )
    )
    (DEFUN nachfolger (station)
        (GET station 'dic)
    )
```

Beschreibung der Änderungen

Im Unterschied zur angegebenen Lösung des vorigen Abschnitts haben
wir die Funktion "verbindung_rek" durch die Anwenderfunktion "verbin-
dung_breiten_rek" ersetzt. In dieser Funktion haben wir die folgende Konditionalform eingesetzt (die Kommentarangaben haben wir hier nachträglich
eingefügt):

```
(COND ( (EQUAL stationsliste NIL) NIL )
      ( (EQUAL (CAR stationsliste) ankunft) T )       ← Änderung
      (  T (verbindung_breiten_rek
   ;          (PRINT
                 (APPEND (CDR stationsliste)          ← Änderung
                         (nachfolger
                            (CAR stationsliste)))
   ;          )
              ankunft) )
   )
```

Durch die 1. Klausel der Spezialform "COND" erfolgt die Prüfung, ob die
Nachfolgerliste "stationsliste" gleich der leeren Liste ist. Durch den Testausdruck in der 2. Klausel wird das 1. Element der Nachfolgerliste mit "ankunft"
verglichen. Liefert der Vergleich den Funktionswert "NIL", so wird – durch
die Evaluierung der Anforderung in der 3. Klausel – eine neue Nachfolgerliste
aufgebaut. Dabei wird das ursprünglich 1. Listenelement aus der Nachfolgerliste durch "CDR" entfernt, und es werden die Nachfolger des ursprünglich 1.
Listenelements – unter Einsatz der Anwenderfunktion "nachfolger" – durch
"APPEND" am Ende der Nachfolgerliste angefügt.
Um die jeweiligen Nachfolger für das ursprünglich 1. Listenelement zu ermitteln, setzen wir die Anwenderfunktion "nachfolger" in der Form

```
    (DEFUN nachfolger (station)
        (GET station 'dic)
    )
```

ein. Diese Funktion liefert – beim Aufruf mit dem Argument "(CAR stationsliste)" – den Eigenschaftswert mit den direkten Nachfolgern des ursprünglich 1. Listenelements der Nachfolgerliste.

Ausführung der Breitensuche

Damit wir den Ablauf der Breitensuche nachvollziehen können, entfernen wir innerhalb der Konditionalform die Semikola in der 4. und 8. Zeile der Spezialform "COND". Bei der Ausführung wird daraufhin die jeweilige Nachfolgerliste ausgegeben. Dies zeigt der folgende Dialog:

```
> (ic_2)
ABFAHRTSORT:
ham
ANKUNFTSORT:
mue
(KOE FUL BER)
(FUL BER KAR MAI)
(BER KAR MAI MUE)
(KAR MAI MUE DRE)
(MAI MUE DRE STU)
(MUE DRE STU FRA)
IC-VERBINDUNG_EXISTIERT
```

8.4.4 Prüfung durch Tiefensuche

Änderung der Prüfstrategie

Bei der Breitensuche wurde der Suchgraph dadurch aufgebaut, daß zunächst alle Knoten gleichen Grades nach und nach expandiert wurden. Erst nachdem alle Knoten eines Grades durch ihre direkten Nachfolger ersetzt wurden, haben wir sukzessiv die Knoten nächst höheren Grades expandiert.

Hinweis: Es werden also zunächst jene Knoten untersucht, die dem Startknoten bezüglich der *Anzahl* der Direktverbindungen – im Hinblick auf eine Verbindung zu einem Zielknoten – am nächsten liegen.

Eine andere Strategie als die Breitensuche besteht darin, die Suche in dem IC-Netz – unabhängig vom Grad des Nachfolgers – immer mit dem zuerst erreichten Knoten fortzusetzen. Daraus resultiert ein Suchverfahren, das sich mehr in die Tiefe als in die Breite entwickelt. Dieses Verfahren, das *"Tiefensuche"* (engl.: Depth-first Search) genannt wird, läßt sich dadurch realisieren, daß wir die Nachfolger des 1. Listenelementes – anstelle dieses (zu löschenden) Listenelementes – an den *Listenanfang* in die Nachfolgerliste einfügen und die Suche wiederum mit dem jeweils neuen ersten Listenelement fortsetzen.

Eine graphische Beschreibung der Tiefensuche gibt das folgende Struktogramm:

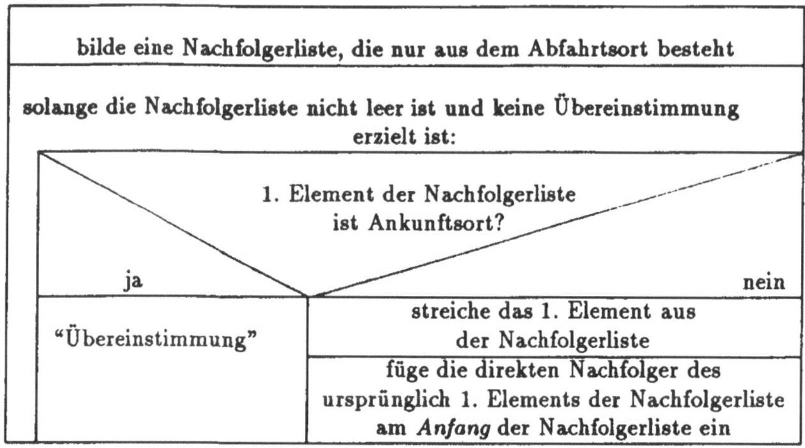

Der Suchgraph für die Tiefensuche stellt sich z.B. bei der Prüfung, ob es eine IC-Verbindung von "ham" nach "mue" gibt, wie folgt dar:

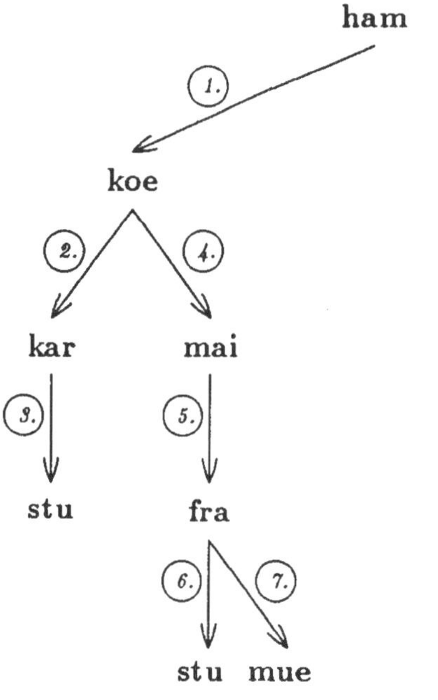

Nachfolgerlisten:

1. (koe ful ber)
2. (kar mai ful ber)
3. (stu mai ful ber)
4. (mai ful ber)
5. (fra ful ber)
6. (stu mue ful ber)
7. (mue ful ber)

<u>Hinweis:</u> Es ist zu beachten, daß der Knoten "stu" nicht expandiert werden kann.

Eine Anfrage nach einer IC-Verbindung zwischen "ham" und "bie" kann dagegen nicht zum Erfolg führen, da die Station "bie" *nicht* im IC-Netz eingetragen ist. In diesem Fall wird folgender Suchbaum erzeugt:

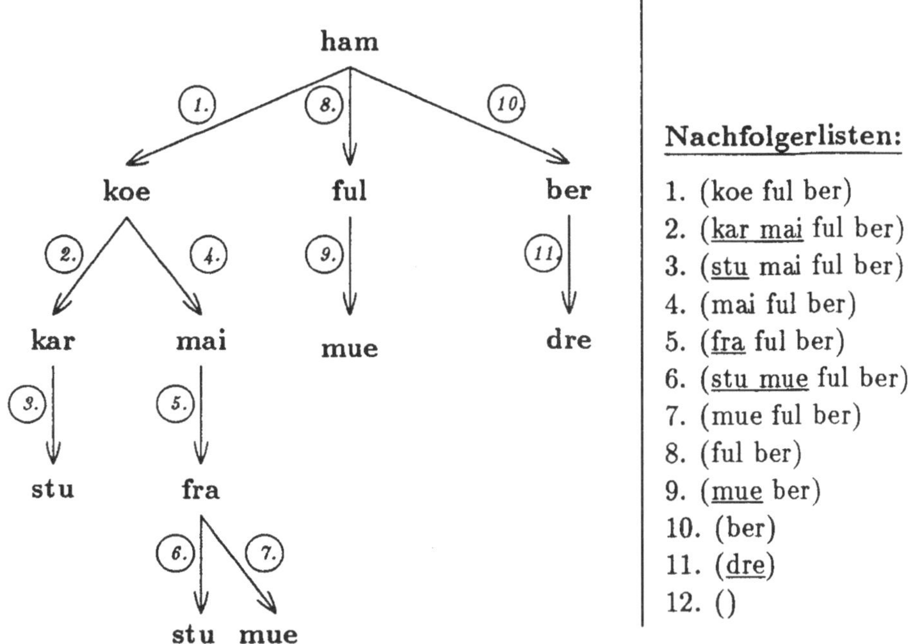

<u>Hinweis:</u> Es ist zu beachten, daß die jeweils ersten Listenelemente der 3., 6., 7., 9. und 11. Nachfolgerliste nicht expandiert werden können.

Letztendlich ist die Nachfolgerliste gleich der leeren Liste, so daß keine weiteren Knoten mehr expandiert werden können.

Aus der Darstellung ist zu erkennen, daß die Kanten des IC-Netzes – von links beginnend – so tief wie möglich nach unten hin durchsucht werden. Immer dann, wenn ein Knoten erreicht wird, der *keine* Nachfolger hat, wird zum unmittelbar vorausgehenden Verzweigungsknoten im Suchgraphen zurückgesetzt und gegebenenfalls von dort aus die nächste, nach rechts gerichtete Direktverbindung des IC-Netzes überprüft.

<u>Hinweis:</u> Dies setzt voraus, daß in der Eigenschaftsliste die direkten Nachfolger entsprechend ihrer geographischen Lage von Westen nach Osten eingetragen sind.

Beschreibung der Änderungen

Damit die Tiefensuche durchgeführt werden kann, ist die 3. Klausel der Spezialform "COND" innerhalb der Anwenderfunktion "verbindung_breiten_rek" zu ändern. In dieser Konditionalform sind die Argumente der Systemfunktion "APPEND" wie folgt zu vertauschen:

```
(APPEND (nachfolger (CAR stationsliste))
        (CDR stationsliste))
```

Lösung

Somit können wir zur Durchführung der Tiefensuche insgesamt die folgenden Anwenderfunktionen einsetzen:

```
(DEFUN ic_3 ()
   (LET ( (abfahrt NIL) (ankunft NIL) )
      (PRINT 'Abfahrtsort:)
      (SETQ abfahrt (READ))
      (PRINT 'Ankunftsort:)
      (SETQ ankunft (READ))
      (COND ( (EQUAL (verbindung_3 abfahrt ankunft) NIL)
              'IC-Verbindung_existiert_nicht )
            (      T       'IC-Verbindung_existiert )
      )
   )
 )
(DEFUN verbindung_3 (abfahrt ankunft)
   (verbindung_tiefen_rek (LIST abfahrt) ankunft)
)
(DEFUN verbindung_tiefen_rek (stationsliste ankunft)
   (COND ( (EQUAL stationsliste NIL) NIL )
         ( (EQUAL (CAR stationsliste) ankunft) T )
         (    T   (verbindung_tiefen_rek
;                    (PRINT
                        (APPEND (nachfolger (CAR stationsliste))
                                (CDR stationsliste))
;                    )
                     ankunft) ) 
      )
)
(DEFUN nachfolger (station)
   (GET station 'dic)
)
```

Ausführung der Tiefensuche

Anschließend läßt sich z.B. der folgende Dialog führen, sofern die Kommentarzeichen innerhalb der Funktion "verbindung_tiefen_rek" entfernt werden:

```
> (ic_3)
ABFAHRTSORT:
ham
ANKUNFTSORT:
stu
(KOE FUL BER)
(KAR MAI FUL BER)
(STU MAI FUL BER)
VERBINDUNG_EXISTIERT
> (ic_3)
ABFAHRTSORT:
ham
ANKUNFTSORT:
bie
(KOE FUL BER)
(KAR MAI FUL BER)
(STU MAI FUL BER)
(MAI FUL BER)
(FRA FUL BER)
(STU MUE FUL BER)
(MUE FUL BER)
(FUL BER)
(MUE BER)
(BER)
(DRE)
NIL
IC-VERBINDUNG_EXISTIERT_NICHT
```

Zusammenfassung

Um eine Einschätzung zu erhalten, ob die Breiten- oder die Tiefensuche einzusetzen ist, um eine Verbindung festzustellen, ist folgendes zu beachten:

- Sofern eine IC-Verbindung besteht, garantiert die Breitensuche, daß die kürzeste Verbindung – bezogen auf die Anzahl der Nachfolger – gefunden werden kann. Dabei werden sukzessiv Verbindungen mit zunehmender Anzahl an Knoten ermittelt. Die Breitensuche sollte immer dann eingesetzt werden, wenn jede Station nur wenige Nachfolger hat.

- Sofern eine IC-Verbindung besteht, wird sie auch von der Tiefensuche ermittelt. Diese Verbindung stellt jedoch – bezogen auf die Anzahl der Nachfolgerknoten – nur zufällig die kürzeste Verbindung dar. Die Tiefensuche sollte immer dann eingesetzt werden, wenn es viele Stationen mit vielen Nachfolgern gibt.

  <u>Hinweis:</u> Um zu verhindern, daß bei der Tiefensuche eventuell tiefer und tiefer gesucht wird, sollte man eine Schranke für die maximale Tiefe vorgeben, die bei der Suche *nicht* überschritten werden darf. Dieses Vorgehen läßt sich dadurch realisieren, daß z.B. – durch "SETQ" – eine Variable als Zähler eingerichtet wird, deren Wert sich bei jeder Bestimmung eines Nachfolgers für das 1. Listenelement der Nachfolgerliste erhöht. Dabei kann jedoch eine zu kleine Schranke dazu führen, daß der Zielknoten *nicht* erreicht wird, obwohl er eigentlich erreichbar ist.

- Grundsätzlich kann sowohl die Tiefen- als auch die Breitensuche zur kombinatorischen Explosion führen, da bei vielen Stationen mit jeweils sehr vielen Nachfolgern die Zahl der Alternativen exponentiell wächst.

  <u>Hinweis:</u> Hat z.B. jede Station x Nachfolger, so ist die Anzahl der IC-Verbindungen mit l Zwischenstationen – vom Abfahrtsort aus gesehen – gleich x^l. Dies gilt unter der Annahme, daß es keine Zyklen (siehe unten) gibt.

- In vielen Fällen läßt sich die kombinatorische Explosion verhindern, wenn anstelle der Tiefen- oder Breitensuche ein *heuristisches* Suchverfahren eingesetzt wird, das problemspezifische Informationen nutzt, um den jeweils nächsten Knoten zur weiteren Untersuchung auszuwählen[6]. Als Beispiel eines heuristischen Suchverfahrens stellen wir im nächsten Kapitel die *Bestwegsuche* vor, bei der die jeweilige Entfernung vom Abfahrtsort als Kriterium zur Auswahl der nächsten Station verwendet wird.

---

[6] Heuristiken werden eingesetzt, um die Effizienz eines Verfahrens zu verbessern. Durch den Einsatz heuristischer Verfahren können wir erreichen, daß wir gute (wenn auch nicht unbedingt optimale) Lösungen eines Problems erhalten.

8.5   Ermittlung von Zwischenstationen

Eine erweiterte Aufgabenstellung

Nachdem wir die Tiefensuche als weitere Möglichkeit zur Lösung unserer
Aufgabenstellung vorgestellt haben, erweitern wir diese Aufgabenstellung
wie folgt:

- Nach der Eingabe von Abfahrts- und Ankunftsort soll ermittelt werden, ob es zwischen diesen beiden Orten eine Zugverbindung im vorgegebenen IC-Netz gibt. Ergänzend sollen in den Fällen, in denen
  eine Verbindung festgestellt wird, der Abfahrts- und Ankunftsort zusammen mit denjenigen Stationen – in Form einer Liste – angezeigt
  werden, die jeweils als Zwischenstationen dienen.

Wird zum Beispiel nach einer IC-Verbindung von "ham" nach "stu" gefragt,
so sollte eine gefundene Verbindung in der Form

       (ham koe kar stu)

mit den Zwischenstationen "koe" und "kar" ausgegeben werden.

Lösungsplan

Den Lösungsplan gründen wir auf dem Verfahren der Tiefensuche, so daß
wir auf die oben angegebene Anwenderfunktion "ic_3" zurückgreifen können.
Im Gegensatz zum ursprünglichen Verfahren dürfen wir jedoch – nach einer erfolglosen Prüfung auf Übereinstimmung mit dem Ankunftsort – *keine
Löschung* des jeweils ersten Listenelementes der Nachfolgerliste vornehmen,
sondern wir müssen eine erfolglos geprüfte Station als *mögliche Zwischenstation* speichern. Dazu modifizieren wir die ursprüngliche Nachfolgerliste
so, daß ihre Listenelemente selbst wiederum Listen sind. Diese Listen sollen
als jeweils erste Listenelemente die noch zu prüfenden Stationen enthalten.
Als zusätzliche Listenelemente werden die jeweils bereits erfolglos geprüften
Stationen (mögliche Zwischenstationen) als weitere Listenelemente angefügt.

Damit würde z.B. bei der Prüfung, ob es eine IC-Verbindung von "ham"
nach "stu" gibt, die 1. Nachfolgerliste – in ihrer neuen Form – durch den 1.
Suchschritt zunächst wie folgt aufgebaut werden:

((koe ham) (ful ham) (ber ham))

Da es keine Übereinstimmung zwischen der Station "koe" und dem Ankunftsort "stu" gibt, wird – bei der Tiefensuche – "koe" durch die beiden Stationen "kar" und "mai" wie folgt ersetzt:

Das 1. Listenelement der Nachfolgerliste

(koe ham)

wird zur Basis der beiden folgenden neu gebildeten Listenelemente:

(kar koe ham)   und   (mai koe ham)

Somit stellt sich die Nachfolgerliste 2. Grades anschließend wie folgt dar:

((kar koe ham) (mai koe ham) (ful ham) (ber ham))

Der sich anschließende Vergleich zwischen der Station "kar" und dem Ankunftsort "stu" fällt wiederum negativ aus, so daß die Nachfolgerliste wie folgt geändert wird:

((stu kar koe ham) (mai koe ham) (ful ham) (ber ham))

<u>Hinweis:</u> Es ist zu beachten, daß die Station "kar" im IC-Netz die Station "stu" als einzigen Nachfolger hat.

Der Vergleich des 1. Listenelements von

(stu kar koe ham)

mit dem Ankunftsort "stu" fällt jetzt positiv aus, so daß "kar" und "koe" die Zwischenstationen von "ham" nach "stu" darstellen.

Im Hinblick auf die Aufgabenstellung sind die angegebenen Stationen allerdings noch nicht in der richtigen Reihenfolge aufgeführt. Dies können wir dadurch erreichen, daß die Liste "(stu kar koe ham)" durch den Einsatz der Systemfunktion "REVERSE" invertiert wird.

Lösung

Insgesamt läßt sich der Lösungsplan somit durch die folgenden Anwenderfunktionen realisieren:

```
(DEFUN ic_4 ()
   (LET ( (abfahrt NIL) (ankunft NIL) (zwischenstationen NIL) )
       (PRINT 'Abfahrtsort:)
       (SETQ abfahrt (READ))
       (PRINT 'Ankunftsort:)
       (SETQ ankunft (READ))
       (SETQ zwischenstationen (verbindung_4 abfahrt ankunft))
       (COND ( (EQUAL zwischenstationen NIL)
               'IC-Verbindung_existiert_nicht )
             (    T    (APPEND '(IC-Verbindung_existiert:)
                               zwischenstationen) )
       )
    )
)
(DEFUN verbindung_4 (abfahrt ankunft)
   (verbindung_tiefen_rek_neu (LIST (LIST abfahrt)) ankunft)
)
(DEFUN verbindung_tiefen_rek_neu
        (liste_von_stationslisten ankunft)
   (COND ( (EQUAL liste_von_stationslisten NIL) NIL )
         ( (EQUAL (CAAR liste_von_stationslisten) ankunft)
           (REVERSE (CAR liste_von_stationslisten)) )
         ( T (verbindung_tiefen_rek_neu
 ;               (PRINT
                  (APPEND (nachfolger_zwischen
                           (CAR liste_von_stationslisten))
                          (CDR liste_von_stationslisten))
 ;                     )
                   ankunft) )
    )
)
(DEFUN nachfolger_zwischen (liste_von_stationen)
   (MAPCAR '(LAMBDA (station)
               (CONS station liste_von_stationen))
           (GET (CAR liste_von_stationen) 'dic)
    )
 )
```

Beschreibung der Änderungen

Gegenüber der ursprünglichen Lösung haben wir jetzt in der Anwenderfunktion "ic_4" die lokale Variable "zwischenstationen" eingerichtet. Diese
Variable setzen wir ein, um die ermittelten Zwischenstationen zu sammeln.

Außerdem haben wir in der Anwenderfunktion "ic_4" – innerhalb der Spezialform "COND" – anstelle des Funktionsaufrufs "(verbindung_3)" den Aufruf der Funktion "(verbindung_4)" eingesetzt. Diese Funktion enthält im Funktionsrumpf den Aufruf von "verbindung_tiefen_rek_neu".

Innerhalb von "verbindung_tiefen_rek_neu" haben wir die neue Struktur der Nachfolgerliste durch den Funktionsaufruf

```
(LIST (LIST abfahrt))
```

festgelegt. Dadurch erreichen wir, daß anstelle einer Liste von Stationen eine Liste gebildet wird, deren Elemente Listen von Stationen sind. Die Nachfolgerbestimmung, die ursprünglich durch die Funktion

```
(DEFUN nachfolger (station)
   (GET station 'dic)
)
```

vorgenommen wurde, wird jetzt durch die folgende Anwenderfunktion "nachfolger_zwischen" durchgeführt:

```
(DEFUN nachfolger_zwischen (liste_von_stationen)
   (MAPCAR '(LAMBDA (station)
              (CONS station liste_von_stationen))
           (GET (CAR liste_von_stationen) 'dic)
   )
)
```

Hierdurch ist gesichert, daß die Liste, die das 1. Listenelement der aktuellen Nachfolgerliste, d.h. "(CAR liste_von_stationen)" darstellt, wie folgt bearbeitet wird:

- Zunächst wird für das 1. Listenelement dieser "Basis-Liste" der zugehörige Eigenschaftswert (dies ist eine Liste mit Stationen!) bzgl. der Eigenschaft "dic" ermittelt.

- Anschließend wird für jedes Element dieser Liste eine neue Liste aufgebaut, indem diesem Element der Rest der Basis-Liste angefügt wird.

- Die hieraus resultierenden Listen – zusammengestellt zu einer Liste – ergeben das Funktionsergebnis von "nachfolger_zwischen".

Ausführung der Lösung

Sofern wir in der Funktion "verbindung_tiefen_rek_neu" die Semikola entfernen, können wir zum Beispiel den folgenden Dialog führen:

```
> (ic_4)
ABFAHRTSORT:
ham
ANKUNFTSORT:
stu
((KOE HAM) (FUL HAM) (BER HAM))
((KAR KOE HAM) (MAI KOE HAM) (FUL HAM) (BER HAM))
((STU KAR KOE HAM) (MAI KOE HAM) (FUL HAM) (BER HAM))
(VERBINDUNG_EXISTIERT: HAM KOE KAR STU)
> (ic_4)
ABFAHRTSORT:
ham
ANKUNFTSORT:
bie
((KOE HAM) (FUL HAM) (BER HAM))
((KAR KOE HAM) (MAI KOE HAM) (FUL HAM) (BER HAM))
((STU KAR KOE HAM) (MAI KOE HAM) (FUL HAM) (BER HAM))
((MAI KOE HAM) (FUL HAM) (BER HAM))
((FRA MAI KOE HAM) (FUL HAM) (BER HAM))
((STU FRA MAI KOE HAM) (MUE FRA MAI KOE HAM) (FUL HAM) (BER HAM))
((MUE FRA MAI KOE HAM) (FUL HAM) (BER HAM))
((FUL HAM) (BER HAM))
((MUE FUL HAM) (BER HAM))
((BER HAM))
((DRE BER HAM))
NIL
IC-VERBINDUNG_EXISTIERT_NICHT
```

8.6   Prüfung in einem Netz

Erweiterung der Aufgabenstellung

Nachteilig bei den bisherigen Lösungen ist, daß sie sich nicht einsetzen lassen, wenn das ursprüngliche IC-Netz (mit gerichteten Kanten) z.B. wie folgt durch ein *Netzwerk* (*ohne* einseitige Richtungspfeile) ersetzt wird:

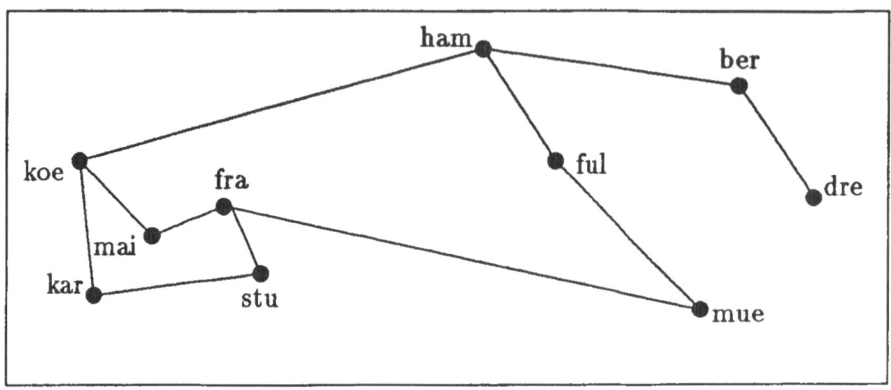

Abb. 8.3

- In dieser Situation sollten Anfragen nach *beliebigen* IC-Verbindungen
  möglich sein, so daß auch die bislang ausgeklammerten *rückwärtigen*
  IC-Verbindungen angefragt werden können.

Netzaufbau

Als Basis für die zu entwickelnden Anwenderfunktionen legen wir das in der
Abbildung 8.3 dargestellte IC-Netz wie folgt fest:

```
> (PUTPROP_eigen 'ham '(koe ful ber) 'dic)
(KOE FUL BER)
> (PUTPROP_eigen 'ber '(ham dre) 'dic)
(HAM DRE)
> (PUTPROP_eigen 'dre '(ber) 'dic)
(BER)
> (PUTPROP_eigen 'ful '(ham mue) 'dic)
(HAM MUE)
> (PUTPROP_eigen 'mue '(fra ful) 'dic)
(FRA FUL)
> (PUTPROP_eigen 'koe '(kar mai ham) 'dic)
(KAR MAI HAM)
> (PUTPROP_eigen 'kar '(koe stu) 'dic)
(KOE STU)
> (PUTPROP_eigen 'stu '(kar fra) 'dic)
(KAR FRA)
> (PUTPROP_eigen 'mai '(koe fra) 'dic)
(KOE FRA)
> (PUTPROP_eigen 'fra '(stu mai mue) 'dic)
(STU MAI MUE)
```

Zyklen

Würden wir für dieses IC-Netz den in Abschnitt 8.5 entwickelten Lösungsplan zur Ausführung bringen, so würden z.B. bei der Anfrage durch die
Funktion "ic_4", ob es eine IC-Verbindung von "mai" nach "stu" gibt – nach
den ersten 3 Schritten – die folgenden Nachfolgerlisten aufgebaut werden:

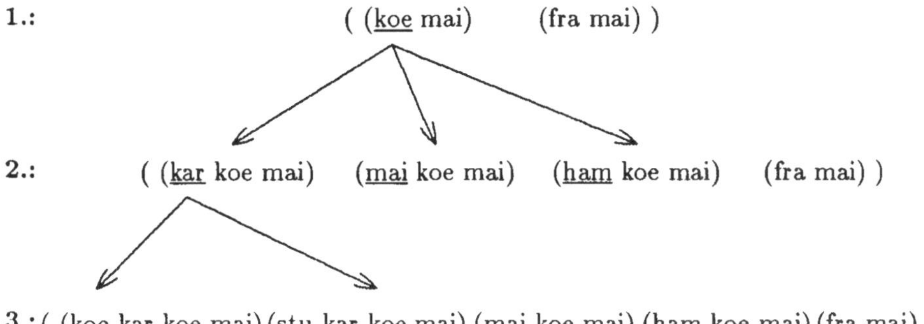

Als Ergebnis des 3. Schritts erhalten wir "(koe kar koe mai)" als 1. Listenelement der Nachfolgerliste. Das 1. Listenelement dieser Liste ist gleich "koe",
d.h. es liegt erneut die Ausgangssituation vor. Da sich der weitere Aufbau
von Nachfolgerlisten entsprechend zyklisch wiederholt, kommt das Verfahren
nicht zum Ende. Man sagt, daß ein *Zyklus* vorliegt.

Lösungsansatz

Um eine *zyklenfreie* Lösung zu entwickeln, ändern wir im Funktionsrumpf
von "verbindung_tiefen_rek_neu" den Funktionsaufruf "nachfolger_zwischen"
in den Aufruf der Funktion "nachfolger_zwischen_netz". Dazu vereinbaren
wir die Funktion "nachfolger_zwischen_netz" in der Form:

```
(DEFUN nachfolger_zwischen_netz (liste_von_stationen)
   (REMOVE-IF
      '(LAMBDA (liste_von_stationen)
          (MEMBER (CAR liste_von_stationen)
             (CDR liste_von_stationen)))
       (MAPCAR '(LAMBDA (station)
                   (CONS station liste_von_stationen))
              (GET (CAR liste_von_stationen) 'dic))
   )
)
```

Im Rumpf dieser Funktion verwenden wir die Systemfunktion "REMOVE-IF". Durch ihren Einsatz wird bei der Anfrage, ob es eine Verbindung von "mai" nach "stu" gibt, nach dem 2. Schritt nicht die Liste

((kar koe mai) (mai koe mai) (ham koe mai) (fra mai))

sondern die Liste

((kar koe mai) (ham koe mai) (fra mai))

als Nachfolgerliste ermittelt. Dies liegt daran, daß die Liste "(mai koe mai)" durch die Evaluierung von "REMOVE-IF" aus der Nachfolgerliste entfernt wird.

Grundsätzlich wird innerhalb der jeweils erstellten Nachfolgerliste durch "REMOVE-IF" immer jede Unter-Liste gelöscht, deren 1. Listenelement in derselben Unter-Liste enthalten ist. Somit erreichen wir, daß immer alle diejenigen Unter-Listen entfernt werden, die bereits erreichte Stationen enthalten.

Durch den Einsatz von "REMOVE-IF" wird somit auch nach dem 3. Schritt nicht die Liste

((koe kar koe mai) (stu kar koe mai) (ham koe mai) (fra mai))

sondern die Liste

((stu kar koe mai) (ham koe mai) (fra mai))

als Nachfolgerliste ermittelt. Dies liegt daran, daß die Unter-Liste "(koe kar koe mai)" das Symbol "koe" als 1. und 3. Listenelement besitzt.

Lösung

Um sämtliche benötigten Anwenderfunktionen zur Lösung der Aufgabenstellung zu vereinbaren, ist der folgende Dialog zu führen:

```
> (DEFUN ic_5 ()
    (LET ( (abfahrt NIL) (ankunft NIL) (zwischenstationen NIL) )
        (PRINT 'Abfahrtsort:)
        (SETQ abfahrt (READ))
        (PRINT 'Ankunftsort:)
        (SETQ ankunft (READ))
        (SETQ zwischenstationen (verbindung_5 abfahrt ankunft))
        (COND ( (EQUAL zwischenstationen NIL)
                'IC-Verbindung_existiert_nicht )
              (    T    (APPEND '(IC-Verbindung_existiert:)
                                zwischenstationen) )
        )
     )
  )
IC_5
> (DEFUN verbindung_5 (abfahrt ankunft)
     (verbindung_tiefen_rek_netz (LIST (LIST abfahrt)) ankunft)
  )
VERBINDUNG_5
> (DEFUN verbindung_tiefen_rek_netz
          (liste_von_stationslisten ankunft)
        (COND ( (EQUAL liste_von_stationslisten NIL) NIL )
              ( (EQUAL (CAAR liste_von_stationslisten) ankunft)
                  (REVERSE (CAR liste_von_stationslisten)) )
              ( T (verbindung_tiefen_rek_netz
;                    (PRINT
                        (APPEND (nachfolger_zwischen_netz
                                    (CAR liste_von_stationslisten))
                                (CDR liste_von_stationslisten))
;                    )
                     ankunft) )
     )
  )
VERBINDUNG_TIEFEN_REK_NETZ
> (DEFUN nachfolger_zwischen_netz (liste_von_stationen)
     (REMOVE-IF
        '(LAMBDA (liste_von_stationen)
            (MEMBER (CAR liste_von_stationen)
              (CDR liste_von_stationen)))
        (MAPCAR '(LAMBDA (station)
                    (CONS station liste_von_stationen))
                (GET (CAR liste_von_stationen) 'dic))
     )
  )
NACHFOLGER_ZWISCHEN_NETZ
```

Ausführung

Löschen wir innerhalb der Funktion "verbindung_tiefen_rek_netz" die beiden
Semikola, so können wir anschließend z.B. den folgenden Dialog führen:

```
> (ic_5)
ABFAHRTSORT:
mai
ANKUNFTSORT:
stu
((KOE MAI) (FRA MAI))
((KAR KOE MAI) (HAM KOE MAI) (FRA MAI))
((STU KAR KOE MAI) (HAM KOE MAI) (FRA MAI))
(IC-VERBINDUNG_EXISTIERT: MAI KOE KAR STU)
> (ic_5)
ABFAHRTSORT:
kar
ANKUNFTSORT:
fra
((KOE KAR) (STU KAR))
((MAI KOE KAR) (HAM KOE KAR) (STU KAR))
((FRA MAI KOE KAR) (HAM KOE KAR) (STU KAR))
(IC-VERBINDUNG_EXISTIERT: KAR KOE MAI FRA)
> (ic_5)
ABFAHRTSORT:
fra
ANKUNFTSORT:
kar
((STU FRA) (MAI FRA) (MUE FRA))
((KAR STU FRA) (MAI FRA) (MUE FRA))
(IC-VERBINDUNG_EXISTIERT: FRA STU KAR)
```

8.7 Aufgaben

Aufgabe 8.1
Für jeweils zwei Städte sollen Eigenschaftslisten mit den Eigenschaftsnamen "nachbarn" eingerichtet werden. Dabei sollen als Eigenschaftswert die direkt benachbarten Städte zusammengefaßt werden. Vereinbare eine Funktion namens "eintragen", die zwei Städtenamen, wie z.B. "koe" und "ham", als Argument erwartet! Die Evaluierung dieser Funktion soll "koe" in die Eigenschaftsliste von "ham" und "ham" in die Eigenschaftsliste von "koe" eintragen. Wenn eine oder beide Städte bereits in den Eigenschaftslisten direkt benachbarter Städte eingetragen sind, soll kein weiterer Eintrag erfolgen.

Kapitel 9

Einsatz von Assoziationslisten

Im letzten Kapitel haben wir – am Beispiel vereinfachter IC-Netze der Deutschen Bundesbahn – Anwenderfunktionen entwickelt, mit denen Anfragen nach IC-Verbindungen beantwortet werden konnten. Dabei wurde das "Wissen" über das IC-Netz in der Form von Eigenschaftslisten beschrieben. So haben wir z.B. dem Atom "ham" eine Eigenschaftsliste mit dem Eigenschaftsnamen "dic" und dem zugehörigen Eigenschaftswert "(koe ful)" zugeordnet. Auf die von "ham" ausgehenden Direktverbindungen nach "koe" und "ful" ließ sich durch die Angabe zweier Schlüssel – in Form des symbolischen Atoms "ham" und des Eigenschaftsnamens "dic" – zugreifen.

Jetzt wollen wir beschreiben, wie wir das IC-Netz in Form einer Assoziationsliste darstellen können. In dieser Art von Listen wird z.B. die Tatsache, daß es Direktverbindungen von "ham" nach "koe" sowie nach "ful" gibt, durch ein Listenelement der Form "(ham koe ful)" dargestellt.

9.1 Aufbau und Änderung von Assoziationslisten

Aufbau von Assoziationslisten

Zur Beschreibung des ursprünglichen IC-Netzes (siehe Abb. 8.1) ordnen wir jeder Bahnstation eine Liste zu, in der jeweils die Bahnstation als 1. Listenelement eingetragen ist. Als weitere Listenelemente folgen jeweils die Namen *sämtlicher* Stationen, die durch eine Direktverbindung – vom 1. Listenelement aus – erreichbar sind. Somit erhalten wir die folgenden Listen:

                    (ham koe ful)
                    (koe kar mai)
                    (mai fra)
                    (ful mue)

Indem wir jede dieser vier Listen als Unter-Liste in eine gemeinsame Liste eintragen, können wir die gesamte Information wie folgt zusammenfassen:

```
( (ham koe ful) (koe kar mai) (mai fra) (ful mue) )
```

Diese Liste läßt sich z.B. wie folgt global einrichten:

```
(SETQ ic_netz '((ham koe ful) (koe kar mai) (mai fra) (ful mue)))
```

Wenn anschließend geprüft werden soll, ob es eine Direktverbindung von einem vorgegebenen Abfahrtsort gibt, muß zunächst festgestellt werden, ob der Stationsname als *1. Listenelement* innerhalb einer Unter-Liste auftritt. Ist dies der Fall, so sind mit dem Stationsnamen sämtliche Listenelemente der Unter-Liste bzgl. der Beziehung "Direktverbindung" *assoziiert.*

Generell werden Listen aus Unter-Listen dann *Assoziationslisten* (abkürzbar durch: "A-Liste") genannt, sofern jede Unter-Liste aus Listenelementen besteht, die mit dem jeweils 1. Listenelement assoziiert sind.

Die durch die oben angegebene Anforderung eingerichtete Assoziationsliste besitzt die folgende Struktur:

Atom:	ic_netz	
Assoziationsliste:	(	
	(ham koe ful)	← 1. Unter-Liste
	(koe kar mai)	← 2. Unter-Liste
	(mai fra)	← 3. Unter-Liste
	(ful mue)	← 4. Unter-Liste
	)	

Grundsätzlich besteht eine Assoziationsliste aus einer oder mehreren Unter-Listen. Innerhalb jeder Unter-Liste gibt es ein ausgezeichnetes Listenelement – das 1. Listenelement.

Dieses Element kann ein beliebiger S-Ausdruck sein. Er läßt sich als *Schlüssel* benutzen, um auf die jeweils zugehörige Unter-Liste zuzugreifen. Dabei stellen das 2. und die nachfolgenden Listenelemente innerhalb der betreffenden Unter-Liste die S-Ausdrücke dar, die mit dem Schlüssel assoziiert sind. Es ist zulässig, daß der gleiche Schlüssel in verschiedenen Unter-Listen vorkommt[1].

Hinweis: Sind die Schlüssel, mit denen auf den Inhalt einer Assoziationsliste zugegriffen werden soll, symbolische Atome, und kommt jeder Schlüssel nur *einmal* vor, dann

---

[1] Assoziationlisten mit Unter-Listen, die identische 1. Listenelemente haben, eignen sich z.B. zum Speichern von aktuellen und ursprünglichen Werten.

entspricht die Bearbeitung von Assoziationslisten – im Hinblick auf strukturelle Gesichtspunkte – der Verarbeitung von Eigenschaftslisten.

Anzeige und Erweiterung von Assoziationslisten

Um sich den jeweils aktuellen Inhalt einer Assoziationsliste anzeigen zu lassen, ist der ihr zugeordnete Variablenname als Anforderung einzugeben.

Somit läßt sich die Assoziationsliste, die der Variablen "ic_netz" zugeordnet wurde, durch den folgenden Dialog abrufen:

```
> ic_netz
((HAM KOE FUL) (KOE KAR MAI) (MAI FRA) (FUL MUE))
```

Soll diese Liste z.B. durch die Unter-Liste "(kar stu)" erweitert werden, weil "kar" mit der Direktverbindung nach "stu" als neue Station in das Bahnnetz aufgenommen werden soll, so läßt sich dies durch die folgende Anforderung erreichen[2]:

```
> (SETQ ic_netz (CONS '(kar stu) ic_netz))
((KAR STU) (HAM KOE FUL) (KOE KAR MAI) (MAI FRA) (FUL MUE))
```

9.2 Abfrage und Überschreiben von Assoziationslisten

Abfrage von Assoziationslisten

Um sich innerhalb einer Assoziationsliste die jeweils mit einem Schlüssel assoziierten S-Ausdrücke anzeigen zu lassen, ist die Systemfunktion "ASSOC" in der folgenden Form einzusetzen:

> | (ASSOC schlüssel a_liste [prüfungs_vorschrift]) |
> |---|

---

[2]Es ist zu beachten, daß die Ergänzung am Listenanfang der Assoziationsliste erfolgt.

Beim Funktionsaufruf werden zunächst die Argumente evaluiert, die für die
Platzhalter "schlüssel" und "a_liste" eingesetzt sind. Resultiert aus "a_liste"
keine Liste, so wird eine Fehlermeldung ausgegeben.

Anschließend wird "a_liste" – ausgehend vom Listenanfang – so lange durchsucht, bis der aufgeführte Schlüssel zum *erstenmal* mit dem 1. Listenelement
einer der Unter-Listen übereinstimmt.

Läßt sich der Schlüssel in keiner der Unter-Listen identifizieren, so ist "NIL"
als Ergebnis festgelegt[3].

Kann jedoch eine Übereinstimmung festgestellt werden, so liefert die Systemfunktion "ASSOC" als Ergebniswert die *gesamte* korrespondierende Unter-
Liste.

<u>Hinweis:</u> Dadurch, daß die Systemfunktion "ASSOC" die ganze Unter-Liste und nicht
nur die mit dem Schlüssel assoziierten Werte liefert, wird die Mehrdeutigkeit von "NIL"
vermieden. Ist nämlich ein Schlüssel allein mit "NIL" verknüpft, so wird "(NIL)" als
Resultat erhalten, so daß keine Verwechslung mit der Situation "keine Unter-Liste zum
Schlüssel vorhanden" eintreten kann.

Im Hinblick auf die oben verabredete Assoziationsliste läßt sich somit unter
Einsatz der Systemfunktion "ASSOC" der folgende Dialog führen:

```
> (ASSOC 'ham ic_netz)
(HAM KOE FUL)
> (ASSOC 'bie ic_netz)
NIL
```

<u>Hinweis:</u> Geben wir beim Aufruf von "ASSOC" eine Liste als Schlüssel an, so ist zu
beachten, daß der LISP-Interpreter "XLISP" die Systemfunktion "EQ" (siehe Anhang
A.2) verwendet, wenn der vorgegebene Schlüssel mit dem jeweils 1. Listenelement einer
Unter-Liste verglichen wird. Soll ein Mustervergleich durchgeführt werden, so ist – genau
wie beim Aufruf der Systemfunktion "MEMBER" – die Zeichenkette ":TEST 'EQUAL"
am Ende des Funktionsaufrufs anzugeben.

So könnten wir die Systemfunktion "ASSOC" z.B. in der folgenden Form einsetzen:

```
(ASSOC '(ham koe) '(((ham koe) 463) ((ham ber) 291)) :TEST 'EQUAL)
```

---

[3] Das Ergebnis "NIL" erhalten wir auch, wenn wir für das Argument "a_liste" die leere
Liste angegeben haben.

Änderung von Assoziationslisten

Soll eine Unter-Liste aus einer Assoziationsliste *gelöscht* werden, indem der zugeordnete Schlüssel als Argument bereitgestellt wird, so kann dies durch die folgende rekursive Anwenderfunktion "loeschen" geschehen:

```
(DEFUN loeschen (abfahrt a_liste)
   (COND ( (NULL a_liste) NIL )
         ( (EQUAL (ASSOC abfahrt a_liste) (CAR a_liste))
           (CDR a_liste) )
         (   T   (CONS (CAR a_liste)
                       (loeschen abfahrt (CDR a_liste))) )
   )
)
```

Sollen z.B. alle von der Station "kar" ausgehenden Direktverbindungen wieder gelöscht werden, so können wir dies durch den folgenden Dialog erreichen:

```
> ic_netz
((KAR STU) (HAM KOE FUL) (KOE KAR MAI) (MAI FRA) (FUL MUE))
> (SETQ ic_netz (loeschen 'kar ic_netz))
((HAM KOE FUL) (KOE KAR MAI) (MAI FRA) (FUL MUE))
```

Überschreiben von Assoziationslisten

Ist eine Assoziationsliste nachträglich um eine Unter-Liste (am Anfang) zu *ergänzen* oder soll eine ihrer Unter-Listen durch eine andere Unter-Liste *ersetzt* werden, so können wir dazu die folgenden Anwenderfunktionen "ersetzen" und "modifizieren" verwenden:

```
(DEFUN ersetzen (element u_neu liste)
   (COND ( (EQUAL (ASSOC element liste) (CAR liste))
           (CONS u_neu (CDR liste)) )
         (   T   (CONS (CAR liste)
                       (ersetzen element u_neu (CDR liste)))) )
   )
)
(DEFUN modifizieren (abfahrt u_liste a_liste)
   (COND ( (NULL (ASSOC abfahrt a_liste)) (CONS u_liste a_liste) )
         (   T   (ersetzen abfahrt u_liste a_liste) )
   )
)
```

Somit läßt sich der oben angegebene Dialog z.B. wie folgt fortsetzen:

```
> (SETQ ic_netz (modifizieren 'stu '(stu fra kar) ic_netz))
((STU FRA KAR) (HAM KOE FUL) (KOE KAR MAI) (MAI FRA) (FUL MUE))
> (SETQ ic_netz (modifizieren 'ham '(ham koe ful ber) ic_netz))
((STU FRA KAR) (HAM KOE FUL BER) (KOE KAR MAI) (MAI FRA) (FUL MUE))
```

Durch die 1. Anforderung wird die Unter-Liste "(stu fra kar)" am Anfang der Assoziationsliste hinzugefügt, und durch die 2. Anforderung wird die alte Unter-Liste "(ham koe ful)" durch den neuen Inhalt "(ham koe ful ber)" ersetzt.

9.3   Eintragen und Ergänzen von Assoziationslisten

Netzerweiterung

Ist eine Unter-Liste dahingehend zu ändern, daß neue Bahnstationen als zusätzliche Ankunftsorte nachzutragen sind, so ist das bisherige Verfahren zu aufwendig. Um nicht die gesamte alte Unter-Liste durch die gesamte neue Unter-Liste ersetzen zu müssen, läßt sich die folgende Anwenderfunktion verwenden:

```
(DEFUN erweitern (abfahrt ankunft a_liste)
   (LET ( (stationsliste (ASSOC abfahrt a_liste)) )
      (COND ( (EQUAL stationsliste NIL)
              (modifizieren abfahrt (LIST abfahrt ankunft) a_liste) )
            ( (MEMBER ankunft (CDR stationsliste))
              (PRINT 'bereits_vorhanden)
              a_liste )
            ( T (ersetzen abfahrt
                      (APPEND stationsliste (LIST ankunft))
                      a_liste) )
      )
   )
)
```

Hinweis: In der 2. Klausel der Konditionalform sind die beiden Anforderungen "(PRINT 'bereits_vorhanden)" und "a_liste" – hinter dem Testausdruck – als Sequenz eingetragen.

Um das in der Abb. 8.3 dargestellte richtungslose IC-Netz bearbeiten zu
können, müssen wir den ursprünglichen Inhalt unserer Assoziationsliste erweitern.

Zunächst vervollständigen wir das Netz, indem wir die beiden folgenden
Anforderungen stellen:

```
(SETQ ic_netz (erweitern 'ber 'dre ic_netz))
(SETQ ic_netz (erweitern 'fra 'mue ic_netz))
```

Anschließend fügen wir die Direktverbindungen in den jeweiligen Gegenrich-
tungen durch die folgenden Anforderungen in die Assoziationsliste ein:

```
(SETQ ic_netz (erweitern 'koe 'ham ic_netz))
(SETQ ic_netz (erweitern 'ful 'ham ic_netz))
(SETQ ic_netz (erweitern 'ber 'ham ic_netz))
(SETQ ic_netz (erweitern 'kar 'stu ic_netz))
(SETQ ic_netz (erweitern 'kar 'koe ic_netz))
(SETQ ic_netz (erweitern 'fra 'stu ic_netz))
(SETQ ic_netz (erweitern 'fra 'mai ic_netz))
(SETQ ic_netz (erweitern 'mai 'koe ic_netz))
(SETQ ic_netz (erweitern 'mue 'ful ic_netz))
(SETQ ic_netz (erweitern 'mue 'fra ic_netz))
(SETQ ic_netz (erweitern 'dre 'ber ic_netz))
```

Als Ergebnis der letzten Anforderung ist der Variablen "ic_netz" die Assoziationsliste

```
((DRE BER) (MUE FUL FRA) (KAR STU KOE) (FRA MUE STU MAI)
(BER DRE HAM) (STU FRA KAR) (HAM KOE FUL BER)
(KOE KAR MAI HAM) (MAI FRA KOE) (FUL MUE HAM))
```

zugeordnet.

9.4 Auskunft über Verbindungen (Bestwegsuche)

Durch die in Abschnitt 8.6 angegebenen Anwenderfunktionen ist es möglich,
die Zwischenstationen für eine IC-Verbindung von einem Abfahrts- zu einem
Ankunftsort – unabhängig von einer Richtung – ausgeben zu lassen. Die jeweils angezeigten Ergebnisse sind jedoch insofern *unbefriedigend*, als sich bei
einer IC-Verbindung vom Ankunfts- zum Abfahrtsort andere Zwischenstationen als bei der IC-Verbindung in umgekehrter Richtung ergeben können.

So wird z.B. bei der Anfrage nach der IC-Verbindung von "fra" nach "kar"
die Zwischenstation "stu" angezeigt, während für die IC-Verbindung von
"kar" nach "fra" die Zwischenstationen "koe" und "mai" ermittelt werden.
Um jeweils *dieselben* Zwischenstationen zu erhalten, stellen wir uns die folgende Aufgabe:

- Es sollen Anwenderfunktionen entwickelt werden, die die jeweils
  kürzeste IC-Verbindung vom Abfahrts- zum Ankunftsort ermitteln und
  die jeweiligen Zwischenstationen anzeigen.

Zur Bestimmung der *kürzesten* IC-Verbindung setzen wir ein Suchverfahren ein, das die Entfernung als problemspezifische Information nutzt. Da
zur Auswahl der jeweils nächsten Zwischenstation das Kriterium "Minimierung der Entfernung vom Abfahrtsort zum Ankunftsort" dienen soll, ist der
Lösungsplan als *Bestwegsuche* ("engl.: Best-first Search") zu entwickeln[4].
Um die jeweils kürzeste IC-Verbindung ermitteln zu können, müssen die
Entfernungen zwischen den Stationen bekannt sein. Wir legen die Entfernungsangaben für das in Abb. 8.3 angegebene IC-Netz wie folgt fest:

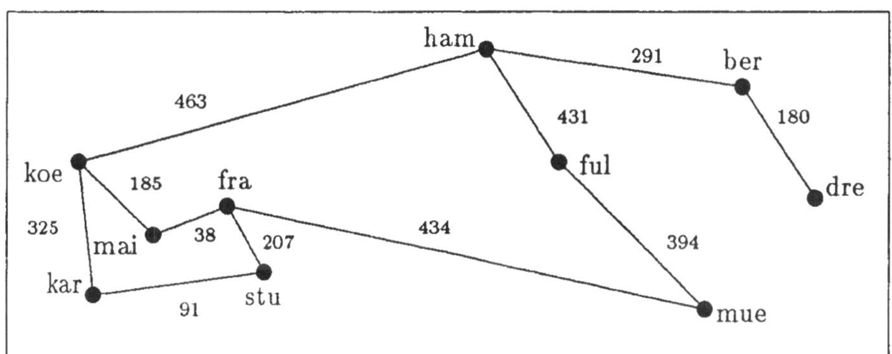

Abb. 9.1

---

[4]Die jeweils ermittelten Zwischenstationen sind allein dann nicht eindeutig bestimmt,
wenn es zwei unterschiedliche IC-Verbindungen mit gleicher Gesamtentfernung zwischen
einem Abfahrts- und einem Ankunftsort gibt.

Eintragen von Entfernungen

Damit die Entfernungsangaben ausgewertet werden können, müssen sie
zunächst Bestandteil der Assoziationsliste werden, die der Variablen
"ic_netz" zugeordnet ist. Dazu legen wir fest, daß die mit einer Station
assozierten S-Ausdrücke in der Form

(station_mit_direktverbindung   entfernung)

vorliegen sollen. Somit sollte z.B. die Unter-Liste, die zum Schlüssel "mue"
gehört, wie folgt aufgebaut sein:

```
(MUE (FUL 394) (FRA 434))
```

Um unsere Assoziationsliste in dieser Form erweitern zu können, vereinbaren
wir die Anwenderfunktionen "entfernungen" und "eingaben" wie folgt:

```
(DEFUN entfernungen (ankunftsort)
   (PRIN1 'Gib_Entfernung_zu:)
   (PRINT ankunftsort)
   (LIST ankunftsort (READ))
)
(DEFUN eingaben (liste)
   (PRIN1 'abfahrtsort:)
   (PRINT (CAR liste))
   (CONS (CAR liste) (MAPCAR 'entfernungen (CDR liste)))
)
```

Anschließend geben wir die Anforderung

```
(SETQ ic_netz (MAPCAR 'eingaben ic_netz))
```

ein, woraufhin die Entfernungsangaben durch den folgenden Dialog bereitzustellen sind:

```
ABFAHRTSORT:DRE
GIB_ENTFERNUNG_ZU:BER
180                              ← Eingabewert
ABFAHRTSORT:MUE
GIB_ENTFERNUNG_ZU:FUL
394                              ← Eingabewert
GIB_ENTFERNUNG_ZU:FRA
434                              ← Eingabewert
 .                                .
 .                                .
 .                                .
((DRE (BER 180))                 ← Ergebnis von "SETQ"
(MUE (FUL 394) (FRA 434))
(KAR (STU 91) (KOE 325))
(FRA (MUE 434) (STU 207) (MAI 38))
(BER (DRE 180) (HAM 291))
(STU (FRA 207) (KAR 91))
(HAM (KOE 463) (FUL 431) (BER 291))
(KOE (KAR 325) (MAI 185) (HAM 463))
(MAI (FRA 38) (KOE 185))
(FUL (MUE 394) (HAM 431)))
```

<u>Hinweis:</u> Die beiden Anwenderfunktionen sind so vereinbart, daß die Entfernungen von einer Station zu einer anderen Station in beiden Richtungen eingegeben werden müssen. Aus Platzgründen haben wir lediglich die Eingabe der von "dre" und "mue" ausgehenden Direktverbindungen angegeben.

Lösungsplan

Um die Bestwegsuche programmieren zu können, müssen wir zunächst eine Strategie entwickeln, wie die Stationen, die in der Assoziationsliste gespeichert sind, bearbeitet werden sollen.

Bei der Breitensuche und der Tiefensuche wird die Suche immer mit dem Knoten fortgesetzt, der in der jeweils aktuellen Nachfolgerliste am Listenanfang steht. Dabei werden die Nachfolger eines expandierten Knotens bei der Breitensuche am Listenende und bei der Tiefensuche am Listenanfang der Nachfolgerliste eingetragen.

Zur Auswahl des zu expandierenden Knotens wird bei der Bestwegsuche eine *Bewertungsfunktion* eingesetzt, die den jeweiligen Abstand eines Knotens zum Abfahrtsknoten bestimmt[5].

---

[5]Eine andere Bewertungsfunktion könnte z.B. festlegen, daß bei der Expandierung eines Knotens die Summe aus der Differenz von Breiten- und Längengrad – vom aktuellen

Für die weitere Suche soll immer derjenige Knoten ausgewählt werden, der den aktuell kürzesten Abstand zum Abfahrtsort hat[6].

Die Suche ist dann zu beenden, wenn der Knoten mit dem aktuell kürzesten Abstand gleich dem Ankunftsort ist.

Das Verfahren der Bestwegsuche läßt sich bei der Anfrage, ob es eine IC-Verbindung zwischen "ful" und "ber" gibt, graphisch folgendermaßen veranschaulichen:

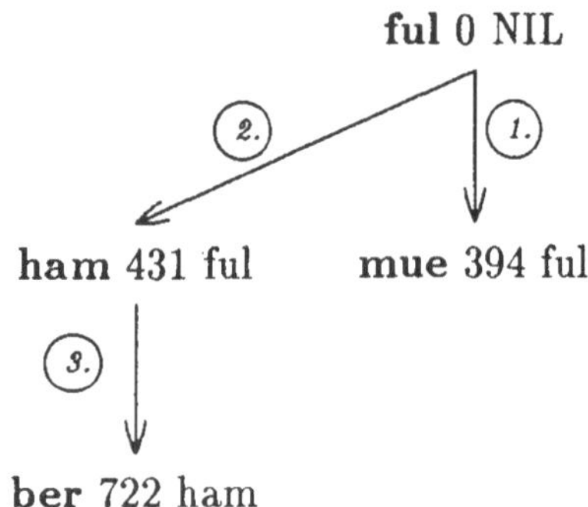

In dieser Darstellung wird z.B. durch die Angabe in der Form "ber 722 ham" angezeigt, daß der Abstand der kürzesten IC-Verbindung von "ful" nach "ber" 722 km beträgt. Dabei ist die Station "ham" der direkte Vorgänger von "ber" auf der kürzesten Verbindung von "ful" nach "ber".

Im Unterschied zur Breiten- und Tiefensuche, bei denen jeweils *eine* Nachfolgerliste verwaltet werden muß, wird die Verwaltungsinformation bei der Bestwegsuche innerhalb von zwei Listen gespeichert:

- in einer *Erreicht-Liste* und

- in einer *Geprüft-Liste.*

Knoten bis zum Zielknoten – und dem jeweiligen Abstand eines Knotens zum Startknoten zugrundegelegt werden soll.

[6]Bei der Breitensuche liefert die Expandierung die Knoten gleichen Grades, und bei der Tiefensuche führt die Expandierung auf die Knoten des jeweils nächst höheren Grades. Bei der Bestwegsuche wird der Grad eines Knotens nicht berücksichtigt, da stets derjenige Knoten ausgewählt wird, der jeweils den kürzesten Abstand zum Abfahrtsort hat.

Da wir uns bei einer gefundenen IC-Verbindung sowohl die Gesamtentfernung als auch die Zwischenstationen anzeigen lassen wollen, werden in den Erreicht- und Geprüft-Listen *Unter-Listen* als Listenelemente eingetragen, die sämtlich die Form "(station entfernung vorgänger)" besitzen.

In die *Erreicht-Liste* sollen als Listenelemente alle diejenigen Listen der Form "(station entfernung vorgänger)" eingetragen werden, für die "station" ein bereits als Nachfolger ermittelter Knoten ist, der jedoch bislang noch nicht expandiert wurde[7].

<u>Hinweis:</u> Zu Beginn der Bestwegsuche enthält die Erreicht-Liste folglich allein die Liste "(abfahrtsort 0 NIL)" als Listenelement.

In die *Geprüft-Liste* werden die Informationen über bereits expandierte Knoten "station" in der Form "(station entfernung vorgänger)" gesammelt.

<u>Hinweis:</u> Zu Beginn der Bestwegsuche ist die Geprüft-Liste somit gleich der leeren Liste "NIL".

Die grundsätzliche Vorgehensweise bei der Bestwegsuche besteht aus den folgenden Schritten:

- Ausgehend vom Abfahrtsort werden – schrittweise – Nachfolger expandierter Knoten ermittelt und in die Erreicht-Liste eingetragen. Dabei verbleiben bei jedem Verfahrensschritt allein diejenigen Stationen in der Erreicht-Liste, die noch Kandidat für eine Zwischenstation – im Hinblick auf die Minimierung der Gesamtentfernung – sind. Alle anderen, bereits expandierten Knoten werden in der Geprüft-Liste gesammelt.

- Letztlich wird die Bestwegsuche *erfolgreich* beendet, wenn ein expandierter Knoten aus der Erreicht-Liste identisch ist mit dem Ankunftsort. In diesem Fall läßt sich die Abfolge der Zwischenstationen der ermittelten IC-Verbindung über die Einträge in der Geprüft-Liste rekonstruieren.

<u>Hinweis:</u> Dabei ist zu beachten, daß die Reihenfolge der Unter-Listen in der Erreicht-Liste für den Ablauf der Bestwegsuche normalerweise unbedeutend ist. Eine Ausnahme liegt nur dann vor, wenn mehrere Knoten den gleichen, aktuell kürzesten Abstand zum

---

[7]Dabei kann es vorkommen, daß die gleiche Station mit verschiedenen Entfernungen oder Vorgängern in der Erreicht-Liste enthalten ist. Diese Knoten werden jedoch sukzessive entfernt.

Abfahrtsknoten haben. Wir könnten deshalb auch die Erreicht-Liste so aufbauen, daß z.B. die Unter-Listen aufsteigend nach ihrer Entfernung sortiert sind.

Wollen wir z.B. die IC-Verbindung von "ful" nach "ber" prüfen lassen, so haben wir die folgende Ausgangssituation:

$$\begin{aligned} &\text{Geprüft-Liste:} \quad \text{NIL} \\ &\text{Erreicht-Liste:} \quad (\ (\text{ful 0 NIL})\ ) \end{aligned}$$

Im weiteren Verlauf des Verfahrens zur Bestimmung der kürzesten IC-Verbindung von "ful" nach "ber" sind die folgenden Aktionen durchzuführen:

- Zunächst ist aus den Listenelementen der aktuellen Erreicht-Liste eine *Minimal-Liste* zu bestimmen. Diese Liste ist dadurch festgelegt, daß sie den *minimalen Knoten* – in Form des 1. Listenelements – als Station enthält. Dabei ist der minimale Knoten dadurch bestimmt, daß ihm die geringste Entfernungsangabe unter allen Knoten der Erreicht-Liste zugeordnet ist[8].

  Im Beispiel enthält die Erreicht-Liste nur ein Listenelement, so daß "ful" als minimaler Knoten und "(ful 0 NIL)" als zugehörige Minimal-Liste ermittelt wird.

- Anschließend ist zu prüfen, ob der Ankunftsort mit dem minimalen Knoten übereinstimmt[9]. Fällt diese Prüfung *positiv* aus, so ist die Bestwegsuche zu beenden, nachdem die Zwischenstationen, die zur ermittelten kürzesten IC-Verbindung gehören, mit Hilfe der Geprüft-Liste bestimmt sind.

  Im Beispiel stimmt der Ankunftsort "ber" nicht mit dem minimalen Knoten "ful" (aus der Minimal-Liste) überein, so daß das Verfahren fortzusetzen ist.

- Stimmt der Ankunftsort *nicht* mit dem minimalen Knoten überein, so ist für den minimalen Knoten zu prüfen, ob er Nachfolger besitzt.

  Im Beispiel ist "ful" als Schlüssel in der Assoziationsliste enthalten, so daß sich die Nachfolger "ham" und "mue" ermitteln lassen.

---

[8]Sofern es mehrere Knoten mit gleicher Entfernungsangabe gibt, wird der zuerst ermittelte Knoten weiter betrachtet.

[9]Dies kann bei der erstmaligen Prüfung nicht der Fall sein, sofern der Ankunftsort nicht mit dem Abfahrtsort übereinstimmt.

- Hat der minimale Knoten *keine* Nachfolger, so ist die zugehörige Minimal-Liste aus der Erreicht-Liste zu streichen und als weiteres Element in die Geprüft-Liste zu übernehmen.

  Da "ful" Nachfolger besitzt, braucht dieser Schritt im Beispiel nicht durchgeführt zu werden.

- Sofern Nachfolger zum minimalen Knoten existieren, ist für jeden Nachfolger eine *potentielle Minimal-Liste* wiederum in der Form "(station entfernung vorgänger)" aufzubauen. In diese Liste ist der Nachfolger, der (bisherige) minimale Knoten als Vorgänger und die neue Entfernung einzutragen. Dabei ergibt sich die neue Entfernung als Summe aus der Länge der Direktverbindung vom (bisherigen) minimalen Knoten zum Nachfolger und der aktuellen Entfernung in der (bisherigen) Minimal-Liste.

  Im Beispiel ergeben sich durch die Expandierung von "ful" als neue potentielle Minimal-Listen:

  potentielle Minimal-Listen: (ham 431 + 0 ful) (mue 394 + 0 ful)

- Um die (bisherige) Minimal-Liste zu sichern, ist sie als neues Element in die Geprüft-Liste aufzunehmen.

  Wenden wir diese Vorschrift auf unser Beispiel an, so erhalten wir als neue Geprüft-Liste:

  neue Geprüft-Liste: ((ful 0 NIL))

- Anschließend wird die bisherige Minimal-Liste in der Erreicht-Liste durch die Gesamtheit aller potentiellen Minimal-Listen ersetzt.

  Im Beispiel ergibt die Ersetzung der bisherigen Minimal-Liste "(ful 0 NIL)" durch die potentiellen Minimal-Listen "(ham 431 ful)" und "(mue 394 ful)" eine neue Erreicht-Liste in der Form:

  neue Erreicht-Liste (vor Löschung): ((ham 431 ful) (mue 394 ful))

- Daraufhin sind sämtliche Unter-Listen aus der Erreicht-Liste zu löschen, die – als 1. Listenelement – einen Stationsnamen enthalten, der bereits in der Geprüft-Liste enthalten ist. Dadurch wird die Erreicht-Liste so klein wie möglich gehalten. Dies ist möglich, weil sich der Weg zu den Stationen in der Geprüft-Liste nicht mehr verkürzen läßt, und sie somit nicht weiter betrachtet werden müssen.

  Im Beispiel ist die zuvor ermittelte Erreicht-Liste bereits in ihrer endgültigen Form, da die Station "ful" aus der Geprüft-Liste von allen Stationen der Erreicht-Liste verschieden ist und somit keine Löschungen in der Erreicht-Liste vorzunehmen sind. Also gilt:

neue Erreicht-Liste (nach Löschung): ((ham 431 ful) (mue 394 ful))

— Aus der Assoziationsliste ist die Unter-Liste zu entfernen, die aus dem minimalen Knoten und den zugehörigen direkt erreichbaren Stationen besteht[10].

Im Beispiel wird aus der Assoziationsliste die durch den Schlüssel "ful" gekennzeichnete Unter-Liste "(ful (mue 394) (ham 431))" gelöscht.

Insgesamt läßt sich der gesamte 1. Verfahrensschritt für die Suche nach der kürzesten IC-Verbindung von "ful" nach "ber" durch das folgende Schema zusammenfassen:

minimaler Knoten:	ful
Ankunftsort "ber" stimmt nicht mit "ful" überein	
Minimal-Liste:	(ful 0 NIL)
Nachfolger:	ham, mue
potentielle Minimal-Listen:	(ham 431 + 0 ful) (mue 394 + 0 ful)
neue Geprüft-Liste:	((ful 0 NIL))
neue Erreicht-Liste: (vor Löschung)	((ham 431 ful) (mue 394 ful))
neue Erreicht-Liste: (nach Löschung)	((ham 431 ful) (mue 394 ful))
aus der Assoziationsliste wird der Eintrag mit dem Schlüssel "ful" gelöscht	

Auf der Basis von

Geprüft-Liste: ((ful 0 NIL))
Erreicht-Liste: ((ham 431 ful) (mue 394 ful))

ergeben sich bei der Fortsetzung der Bestwegsuche die folgenden Werte:

minimaler Knoten:	mue
Ankunftsort "ber" stimmt nicht mit "mue" überein	
Minimal-Liste:	(mue 394 ful)
Nachfolger:	fra, ful
potentielle Minimal-Listen:	(fra 434 + 394 mue) (ful 394 + 394 mue)
neue Geprüft-Liste:	((mue 394 ful) (ful 0 NIL))
neue Erreicht-Liste: (vor Löschung)	((ham 431 ful) (fra 434 + 394 mue) (ful 394 + 394 mue))
neue Erreicht-Liste: (nach Löschung)	((ham 431 ful) (fra 828 mue))
aus der Assoziationsliste wird der Eintrag mit dem Schlüssel "mue" gelöscht	

---

[10]Dadurch wird jede Direktverbindung höchstens einmal untersucht.

Eine weitere Wiederholung des Verfahrensschrittes führt auf der Basis von

Geprüft-Liste: ((mue 394 ful) (ful 0 NIL))
Erreicht-Liste: ((ham 431 ful) (fra 828 mue))

zu den folgenden Ergebnissen:

minimaler Knoten:	ham
Ankunftsort "ber" stimmt nicht mit "ham" überein	
Minimal-Liste:	(ham 431 ful)
Nachfolger:	koe, ful, ber
potentielle Minimal-Listen:	(koe 463 + 431 ham) (ful 431 + 431 ham) (ber 291 + 431 ham)
neue Geprüft-Liste:	((ham 431 ful) (mue 394 ful) (ful 0 NIL))
neue Erreicht-Liste: (vor Löschung)	((koe 463 + 431 ham) (ful 431 + 431 ham) (ber 291 + 431 ham) (fra 828 mue))
neue Erreicht-Liste: (nach Löschung)	((fra 828 mue) (ber 722 ham) (koe 894 ham))
aus der Assoziationsliste wird der Eintrag mit dem Schlüssel "ham" gelöscht	

Im nächsten Verfahrensschritt wird festgestellt, daß der minimale Knoten
"ber" identisch mit dem Ankunftsort ist. Somit ist eine IC-Verbindung von
"ful" nach "ber" ermittelt, und die Bestwegsuche wird erfolgreich mit den
folgenden Listen beendet:

Minimal-Liste: (ber 722 ham)
Geprüft-Liste: ((ham 431 ful) (mue 394 ful) (ful 0 NIL))
Erreicht-Liste: ((fra 828 mue) (ber 722 ham) (koe 894 ham))

Aus der aktuellen Minimal-Liste ist abzulesen, daß "722" die Gesamtentfernung vom Abfahrtsort "ful" zum Ankunftsort "ber" ist. Aus der Minimal-
Liste können wir ferner erkennen, daß die Station "ham" die Vorgänger-
Station von "ber" ist. Mit dieser Station können wir dann anschließend –
durch "Zurückhangeln" innerhalb der Geprüft-Liste – die Zwischenstationen
bestimmen, die auf der ermittelten IC-Verbindung zum Abfahrtsort "ful" hin
vorliegen. Dabei zeigt sich, daß die Vorgänger-Station von "ham" identisch
mit dem Abfahrtsort "ful" ist. Somit ist "ham" die einzige Zwischenstation
auf der kürzesten IC-Verbindung von "ful" nach "ber".

Wir fassen die oben angegebenen Verfahrensschritte in dem folgenden Struktogramm zusammen:

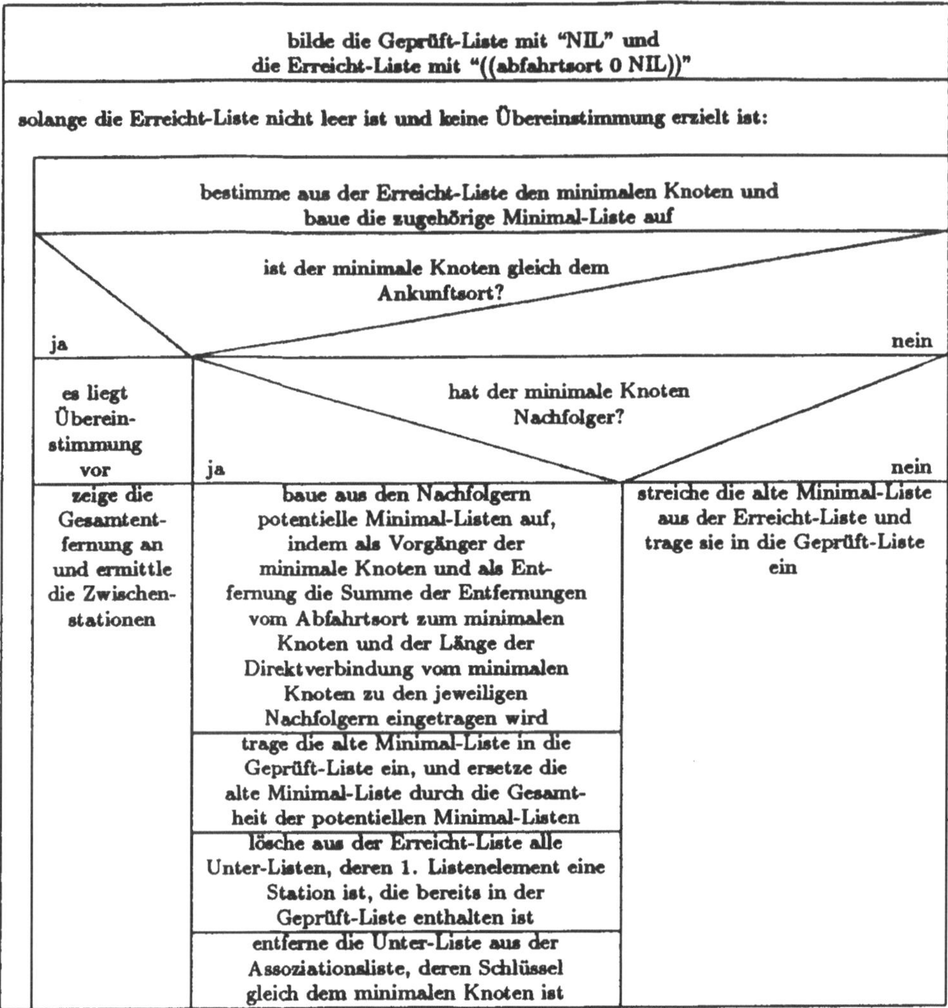

Die Anwenderfunktion "verbindung_best_rek"

Im folgenden sollen die Anwenderfunktionen angegeben werden, mit denen sich die oben beschriebene Bestwegsuche durchführen läßt. Bevor wir die Lösung in ihrer Gesamtheit darstellen, betrachten wir zunächst das Kernstück der Verarbeitung.

Die jeweils neue Erreicht-Liste wird zunächst durch den Einsatz der Systemfunktion "APPEND" aus den beiden folgenden Listen aufgebaut:

- aus der alten Erreicht-Liste ("erreicht_liste"), in der die (bisherige) Minimal-Liste ("min_liste") gelöscht ist, und

- aus den potentiellen Minimal-Listen.

Die jeweils neue Geprüft-Liste wird durch die Anwendung der Basisfunktion "CONS" auf die beiden folgenden Listen bestimmt:

- die alte Minimal-Liste ("min_liste") und

- die alte Geprüft-Liste ("geprueft_liste") .

Der Aufbau der neuen Erreicht-Liste läßt sich durch den Funktionsaufruf (unter Einsatz von noch zu entwickelnden Anwenderfunktionen "differenz", "loeschen" und "aktualisiere")

```
(differenz
    (APPEND (loeschen (CAR min_liste) erreicht_liste)
            (aktualisiere (CADR min_liste) nachbarn (CAR min_liste) NIL))
    (CONS min_liste geprueft_liste))
```

erreichen, sofern der Variablen "nachbarn" durch die Anforderung

```
(SETQ nachbarn (nachfolger (CAR min_liste) netz))
```

eine Liste mit den Nachfolgern zugordnet ist.
Sofern die Funktion "differenz" alle Unter-Listen in der Erreicht-Liste löscht, die einen Stationsnamen enthalten, der in einer Unter-Liste – als 1. Listen-element – innerhalb von Geprüft-Liste auftritt, läßt sich die – im Rahmen eines Verfahrensschrittes – erforderliche Verarbeitung mit den folgenden vier Argumenten fortsetzen:

```
(differenz
    (APPEND (loeschen (CAR min_liste) erreicht_liste)
            (aktualisiere (CADR min_liste) nachbarn
                                (CAR min_liste) NIL))
    (CONS min_liste geprueft_liste))
```

nach

```
(CONS min_liste geprueft_liste)

(ersetzen_in_liste
    NIL
    (ASSOC (CAR min_liste) netz)
    netz))
```

Dabei wird durch die Evaluierung des 1. Arguments die neue Erreicht-Liste aufgebaut. Das 2. Argument steht für den Ankunftsort. Durch die Evaluierung des 3. Arguments entsteht die neue Geprüft-Liste. Die Auswertung des 4. Arguments führt zur Löschung derjenigen Unter-Liste innerhalb der Assoziationsliste, die zum minimalen Knoten gehört. Mit diesen vier Argumenten stellt sich der rekursive Aufruf der Funktion "verbindung_best_rek" somit folgendermaßen dar:

```
(verbindung_best_rek
   (differenz
      (APPEND (loeschen (CAR min_liste) erreicht_liste)
              (aktualisiere (CADR min_liste) nachbarn
                                     (CAR min_liste) NIL))
      (CONS min_liste geprueft_liste))
   nach
   (CONS min_liste geprueft_liste)
   (ersetzen_in_liste
      NIL
      (ASSOC (CAR min_liste) netz)
      netz)) )
```

Da der angegebene Aufruf von "verbindung_best_rek" allein dann ausgeführt werden soll, wenn es zum jeweils aktuellen Knoten einen Nachfolger gibt, sollte die oben aufgeführte Anforderung

```
(SETQ nachbarn (nachfolger (CAR min_liste) netz))
```

als zugehöriger Testausdruck innerhalb einer Klausel der Konditionalform eingetragen werden.

In dieser Konditionalform sollten ferner alle erforderlichen weiteren Fallunterscheidungen enthalten sein, die den weiteren Ablauf des Verfahrens bestimmen.

Als möglicher Lösungsplan bietet sich die folgendermaßen vereinbarte rekursive Anwenderfunktion "verbindung_best_rek" an:

```
(DEFUN verbindung_best_rek (erreicht_liste nach geprueft_liste netz)
   (LET ( (min_liste (minimales_element erreicht_liste
                                   NIL
                                   (CADAR erreicht_liste)))
          (nachbarn NIL) )
     (COND
        ( (NULL erreicht_liste) NIL )
        ( (EQUAL (CAR min_liste) nach)
          (CONS (CADR min_liste) (verfolge (CADDR min_liste)
                                   geprueft_liste NIL)) )
```

```
(   (SETQ nachbarn (nachfolger (CAR min_liste) netz))
    (verbindung_best_rek
        (differenz
            (APPEND (loeschen (CAR min_liste) erreicht_liste)
                    (aktualisiere (CADR min_liste) nachbarn
                                  (CAR min_liste) NIL))
            (CONS min_liste geprueft_liste))
        nach
        (CONS min_liste geprueft_liste)
        (ersetzen_in_liste
            NIL
            (ASSOC (CAR min_liste) netz)
            netz)) )

    (        T        (verbindung_best_rek
                        (loeschen (CAR min_liste) erreicht_liste)
                        nach
                        (CONS min_liste geprueft_liste)
                        netz) )
    )
    )
)
```

Durch die 1. Klausel der Konditionalform wird der Fall behandelt, daß die
Erreicht-Liste keine Elemente mehr enthält. In diesem Fall kann keine IC-
Verbindung festgestellt werden.

Innerhalb der 2. Klausel wird untersucht, ob der minimale Knoten gleich dem
Ankunftsort ist, so daß durch die Anwenderfunktion "verfolge" die Liste mit
den Zwischenstationen ermittelt werden kann.

Die 3. Klausel beschreibt den bisher erläuterten Verfahrensablauf.

In der 4. Klausel wird "verbindung_best_rek" aufgerufen. Dabei wird vor
dem rekursiven Aufruf die Minimal-Liste aus der Erreicht-Liste gelöscht und
in die Geprüft-Liste übernommen, sofern der minimale Knoten keine Nachfolger besitzt.

Im folgenden stellen wir dar, wie sich die Bestwegsuche, die durch die rekursive Anwenderfunktion "verbindung_best_rek" beschrieben wird, in einen
Gesamtlösungsplan integrieren läßt.

<u>Lösung</u>

Zunächst betrachten wir den Rahmen, in dem der Dialog ablaufen soll. Um
den Abfahrtsort und den Ankunftsort im Dialog eingeben zu können, vereinbaren wir die Anwenderfunktion "ic_6" wie folgt:

```
(DEFUN ic_6 ()
   (LET ( (ergebnis NIL) (abfahrt NIL) (ankunft NIL) (nachbarn NIL))
      (PRINT 'Abfahrtsort:)
      (SETQ abfahrt (READ))
      (PRINT 'Ankunftsort:)
      (SETQ ankunft (READ))
      (SETQ ergebnis (verbindung_6 (LIST abfahrt 0 NIL) ankunft ic_netz))
      (COND
         ( (NULL ergebnis) 'ic_verbindung_existiert_nicht )
         ( (PRINT (LIST 'ic_verbindung_existiert 'abstand:
                     (CAR ergebnis)))
           (CONS 'zwischenstationen: (CDR ergebnis)) )
      )
   )
)
```

Durch den Aufruf von "ic_6" wird die Funktion "verbindung_6" evaluiert,
die die Bestwegsuche in der folgenden Form aktiviert:

```
(DEFUN verbindung_6 (von nach graph)
   (verbindung_best_rek (LIST von) nach NIL graph)
)
```

Die Funktion "verbindung_6" ruft ihrerseits die rekursive Anwenderfunktion
"verbindung_best_rek" auf, die wir oben wie folgt festgelegt haben:

```
(DEFUN verbindung_best_rek (erreicht_liste nach geprueft_liste netz)
   (LET ( (min_liste (minimales_element erreicht_liste
                                        NIL
                                        (CADAR erreicht_liste)))
          (nachbarn NIL) )
   (COND
      ( (NULL erreicht_liste) NIL )
      ( (EQUAL (CAR min_liste) nach)
        (CONS (CADR min_liste) (verfolge (CADDR min_liste)
                                   geprueft_liste NIL)) )

      ( (SETQ nachbarn (nachfolger (CAR min_liste) netz))
        (verbindung_best_rek
           (differenz
              (APPEND (loeschen (CAR min_liste) erreicht_liste)
```

```
                    (aktualisiere (CADR min_liste) nachbarn
                                   (CAR min_liste) NIL))
              (CONS min_liste geprueft_liste))
         nach
         (CONS min_liste geprueft_liste)
         (ersetzen_in_liste
            NIL
            (ASSOC (CAR min_liste) netz)
            netz)) )

    (     T       (verbindung_best_rek
                     (loeschen (CAR min_liste) erreicht_liste)
                     nach
                     (CONS min_liste geprueft_liste)
                     netz) )
    )
    )
  )
```

Zur Bestimmung des minimalen Knotens in der Erreicht-Liste definieren wir:

```
(DEFUN minimales_element (liste teil_liste entf)
   (COND ( (NULL liste) teil_liste )
         ( (<= (CADAR liste) entf)
           (minimales_element (CDR liste) (CAR liste) (CADAR liste)) )
         (    T     (minimales_element (CDR liste) teil_liste entf) )
   )
)
```

Um die Zwischenstationen vom Abfahrtsort zum Ankunftsort zu ermitteln,
soll die Geprüft-Liste wie folgt bearbeitet werden:

```
(DEFUN verfolge (vorg geprueft_liste stationen)
   (COND ( (EQUAL vorg NIL) (CDR (REVERSE stationen)) )
         (     T     (verfolge
                        (CADDR (ASSOC vorg geprueft_liste))
                        geprueft_liste
                        (APPEND  stationen (LIST vorg))) )
   )
)
```

Um die Nachfolger des minimalen Knotens zu ermitteln, vereinbaren wir:

```
(DEFUN nachfolger (von graph) (CDR (ASSOC von graph)) )
```

Der Aufbau der neuen Erreicht-Liste wird durch die folgenden Funktionen
namens "differenz" ("element"), "loeschen" und "aktualisiere" ("addiere")
durchgeführt:

```
(DEFUN differenz (liste_1 liste_2)
   (COND ( (NULL liste_1) NIL )
         ( (element (CAR liste_1) liste_2)
           (differenz (CDR liste_1) liste_2) )
         (     T    (CONS (CAR liste_1)
                          (differenz (CDR liste_1) liste_2)) )
   )
)
(DEFUN element (teil_liste liste)
   (COND ( (NULL liste) NIL )
         ( (EQUAL (CAR teil_liste) (CAAR liste))  T )
         (           T            (element teil_liste (CDR liste)) )
   )
)
```

Die Evaluierung der Funktion "differenz" entfernt aus der Liste, die als 1.
Argument angegeben ist, alle diejenigen Unter-Listen, die im 2. Argument
vorkommen.

Um die (alte) Minimal-Liste aus der Erreicht-Liste zu löschen, wird die folgende Funktion vereinbart:

```
(DEFUN loeschen (abfahrt a_liste)
   (COND ( (NULL a_liste) NIL )
         ( (EQUAL (ASSOC abfahrt a_liste) (CAR a_liste))
           (CDR a_liste) )
         (   T   (CONS (CAR a_liste)
                       (loeschen abfahrt (CDR a_liste))) )
   )
)
```

Durch die beiden folgenden Funktionen werden die potentiellen Minimal-
Listen aufgebaut:

```
(DEFUN aktualisiere (entf liste vorg liste_neu)
   (COND ( (NULL liste) liste_neu )
         (     T    (aktualisiere
                        entf
                        (CDR liste)
                        vorg
                        (CONS (addiere entf (CAR liste) vorg)
                              liste_neu)) )
   )
)
(DEFUN addiere (entf teil_liste vorg)
   (CONS (CAR teil_liste) (LIST (+ entf (CAR (CDR teil_liste))) vorg))
)
```

Um innerhalb der Assoziationsliste die Unter-Liste löschen zu können, auf
die der minimale Knoten als Schlüssel weist, vereinbaren wir die folgende
Funktion:

```
(DEFUN ersetzen_in_liste (neu alt liste)
   (COND ( (EQUAL alt liste) neu )
         ( (ATOM liste) liste )
         ( T  (CONS (ersetzen_in_liste neu alt (CAR liste))
                    (ersetzen_in_liste neu alt (CDR liste)))) )
   )
)
```

Ausführung

Entfernen wir in der oben angegebenen Anwenderfunktion "verbin-
dung_best_rek" die Kommentarangaben, so können wir den Ablauf der Bestwegsuche – bezogen auf die kürzeste IC-Verbindung von "ful" nach "ber" –
durch den folgenden Dialog nachvollziehen:

```
> (ic_6)
ABFAHRTSORT:
ful
ANKUNFTSORT:
ber
ERREICHT_LISTE
((FUL 0 NIL))
GEPRUEFT_LISTE
NIL
MIN_LISTE
(FUL 0 NIL)
ERREICHT_LISTE
((HAM 431 FUL) (MUE 394 FUL))
GEPRUEFT_LISTE
((FUL 0 NIL))
MIN_LISTE
(MUE 394 FUL)
ERREICHT_LISTE
((HAM 431 FUL) (FRA 828 MUE))
GEPRUEFT_LISTE
((MUE 394 FUL) (FUL 0 NIL))
MIN_LISTE
(HAM 431 FUL)
ERREICHT_LISTE
((FRA 828 MUE) (BER 722 HAM) (KOE 894 HAM))
GEPRUEFT_LISTE
((HAM 431 FUL) (MUE 394 FUL) (FUL 0 NIL))
MIN_LISTE
(BER 722 HAM)
(IC_VERBINDUNG_EXISTIERT ABSTAND: 722)
(ZWISCHENSTATIONEN: HAM)
```

Der folgende Dialog zeigt, wie das Verfahren der Bestwegsuche abläuft, wenn
keine IC-Verbindung festgestellt werden kann:

```
> (ic_6)
ABFAHRTSORT:
ham
ANKUNFTSORT:
lue
ERREICHT_LISTE
((HAM O NIL))
GEPRUEFT_LISTE
NIL
MIN_LISTE
(HAM O NIL)
ERREICHT_LISTE
((BER 291 HAM) (FUL 431 HAM) (KOE 463 HAM))
GEPRUEFT_LISTE
((HAM O NIL))
MIN_LISTE
(BER 291 HAM)
ERREICHT_LISTE
((FUL 431 HAM) (KOE 463 HAM) (DRE 471 BER))
GEPRUEFT_LISTE
((BER 291 HAM) (HAM O NIL))
MIN_LISTE
(FUL 431 HAM)
ERREICHT_LISTE
((KOE 463 HAM) (DRE 471 BER) (MUE 825 FUL))
GEPRUEFT_LISTE
((FUL 431 HAM) (BER 291 HAM) (HAM O NIL))
MIN_LISTE
(KOE 463 HAM)
ERREICHT_LISTE
((DRE 471 BER) (MUE 825 FUL) (MAI 648 KOE) (KAR 788 KOE))
GEPRUEFT_LISTE
((KOE 463 HAM) (FUL 431 HAM) (BER 291 HAM) (HAM O NIL))
MIN_LISTE
(DRE 471 BER)
ERREICHT_LISTE
((MUE 825 FUL) (MAI 648 KOE) (KAR 788 KOE))
GEPRUEFT_LISTE
((DRE 471 BER) (KOE 463 HAM) (FUL 431 HAM) (BER 291 HAM) (HAM O NIL))
MIN_LISTE
(MAI 648 KOE)
ERREICHT_LISTE
((MUE 825 FUL) (KAR 788 KOE) (FRA 686 MAI))
GEPRUEFT_LISTE
((MAI 648 KOE) (DRE 471 BER) (KOE 463 HAM) (FUL 431 HAM) (BER 291 HAM)
 (HAM O NIL))
MIN_LISTE
(FRA 686 MAI)
ERREICHT_LISTE
((MUE 825 FUL) (KAR 788 KOE) (STU 893 FRA) (MUE 1120 FRA))
GEPRUEFT_LISTE
((FRA 686 MAI) (MAI 648 KOE) (DRE 471 BER) (KOE 463 HAM) (FUL 431 HAM)
 (BER 291 HAM) (HAM O NIL))
```

```
MIN_LISTE
(KAR 788 KOE)
ERREICHT_LISTE
((MUE 825 FUL) (STU 893 FRA) (MUE 1120 FRA) (STU 879 KAR))
GEPRUEFT_LISTE
((KAR 788 KOE) (FRA 686 MAI) (MAI 648 KOE) (DRE 471 BER) (KOE 463 HAM)
 (FUL 431 HAM) (BER 291 HAM) (HAM 0 NIL))
MIN_LISTE
(MUE 825 FUL)
ERREICHT_LISTE
((STU 893 FRA) (STU 879 KAR))
GEPRUEFT_LISTE
((MUE 825 FUL) (KAR 788 KOE) (FRA 686 MAI) (MAI 648 KOE) (DRE 471 BER)
 (KOE 463 HAM) (FUL 431 HAM) (BER 291 HAM) (HAM 0 NIL))
MIN_LISTE
(STU 879 KAR)
ERREICHT_LISTE
NIL
GEPRUEFT_LISTE
((STU 879 KAR) (MUE 825 FUL) (KAR 788 KOE) (FRA 686 MAI) (MAI 648 KOE)
 (DRE 471 BER) (KOE 463 HAM) (FUL 431 HAM) (BER 291 HAM) (HAM 0 NIL))
MIN_LISTE
NIL
IC_VERBINDUNG_EXISTIERT_NICHT
```

Verwenden wir die ursprüngliche Form von "verbindung_best_rek" *mit* den
Kommentarangaben, so erhalten wir durch die Bestwegsuche z.B. die folgenden Anzeigen:

```
> (ic_6)
ABFAHRTSORT:
ful
ANKUNFTSORT:
ber
(IC_VERBINDUNG_EXISTIERT ABSTAND: 722)
(ZWISCHENSTATIONEN: HAM)
ABFAHRTSORT:
ham
ANKUNFTSORT:
mue
(IC_VERBINDUNG_EXISTIERT ABSTAND: 825)
(ZWISCHENSTATIONEN: FUL)
> (ic_6)
ABFAHRTSORT:
kar
ANKUNFTSORT:
fra
(IC_VERBINDUNG_EXISTIERT ABSTAND: 298)
(ZWISCHENSTATIONEN: STU)
> (ic_6)
ABFAHRTSORT:
fra
ANKUNFTSORT:
kar
(IC_VERBINDUNG_EXISTIERT ABSTAND: 298)
(ZWISCHENSTATIONEN: STU)
```

9.5 Aufgaben

Aufgabe 9.1
Definiere die Funktion "ASSOC_eigen"! Diese Funktion soll den folgenden
Dialog ermöglichen:

```
> (SETQ ic_netz '(((ham koe) 463) ((koe kar) 325)))
(((ham koe) 463) ((koe kar) 325))
> (ASSOC_eigen '(ham koe) ic_netz)
((HAM KOE) 463)
> (ASSOC_eigen '(ham bie) ic_netz)
NIL
```

Aufgabe 9.2
In zwei verschiedenen Assoziationslisten sollen jeweils für jeden Monat
Meßwerte enthalten sein. Die 1. Assoziationsliste soll die alten und die 2. Assoziationsliste soll die neuen Werte enthalten. Vereinbare Funktionen, durch
deren Evaluierung der Text "steigend", "fallend" oder "neutral" angezeigt
wird, je nachdem, wie sich die Meßwerte verändert haben!

Aufgabe 9.3
Vereinbare eine Funktion, die eine Liste von Paaren aus korrespondierenden Elementen zweier gleich langer Listen bildet und diese mit einer bereits
vorhandenen Assoziationsliste verkettet! So soll z.B. aus den beiden Listen
in den Formen "(paris london rom)" und "(frankreich england italien)" die
Liste ((paris frankreich) (london england) (rom italien))" gebildet werden.

Aufgabe 9.4
Gegeben sei der folgende Lageplan[11]:

---

[11] Wir setzen voraus, daß die Räume lediglich in der angegeben Richtung betreten werden
können.

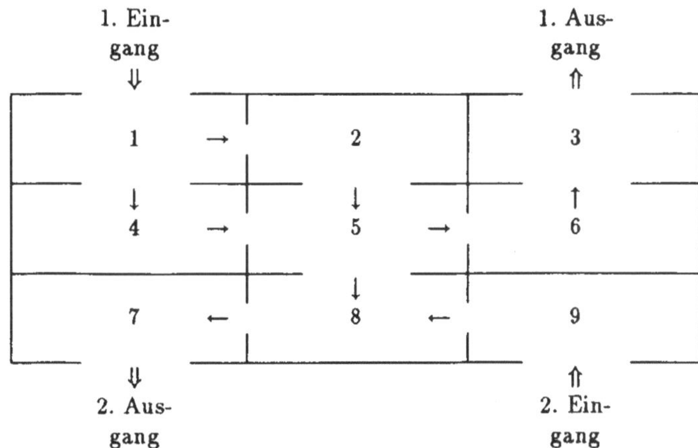

Überlege, wie diese Raumaufteilung, und die Übergänge durch eine Assoziationsliste dargestellt werden können! Entwickle eine Funktion zur dialog-
orientierten Eingabe dieser Liste! Entwickle weitere Funktionen, mit denen
sich untersuchen läßt, ob es jeweils einen Weg von einem der Eingänge zu
einem der Ausgänge gibt!

Anhang

A.1 Der LISP-Interpreter "XLISP"

<u>Bezug des LISP-Interpreters "XLISP"</u>

Der LISP-Interpreter "XLISP" wird als *Public Domain Software* zur Verfügung gestellt, d.h. er darf für nicht-kommerzielle Zwecke kostenlos eingesetzt werden. Wir schildern im folgenden, wie sich diese Software anfordern läßt, wenn man – als lokalen Rechner – einen Rechner mit dem Betriebssystem UNIX und einen Zugang zu dem Weitverkehrsnetz (WAN) "INTERNET" besitzt.

Nach der Eingabe des Kommandos "ftp" und der IP-Adresse "131.188.1.43" wird die Verbindung zu dem FTP-Server der Universität Erlangen aufgebaut, von dem die LISP-Software abgerufen werden kann. Dazu ist das *login* durch die Eingabe von "ftp" und der eigenen Domain-Adresse durchzuführen. Anschließend müssen wir uns – zur Zeit – durch "cd /mounts/epix/iwiftp/public/portal/lisp" in ein bestimmtes Verzeichnis positionieren und können daraufhin die Datei "xlisp.shar.Z" durch "get xlisp.shar.Z" anfordern.

Nach der Übertragung der Datei "xlisp.shar.Z" auf die Magnetplatte des lokalen Rechners beenden wir den Dateitransfer durch die Eingabe von "quit".

Aus dem Dateinamen kann anhand des Buchstabens "Z" abgeleitet werden, daß diese Datei komprimiert wurde. In diesem Fall ist die angeforderte Datei durch das UNIX-Kommando "uncompress" in der Form "uncompress xlisp.shar.Z" wieder zu dekomprimieren. Die dekomprimierte Datei steht dann unter dem Namen "xlisp.shar" zur Verfügung.

Da der Dateiname die Zeichenfolge "shar" ("shell archive") enthält, müssen wir diese Datei durch den Einsatz des UNIX-Kommandos "sh" in der Form "sh xlisp.shar" dearchivieren. Dadurch wird das Verzeichnis "xlisp" angelegt. Innerhalb dieses Verzeichnisses werden Dateien wie z.B. "xlisp.doc" (Dokumentation zu "XLISP") und "Makefile" (Datei mit UNIX-Kommandos zur Generierung des LISP-Interpreters) sowie die Datei "Read.Me" eingerichtet.

Nachdem die Angaben, die in der Datei "Makefile" gespeichert sind – wie z.B. Voreinstellungen für Verzeichnisnamen oder der Aufruf des C-Compilers (wie z.B. "cc" oder "xlc") –, auf die Rahmenbedingungen des lokalen Rechners angepaßt wurden, müssen die Kommandos in der Datei "Makefile" durch das UNIX-Kommando "make" ausgeführt werden.

Daraufhin steht der LISP-Interpreter "XLISP" (Version 2.0) im Verzeichnis "xlisp" zur Ausführung auf dem lokalen Rechner zur Verfügung.

<u>Hinweis:</u> Eine DOS-Version des LISP-Interpreters "XLISP" kann von der Universität Paderborn bezogen werden. Die Verbindung zum FTP-Server in Paderborn wird durch "ftp 131.234.2.32" eingerichtet. Anschließend kann das *login* durch die Eingabe von "ftp" und der eigenen Domain-Adresse durchgeführt werden. Nach der Eingabe des Kommandos "cd /msdos/xlisp" können wir nacheinander zwei Datei-Transfers durch "get xlsp21ex.zip" (Datei mit dem LISP-Interpreter "XLISP" in der Version 2.1) und "get xlispdoc.arc" (Dokumentation zu "XLISP") abrufen. Anschließend positionieren wir in ein bestimmtes Verzeichnis durch "cd /pcsoft/msdos/local". Innerhalb dieses Verzeichnisses sind die beiden Dearchivierungsprogramme "pkunzip.exe" und "pkxarc.exe" gespeichert, die wir durch "get pkunzip.exe" und "get pkxarc.exe" transferieren lassen können. Den Dateitransfer beenden wir durch die Eingabe von "quit". Durch den Einsatz der Dearchivierungsprogramme in den Formen "pkunzip xlsp21ex.zip" und "pkxarc xlispdoc.arc" wird der LISP-Interpreter "XLISP" unter dem Dateinamen "xlisp.exe" generiert und eine Beschreibung des LISP-Interpreters unter "xlisp.doc" abgelegt.

Start des LISP-Interpreters "XLISP"

Den LISP-Interpreter "XLISP" können wir durch die Eingabe von "xlisp" starten.

Nach dem Programmstart wird z.B. der Text

```
XLISP version 2.0, Copyright (c) 1988, by David Betz
```

und danach das Prompt-Symbol ">" am Bildschirm angezeigt. Anschließend kann im Dialog mit dem LISP-Interpreter "XLISP" gearbeitet werden. Dies bedeutet, daß nach der Eingabe einer Anforderung das Auswertungsergebnis am Bildschirm angezeigt wird, woraufhin durch eine neue Anforderung eine weitere Ergebnisausgabe abgerufen werden kann. Diese "READ-EVAL-PRINT"-Schleife läßt sich durch die Anforderung

```
(EXIT)
```

beenden. Hierdurch wird die Programmausführung von "XLISP" beendet, so daß – nach der Anzeige des Betriebssystem-Prompts – ein neues Betriebssystem-Kommando eingegeben werden kann.

Der Dialog mit dem LISP-Interpreter "XLISP" läßt sich somit durch das folgende Struktogramm beschreiben:

Anforderung über die Tastatur eingeben
wiederhole, bis die Anforderung "(EXIT)" eingegeben wird
Ausgabe des Ergebnisses auf dem Bildschirm
Anforderung über die Tastatur eingeben

Werden während des Dialogs Anwenderfunktionen vereinbart, so stehen diese Funktionen nach dem Dialogende nicht mehr zur Verfügung – es sei denn, daß sie zuvor durch eine Anforderung mit "SAVE" in eine Datei übertragen worden sind. Um diese Sicherung durchzuführen, ist der Dateiname – wie etwa "speicher" – wie folgt innerhalb der Anforderung aufzuführen:

```
(SAVE 'speicher)
```

Anschließend ist der aktuelle Bestand des Hauptspeichers von "XLISP" Inhalt der Datei "speicher.wks".

Soll der Inhalt dieser Datei zu einem späteren Zeitpunkt, etwa zu Beginn eines neuen Dialogs, wieder zum aktuellen Inhalt des Hauptspeichers werden, so ist die folgende Anforderung einzugeben:

```
(RESTORE 'speicher)
```

Sofern komplexe Anforderungen – wie z.B. Vereinbarungen von Anwenderfunktionen – gestellt werden sollen, ist es ratsam, diese Anforderungen zuvor mit einem Editierprogramm in eine Textdatei einzutragen und den Inhalt dieser Datei anschließend laden zu lassen. Dazu ist – während des Dialogs – eine Anforderung mit "LOAD" zu stellen.

Soll z.B. der Inhalt der Textdatei "pgm.lsp" geladen und zur Ausführung gebracht werden, so ist dies wie folgt anzufordern:

```
> (LOAD 'pgm.lsp)
```

Als Ergebnis dieser Anforderung wird

```
; loading "pgm.lsp"
T
```

am Bildschirm angezeigt.

<u>Hinweis:</u> Haben wir bei einer Funktionsvereinbarung eine schließende Klammer ")" ver-
gessen, so wird dies mit der Fehlermeldung

```
error: unexpected EOF
```

quittiert. Fehlt bei einer Funktion die erste öffnende Klammer "(" oder haben wir eine
schließende Klammer zuviel eingegeben, so erhalten wir z.B. die folgende Anzeige:

```
error: misplaced right paren
```

Das Laden einer Textdatei hat den Vorteil, daß fehlerhafte Anforderungen in
korrigierter Form nicht erneut in ihrer Gesamtheit über die Tastatur eingegeben werden müssen. Es genügt allein, den Dialog mit "XLISP" zu beenden,
die Korrektur in der Textdatei durchzuführen und anschließend den neuen
Inhalt der Textdatei dem LISP-Interpreter "XLISP" durch eine Anforderung
mit "LOAD" zu übergeben.

Soll der Inhalt der Textdatei "pgm.lsp" bereits zum Start des Interpreters
geladen und ausgeführt werden, so ist der Start durch das Kommando[1]

```
xlisp pgm.lsp
```

anzufordern.

Insgesamt läßt sich das Arbeiten mit einem Editierprogramm, das nicht innerhalb des Dialogs aktiviert werden kann, wie folgt beschreiben:

---

[1] Diese Eingabe läßt sich durch "xlisp pgm" abkürzen.

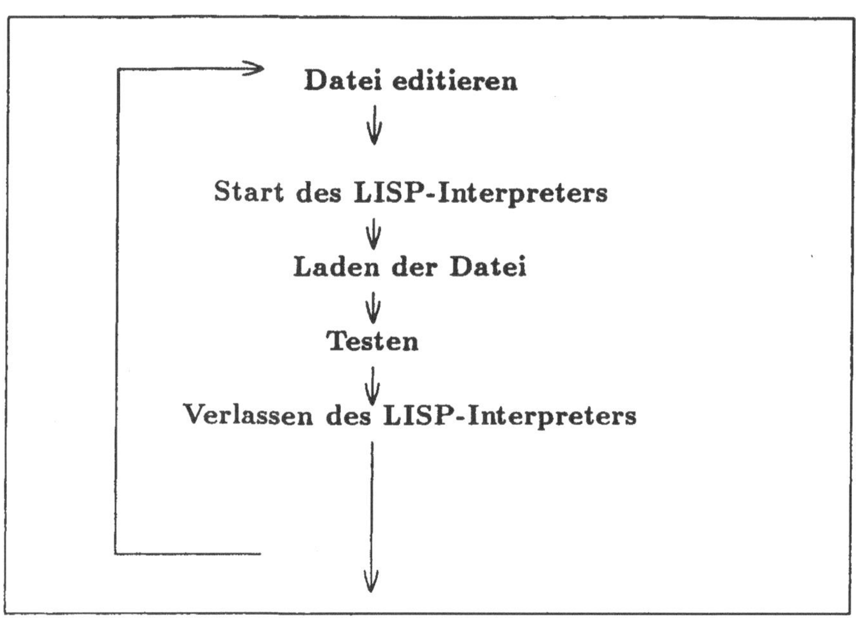

<u>Hinweis:</u> Bei einem "EMACS-Editor" wie z.B. "GNU Emacs" (Stallman, R.: GNU Emacs Manual, Fifth Edition, Free Software Foundation, Cambridge Mass., 1986) können innerhalb des Editors Funktionsdefinitionen eingegeben und Funktionen aufgerufen werden.

Es gibt LISP-Interpreter mit einer eigenen Programmierumgebung, die einen "internen Editor" enthält. "Interne Editoren" lassen sich während des Dialogs aktivieren, wobei die jeweils aktuelle Benutzerumgebung erhalten bleibt. Dabei kann eine Textdatei bearbeitet werden, deren Inhalt am Ende der Editierung automatisch in den Arbeitsspeicher geladen und bearbeitet wird. Dadurch entfällt der ansonsten erforderliche Neustart des LISP-Interpreters.

Bei vielen LISP-Interpretern besteht ferner die Möglichkeit, "Workspace-Editoren" zur unmittelbaren Änderung des Arbeitsspeicherinhalts einzusetzen. Dadurch sind die Änderungen sofort nach Verlassen des "Workspace-Editors" verfügbar, ohne daß eine Datei geladen werden muß.

A.2 Darstellung von Listen

Listen als Binärbäume

Innerhalb der vorliegenden Beschreibung sind Listen als Reihung von Listenelementen angegeben, deren erstes Listenelement durch die Klammer "(" eingeleitet und deren letztes Listenelement durch die Klammer ")" abgeschlossen wird. So kennzeichnet z.B. die Zeichenkette "(a b)" eine Liste mit den Listenelementen "a" und "b". Anstelle dieser *List-Notation* gibt es weitere Möglichkeiten, Listen darzustellen.

Als Alternative zur List-Notation läßt sich die "*Binärbaum-Darstellung*" einsetzen. Da es sich bei einem Binärbaum um einen Graphen handelt, bei dem jeder Knoten zwei Äste besitzt, läßt sich eine Liste als hierarchisch gegliederte Verkettung von "*CONS-Zellen*" beschreiben.

Die Liste "(a b)" kann wie folgt als Binärbaum angegeben werden:

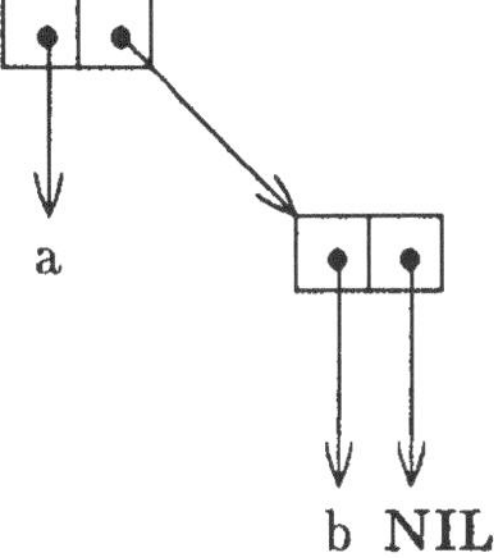

In dieser Darstellung ist jede CONS-Zelle in Form eines Kästchens mit zwei Fächern angegeben. Das jeweils linke Fach wird als "*CAR-Zelle*" und das jeweils rechte Fach als "*CDR-Zelle*" bezeichnet. Die CAR-Zelle sowie die CDR-Zelle verweisen jeweils auf ein Atom bzw. auf eine weitere CONS-Zelle.

Jeder Verweis wird durch einen Pfeil gekennzeichnet. Auf ein Atom wird stets durch einen senkrechten Pfeil verwiesen. Wird dagegen auf eine CONS-Zelle gezeigt, so wird der zugehörige Pfeil "schräg nach rechts unten" bzw. "schräg nach links unten" angegeben.

Da die Liste "(a b)" durch den Dialog

```
> (CONS 'a (CONS 'b NIL))
(A B)
```

erhalten wird, läßt sich insgesamt die folgende Entsprechung feststellen:

- Durch die Evaluierung der Basisfunktion "CONS" wird eine CONS-Zelle erzeugt.

- Die CAR-Zelle innerhalb der CONS-Zelle zeigt auf das jeweils 1. Argument des Funktionsaufrufs von "CONS".

- Die CDR-Zelle innerhalb der CONS-Zelle weist auf das jeweils 2. Argument des Funktionsaufrufs von "CONS".

- Der innere Aufruf von "CONS" korrespondiert mit der unteren CONS-Zelle, und der äußere Aufruf von "CONS" wird durch die obere CONS-Zelle verkörpert.

- Da das 2. Argument des inneren Aufrufs von "CONS" gleich "NIL" ist, verweist die CDR-Zelle der zugehörigen CONS-Zelle auf das spezielle Atom "NIL".

Grundsätzlich gilt:

- Werden Listen, die in der List-Notation angegeben sind, durch die Basisfunktion "CONS" aufgebaut, so verweisen die CDR-Zellen entweder auf eine andere CONS-Zelle oder aber auf das spezielle Atom NIL.

Für eine in der Binärbaum-Darstellung angegebene Liste läßt sich der Tatbestand, daß eine Variable an diese Liste – etwa die Variable "var_1" an die Liste "(a b)" – gebunden ist, wie folgt darstellen:

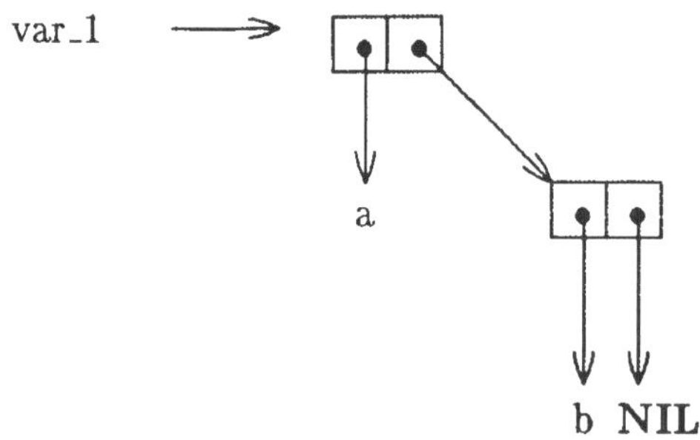

Diese Zuordnung läßt sich durch den folgenden Dialog erreichen:

```
> (SETQ var_1 (CONS 'a (CONS 'b NIL)))
(A B)
```

Durch die Evaluierung dieser Anforderung verweist die Variable "var_1" auf die zuletzt erzeugte CONS-Zelle, d.h. auf die CONS-Zelle, die durch den letzten Aufruf der Basisfunktion "CONS" gebildet wurde.

Die Systemfunktion EQ

Setzen wir den Dialog in der Form

```
> (SETQ var_2 (CONS 'a (CONS 'b NIL)))
(A B)
```

fort, so verweist die Variable "var_2" – in der Binärbaum-Darstellung – auf eine völlig *gleichartige* Struktur wie die Variable "var_1".

Von entscheidender Bedeutung ist, daß die beiden Variablen *nicht* an *dieselbe* CONS-Zelle gebunden sind. Somit haben sie *keine identische* Binärbaum-Darstellung.

Anders ist dies beim folgenden Dialog:

```
> (SETQ var_1 (CONS 'a (CONS 'b NIL)))
(A B)
> (SETQ var_2 var_1)
(A B)
```

Nach diesem Dialog haben wir die folgende Situation:

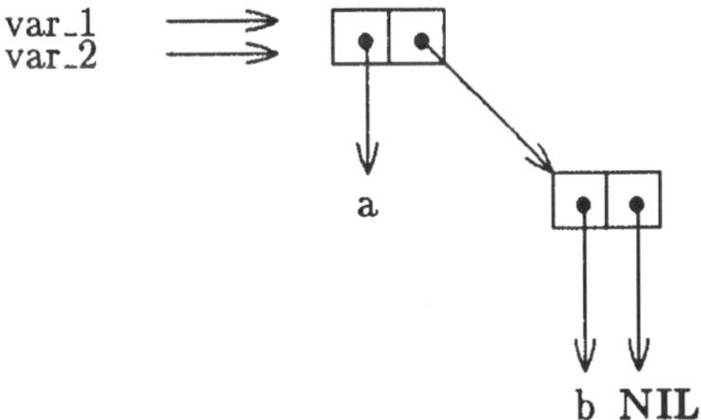

Hinweis: Durch die 2. Anforderung mit "SETQ" wird *keine* neue CONS-Zelle eingerichtet, sondern es wird allein ein weiterer Verweis auf eine bereits bestehende CONS-Zelle vorgenommen.

Ob zwei Variable an *dieselbe* CONS-Zelle gebunden sind, läßt sich durch die Systemfunktion "EQ" feststellen, die in der folgenden Form einsetzbar ist:

```
> (EQ var_2 var_1)
T
```

Es wird geprüft, ob die beiden Variablen auf ein und dieselbe CONS-Zelle verweisen. Ist dies – wie im dargestellten Fall – zutreffend, so wird das spezielle Atom "T" angezeigt. Andernfalls wird das spezielle Atom "NIL" als Ergebnis der Evaluierung ermittelt.

Bei einer Anforderung mit der Systemfunktion "EQ" lassen sich nicht nur zwei Variable als Argumente einsetzen. Allgemein ist die folgende Form zulässig:

> **(EQ ausdruck_1 ausdruck_2)**

Bei der Evaluierung von "EQ" wird geprüft, ob die S-Ausdrücke, die sich aus der Evaluierung der beiden Argumente ergeben, eine *identische* Binärbaum-Darstellung besitzen. Ist dies der Fall, so ist "T" das Funktionsergebnis. Andernfalls resultiert der Funktionsaufruf von "EQ" zu "NIL".

Somit gilt z.B.:

```
> (SETQ var_1 1)
1
> (SETQ var_2 1)
1
> (EQ var_2 var_1)
T
> (SETQ var_1 '(1))
(1)
> (SETQ var_2 '(1))
(1)
> (EQ var_2 var_1)
NIL
```

Da durch die beiden letzten Anforderungen mit "SETQ" zwar eine gleichartige, aber nicht *dieselbe* Binärbaum-Darstellung vorliegt, wird "EQ" zu "NIL" evaluiert.

Hinweis: Listen, die über die Tastatur in gleicher List-Notation eingegeben werden, haben niemals identische CONS-Zellen und liefern deshalb auch bei der Anwendung der Systemfunktion "EQ" niemals den Wahrheitswert "T". Dies können wir z.B. prüfen, wenn wir eine Anforderung in der Form "(EQ (READ) (READ))" stellen und nacheinander z.B. Listen in der Form " '(a b)" und " '(a b)" – als Argumente von "READ" – eingeben.

Grundsätzlich können wir folgendes festhalten:

- Während die Basisfunktion "EQUAL" (siehe Abschnitt 3.1) zum Mustervergleich von S-Ausdrücken eingesetzt wird, läßt sich mit der Systemfunktion "EQ" prüfen, ob die jeweils korrespondierenden Binärbaum-Darstellungen identisch sind.

  <u>Hinweis:</u> Setzen wir "EQ" zum Vergleich numerischer Atome ein, so erhalten wir bei gleichen Atomen den Wert "T" als Ergebnis angezeigt.

- Liefert die Anwendung von "EQ" den Wert "T", so wird dieser Wert auch als Ergebnis erhalten, wenn "EQUAL" anstelle von "EQ" eingesetzt wird.

- Liefert dagegen die Anwendung der Basisfunktion "EQUAL" den Wahrheitswert "T", so ist nicht garantiert, daß dieses Ergebnis auch beim Einsatz von "EQ" erhalten wird.

<u>Hinweis:</u> Die unterschiedliche Wirkungsweise von "EQ" und "EQUAL" ist zu berücksichtigen, sofern die Systemfunktionen "MEMBER" (siehe Kapitel 7) oder "ASSOC" (siehe Kapitel 9) eingesetzt werden. Wird nämlich bei diesen beiden Systemfunktionen keine Angabe zur Art des Vergleichs gemacht, so wird die Überprüfung bei den meisten LISP-Interpretern standardmäßig unter Einsatz von "EQ" vorgenommen. Soll stattdessen ein Mustervergleich durch "EQUAL" durchgeführt werden, so sind beim Aufruf von "MEM-BER" bzw. "ASSOC" die Zeichenketten ":TEST 'EQUAL" als letzte Argumente anzugeben.
Daher gilt z.B.:

```
> (MEMBER '(a b) '((a b)))
NIL
> (ASSOC '(a b) '(((a b) 1) ((c d) 2)))
NIL
> (MEMBER '(a b) '((a b)) :TEST 'EQUAL)
((A B))
> (ASSOC '(a b) '(((a b) 1) ((c d) 2)) :TEST 'EQUAL)
((A B) 1)
```

Speicherung von Listen

Durch die Funktion "EQ" läßt sich die Gleichheit bzw. Unterschiedlichkeit von S-Ausdrücken sehr effizient prüfen. Dies ist auch von praktischer Bedeutung, weil das oben vorgestellte Modell der Binärbaum-Darstellung bei der rechnerinternen Speicherung von Listen verwendet wird.

Beim Aufbau von Listen werden die CONS-Zellen als Speicherzellen in einem bestimmten Teil des Hauptspeichers eingerichtet. Dieser Bereich, den man

Arbeitsspeicher nennt, wird beim Start des LISP-Interpreters automatisch vom Betriebssystem angefordert.

Die durch das Modell der Binärbaum-Darstellung gekennzeichnete interne Repräsentation von Listen hat ihren Ursprung in der Wortstruktur, die auf dem IBM-Rechner "IBM/704" zur Speicherung von Werten verwendet wurde.[1] Als man auf diesem Rechner einen der ersten LISP-Interpreter implementierte, wurde in der CAR-Zelle innerhalb einer CONS-Zelle eine Speicheradresse gespeichert, die auf eine Speicherzelle wies, in der entweder ein Atom oder aber eine andere CONS-Zelle eingetragen war. Entsprechend war in der CDR-Zelle eine Adresse auf eine andere CONS-Zelle bzw. ein Hinweis auf das spezielle Atom NIL angegeben. Im Hinblick auf diese Speicherorganisation sind die Begriffe "CAR" und "CDR" entstanden – "CAR" steht als Abkürzung für "contents of *address* portion of *register*" und "CDR" als Abkürzung für "contents of *decrement* portion of *register*".

Der Arbeitsspeicher eines LISP-Interpreters besteht somit aus einer Sammlung von Speicherzellen, die jeweils zwei Adressen ("Zeiger") auf andere Zellen sowie einige Bits zur Typidentifikation und zur Verwaltung der betreffenden Zelle enthalten. Diese Speicherzellen werden vom LISP-Interpreter jeweils nach Bedarf vom Betriebssystem angefordert.

Während der Evaluierung von Anforderungen können zuvor belegte Speicherzellen dadurch wiederverwendbar werden, daß auf sie kein Zeiger aus einer anderen Zelle mehr zeigt. Damit sind sie fortan unzugänglich, so daß der durch sie belegte Speicherbereich allein durch eine gesamte *Speicherbereinigung* (engl.: garbage collection) wieder verfügbar wird.

Eine derartige Speicherbereinigung wird vom LISP-Interpreter in gewissen Zeitabständen entweder automatisch durchgeführt oder läßt sich durch eine Anforderung in der Form "(gc)" abrufen.

Punkt-Listen

Im Hinblick auf die oben beschriebene Form der Speicherablage von Listen ist erkennbar, daß sich die Funktion einer CDR-Zelle erweitern läßt. Bei der Ablage von Listen (in Listen-Notation) zeigt der Inhalt einer CDR-Zelle grundsätzlich entweder auf eine CONS-Zelle oder auf das spezielle Atom

---

[1]Dabei ist ein Wort eine Folge von Zeichen, die – im Hinblick auf die Adressierung des Speichers – als *eine* Einheit betrachtet wird.

"NIL". Diese Einschränkung läßt sich dadurch aufheben, daß CDR-Zellen auch auf beliebige Atome weisen dürfen.

Zum Beispiel ist eine Verweisstruktur denkbar, bei der die CAR-Zelle einer CONS-Zelle etwa auf das Atom "a" und die CDR-Zelle ebenfalls auf ein Atom wie etwa "b" zeigt. Dies stellt sich wie folgt dar:

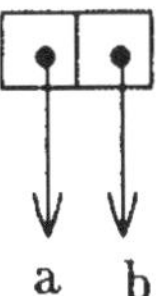

Es ist möglich, diese Struktur mit Hilfe der Basisfunktion "CONS" aufzubauen. Dazu läßt sich die folgende Anforderung stellen:

```
(CONS 'a 'b)
```

Als Ergebnis dieser Anforderung wird die folgende Zeichenkette vom LISP-Interpreter angezeigt[2]:

```
(A . B)
```

Die oben angegebene Struktur wird "*Punkt-Liste*" (Paarliste, engl.: "dotted pair list") genannt, und die zugehörige Notation in Form der Zeichenkette "(A . B)" wird als "*Punkt-Notation*" bezeichnet.

Punkt-Listen bestehen generell aus geordneten Paaren von S-Ausdrücken. Die beiden S-Ausdrücke werden durch einen Punkt "." getrennt und von einem Klammerpaar eingeschlossen.

Hinweis: Soll die Anzahl der notwendigen CONS-Zellen zur Darstellung einer Punkt-Liste wie z.B. "(a . b)" ermittelt werden, so läßt sich die Systemfunktion "LENGTH" in der Form "(LENGTH '(a . b))" einsetzen.

Ein weiteres Beispiel für eine Punkt-Liste stellt die Zeichenkette

```
(3 . (h . (23 . min) ) )
```

---

[2]Bei der Angabe von Punkt-Listen ist zu beachten, daß links und rechts vom Punkt "." ein Leerzeichen "⊔" stehen muß, damit ein Punkt nicht fälschlicherweise als Dezimalpunkt einer Gleitkommazahl oder als Zeichen innerhalb eines symbolischen Atoms interpretiert wird.

dar, deren Struktur wie folgt durch CONS-Zellen beschrieben werden kann:

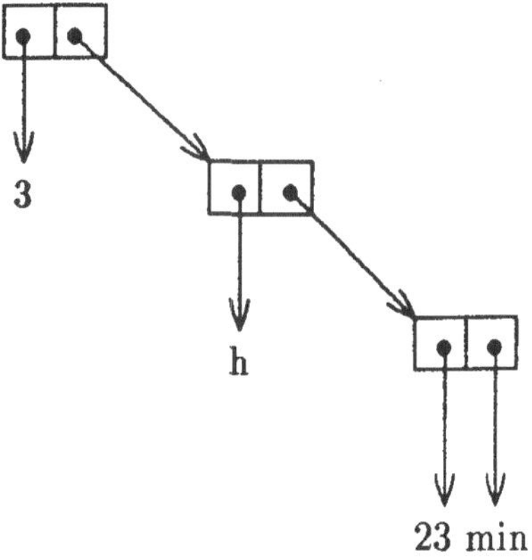

Um diese Struktur mit Hilfe der Basisfunktion "CONS" aufzubauen, ist der folgende Dialog zu führen:

```
> (CONS 3 (CONS 'h (CONS 23 'min)))
(3 H 23 . MIN)
```

Die Anzeige von "(3 h 23 . min)" stimmt nicht mit der oben gewählten Schreibweise "(3 . (h . (23 . min)))" überein. Dies liegt daran, daß der LISP-Interpreter immer dann eine *Mischform* der List-Notation und der Punkt-Notation wählt, wenn die Anzeige dadurch übersichtlicher wird.

Grundsätzlich läßt sich die List-Notation einer Liste wie folgt in eine Punkt-Notation überführen:

- Besteht eine Liste nur aus *einem* Element "listen_element", so ist die List-Notation "(listen_element)" in die Punkt-Notation "(listen_element . NIL)" umzuformen.

- Enthält eine Liste mehr als ein Element, so wird das erste (am weitesten links) stehende Listenelement zum linken Teil einer Liste in Punkt-Notation, und die zugehörige Restliste wird zum rechten Teil. Diese Vorschrift ist auf den linken und den rechten Teil rekursiv anzuwenden, sofern es sich bei diesen Teilen um Listen mit mehreren Elementen handelt. Ansonsten ist nach der zuvor angegebenen Vorschrift für die Umwandlung einer einelementigen Liste zu verfahren.

- Die Umwandlung ist beendet, wenn kein Teil einer Liste mehr in List-Notation vorliegt.

Beispiele für Listen in List-Notation und deren äquivalente Darstellung in Punkt-Notation sind in der folgenden Tabelle gegenübergestellt:

List-Notation:	Punkt-Notation:
(a)	(a . NIL)
(a b)	(a .(b . NIL))
((a))	((a . NIL) . NIL)
(((a b)))	(((a .(b . NIL)) . NIL) . NIL)
(a (b) c)	(a .((b . NIL) .(c . NIL)))
(a (b ((c))))	(a .((b ((c . NIL) . NIL)) . NIL))
(NIL NIL NIL)	(NIL .(NIL .(NIL . NIL)))
(((a) b) (c) d)	(((a . NIL) .(b . NIL)) .((c . NIL) .(d . NIL)))

Allgemein gilt, daß jeder S-Ausdruck in List-Notation sich in eine äquivalente Darstellung in Form einer Punkt-Notation umwandeln läßt[3]. Umgekehrt kann jedoch *nicht* jeder S-Ausdruck, der in Punkt-Notation angegeben ist, in eine entsprechende List-Notation übergeführt werden. Wie wir oben gezeigt haben, läßt sich z.B. die Punkt-Liste "(a . b)" nicht in List-Notation schreiben.

<u>Hinweis:</u> Eine Liste in Punkt-Notation läßt sich allein dann in eine dazu äquivalente List-Notation umformen, wenn gilt:
Handelt es sich bei einem rechten Teil der Liste in Punkt-Notation um ein Atom, so muß es das spezielle Atom "NIL" sein. Dies ist gleichbedeutend damit, daß sich Listen, deren CDR-Zellen weder auf eine CONS-Zelle noch auf "NIL" verweisen, *nicht* in einer äquivalenten List-Notation darstellen lassen.

Punkt-Listen beliebiger Struktur lassen sich durch den Einsatz der Basisfunktion "CONS" aufbauen. So können wir z.B. die Punkt-Liste

((3 . h) (23 . min))

durch den folgenden Dialog erhalten:

---

[3] Eine Ausnahme ist die leere Liste.

```
> (CONS (CONS 3 'h) (CONS (CONS 23 'min) NIL))
((3 . H) (23 . MIN))
```

Die Verschachtelung des Aufrufs von "CONS" korrespondiert unmittelbar
mit der Binärbaum-Darstellung, die sich wie folgt beschreiben läßt:

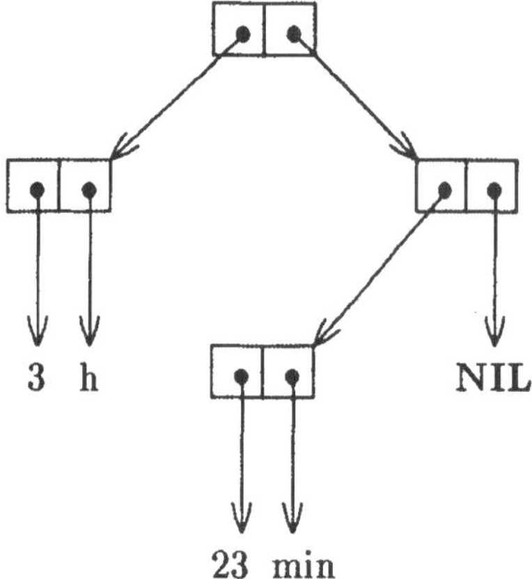

Der nachfolgende Dialog zeigt die Verarbeitung von Listen in List-Notation
und Punkt-Notation:

```
> (CDAR (CONS (CONS 3 'h) (CONS (CONS 23 'min) NIL)))
H
> (CADAR '((3 h) (23 min)))
H
> (CDAR '((3 h) (23 min)))
(H)
> (SETQ var_1 (CONS '3 (CONS 'h (CONS 23 (CONS 'min NIL)))))
(3 H 23 MIN)
> (SETQ var_2 (CONS '3 (CONS 'h (CONS 23 'min))))
(3 H 23 . MIN)
> (CDR (CDR (CDR var_1)))
(MIN)
> (CDR (CDR (CDR var_2)))
MIN
> (CDR (CDR (CDR (CDR var_1))))
NIL
> (EQUAL '(a) '(a . b))
NIL
> (EQUAL '(a) '(a . nil))
T
```

Lösungsteil

Lösung 1.1

1. (+ (+ (+ 1 2) 3) 4)

2. (* (* (* 1 2) 3) 4)

Bei einigen LISP-Interpretern kann die arithmetische Summations- und Multiplikationsfunktion auch mehr als 2 Argumente haben. Gegebenenfalls müssen anstelle der Funktionsnamen "+" und "*" die Funktionsnamen "PLUS" bzw. "MULT" verwendet werden. Somit lassen sich auch folgende Anforderungen stellen:

1. (+ 1 2 3 4)   oder   (PLUS 1 2 3 4)

2. (* 1 2 3 4)   oder   (MULT 1 2 3 4)

Lösung 1.2

1. Es wird *ganzzahlig* dividiert.

2. Es wird *nicht*-ganzzahlig dividiert.

3. Es wird *nicht*-ganzzahlig dividiert, da durch den Einsatz der Funktion "FLOAT" das Argument "3" *vor* der Anwendung der Funktion "/" in eine reellwertige Größe umgewandelt wird.

Lösung 1.3

Durch die 2. Anforderung wird die Variable "a" an den neuen Zahlen-Wert "5" gebunden, so daß der ursprünglich gebundene Wert "10" nicht mehr zur Verfügung steht. Dabei wird zwischen "a" und "A" nicht unterschieden.

Lösung 1.4

1. Bei einer Anforderung erwartet der LISP-Interpreter – nach der "("-Klammer – *immer* einen Funktionsnamen oder den Namen einer Spezialform. Intern wird "a" in "A" umgewandelt.

2. Das Argument "a" kann nicht evaluiert werden, da die Variable "a" bislang an keinen Ausdruck gebunden wurde. Intern wird der Variablenname "a" in den Namen "A" umgewandelt.

Lösung 1.5

1. Es erfolgt eine Fehlermeldung der Form:

```
error: unbound variable - ZEIT
```

Dies liegt daran, daß die Variable "zeit" – an der 1. Argumentposition von "+" – zum Zeitpunkt ihrer Evaluierung an keinen Ausdruck gebunden ist.

2. Der LISP-Interpreter zeigt den Wert "360" als Ergebnis an. Dies liegt daran, daß durch die Evaluierung der Spezialform "SETQ" – im 1. Argument der Funktion "+" – die Variable "zeit" an den Wert "180" gebunden wird. Die sich anschließende Evaluierung des Arguments "zeit", die bei der Evaluierung der Summationsfunktion vorgenommen wird, führt zum Wert "180", so daß der Summenwert "360" angezeigt wird.

Lösung 1.6

Durch die 1. Anforderung wird die Variable "minuten" an den Wert "195" gebunden. Bei der 2. Anforderung wird der Wert "195", der durch die Evaluierung von "minuten" ermittelt wird, der Variablen "zeit" zugeordnet. Durch die beiden letzten Anforderungen werden die den Variablen "minuten" und "zeit" zugeordneten Werte "195" und "195" angezeigt.

Lösung 1.7

Dies leistet die folgende Anforderung:

```
(/ (+ 80 (SQRT (FLOAT (- (* 80 80) (* 4 (* 30 10)))) ))
   (* 2 30))
```

Lösung 1.8

```
1. (+ (* 2 (* x x)) (+ (* 3 x) 4))
2. (+ (* x (+ (* 2 x) 3)) 4)
```

254

Lösung 2.1

Das Argument "operator" wird als Funktionsname bzw. als Name einer Spezialform interpretiert, ohne daß eine Evaluierung dieses S-Ausdrucks vorausgeht.

Lösung 2.2

Die Variable "s_ausdruck" ist an die Liste "((a) (b))" gebunden.

Lösung 2.3

Zum Beispiel in der Form:

```
> (SETQ liste '( ( (a b c) ( (d e f) (g h i) ) ) (j) k) )
(((A B C) ((D E F) (G H I))) (J) K)
> (CAR (CDR (CDAAR liste)))
C
```

Lösung 2.4

Es ergibt sich der folgende Dialog:

```
1. > (CAR '((a) b (c)))        2. > (CAR '(NIL NIL NIL NIL))
   (A)                            NIL
   > (CDR '((a) b (c)))           > (CDR '(NIL NIL NIL NIL))
   (B (C))                        (NIL NIL NIL)
3. > (CAR '(NIL))              4. > (CAR NIL)
   NIL                            NIL
   > (CDR '(NIL))                 > (CDR NIL)
   NIL                            NIL
```

Lösung 2.5

```
 1. (A)                         2. (NIL)
 3. (NIL)                       4. ((A) B)
 5. (A)                         6. (A B C)
 7. ((A B) C)                   8. ((A B C))
 9. ((A) (B) (C))              10. (1 + 2)
11. (+ (2 3) 5)               12. (30 70)
```

Lösung 2.6

1. Dies liegt daran, daß die Liste "(b c)" als Aufruf der Funktion "b" mit dem Argument "c" interpretiert wird. Geben wir "(CONS 'a '(b c))" ein, so erhalten wir die Liste "(a b c)" als Ergebnis.

2. Die Variable "c" ist an keinen Wert gebunden. Wird dagegen "(SETQ c 1000)" und "(LIST 'a 'b c)" als Anforderung – in dieser Reihenfolge – eingegeben, so wird die Liste "(a b 1000)" als Ergebnis der Funktion "LIST" angezeigt.

Lösung 4.1

```
(CONS arg_1 (CONS arg_2 (CONS arg_3 NIL)))
```

Lösung 4.2

Zum Beispiel sind die folgenden Lösungen möglich:

```
1. (DEFUN polynom_1 (x)
      (+ (+ (* 2 (* x x)) (* 3 x)) 4) )
2. (DEFUN polynom_2 (x)
      (+ (* x (+ (* 2 x) 3)) 4) )
```

Lösung 4.3

```
1. (T T NIL NIL NIL)
2. (NIL T T T NIL)
3. (NIL NIL NIL T T)
```

Lösung 4.4

Durch die Evaluierung der Funktion "bestimme" erhalten wir die positive Differenz zwischen "x" und "y", d.h. $| x - y |$.

Lösung 4.5

Bei der Auswertung der Initialisierungsliste der Spezialform "LET" werden die Listenelemente nicht sequentiell von links nach rechts, sondern parallel evaluiert. Erst nachdem alle Werte berechnet wurden, werden die Variablen "var_1" und "var_2" an den Wert "4" gebunden.

256

Wir erhalten keine Fehlermeldung angezeigt, wenn wir – vor der vorletzten
")"-Klammer – die Anforderung "(ergebnis (SQRT (– var_1 var_2)))" als
einzige Anforderung im LET-Rumpf aufführen.

Lösung 4.6

Diese Anforderung liefert die Liste "(100 20000 100 40000)" als Ergebnis.
Setzen wir zusätzliche Variablennamen ein, so läßt sich das Ergebnis dieser Anforderung leichter nachvollziehen. Somit können wir z.B. auch die
folgende Anforderung formulieren:

```
(LET ( (x 100) )
    (LIST x
          (LET ( (var_1 (* x x)) ) (+ var_1 var_1))
          x
          (LET ( (var_2 (+ x x)) ) (* var_2 var_2))
    )
)
```


Lösung 4.7

Wir erhalten den Zahlen-Wert "65" angezeigt.

Lösung 4.8

Wir erhalten den Zahlen-Wert "– 4" als Ergebnis angezeigt. Dabei sind die
Variablen "x", "y" und "z" an die folgenden Werte gebunden:

vor dem Aufruf von funkt_1:	x:=2; y, z ungebunden
während des Aufrufs von funkt_1:	x:=2; y:=3; z ungebunden
während des Aufrufs von funkt_2:	x:=2; y:=2
	Funktionsergebnis: 4
während des Aufrufs von funkt_3:	y:=4; z:=3
	Funktionsergebnis: 8
nach dem Aufruf von funkt_1:	x:=2; y, z ungebunden
	Funktionsergebnis: −4

Lösung 4.9

Durch die Anforderung "(berechne 3)" ist zunächst der Funktionsrumpf von "berechne" in der Form "(summe (+ 3 1) (* 3 2))" zu evaluieren.

Dazu wird der formale Parameter "a" durch das Argument "3" ersetzt. Somit erhalten wir:

```
(summe (+ 3 1) (* 3 2))
```

Die Auswertung dieser Anforderung erfolgt in drei Schritten. Zunächst müssen "(+ 3 1)" und "(* 3 2)" ausgewertet werden, um die Argumente von "summe" zu erhalten. Daraufhin kann die Evaluierung der Funktion "summe" mit den Argumenten "4" und "6" erfolgen. Diese Zahlen-Werte werden dann für die formalen Parameter "x" und "y" im Rumpf von "summe" eingesetzt.

Dadurch reduziert sich der Funktionsrumpf von "summe" zu der Anforderung:

```
(+ (quadrat 4) (quadrat 6))
```

Setzen wir den Funktionsrumpf von "quadrat" ein, so wird

```
(+ (* 4 4) (* 6 6))
```

erhalten. Nach der Ausführung der Multiplikationen verbleibt eine Anforderung der Form

```
(+ 16 36)
```

und es wird abschließend der Zahlen-Wert "52" als Funktionsergebnis von "(berechne 3)" angezeigt.

Lösung 6.1

Alle Anforderungen mit der Spezialform "AND" haben als Ergebniswert den Wert, der sich aus der Evaluierung des letzten Arguments ergibt. Dies setzt voraus, daß - von links nach rechts - keines der Argumente den Wert "NIL" liefert. In den Anforderungen der Aufgabenstellung führt die Auswertung der anderen Argumente, wie z.B. " 'a", jeweils zu einem Wert *ungleich* "NIL".

Die Anforderungen mit der Spezialform "OR" liefern den Wert des Arguments, das erstmalig einen anderen Wert als "NIL" liefert. Somit wird z.B. als Ergebnis der 4. Anforderung der Wert angezeigt, der aus der Evaluierung von " 'a" resultiert. Dabei erfolgt keine Auswertung der rechts von " 'a" stehenden Argumente.

Lösung 6.2

```
1. (DEFUN NOT_eigen (x) (COND (x NIL) (T T)))
2. (DEFUN AND_eigen (x y z) (COND ((NOT x) NIL) ((NOT y) NIL) (T z)))
3. (DEFUN OR_eigen (x y z) (COND (x) (y) (T z)))
```

Lösung 6.3

```
   1. (DEFUN positiv_2 (x)
        (AND (NUMBERP x) (> x 0)) )
   2. (DEFUN hauptstadt_2 (x)
        (OR   ( AND (EQUAL x 'paris)  'frankreich )
              ( AND (EQUAL x 'london) 'england   )
              ( AND (EQUAL x 'rom)    'italien    )
              'unbekannt
        )
      )
```

Lösung 6.4

```
   (DEFUN summe_1 (zahl wert)
      (COND ( (EQUAL zahl 0) wert )
            (     T         (summe_1 (- zahl 1) (+ wert zahl)) )
      )
   )
```

In dieser Funktion dient der Parameter "wert" als Akkumulatorvariable. Zur Berechnung der Summe aus den ganzen Zahlen von "1" bis "5" können wir eine Anforderung in der Form "(summe_1 5 0)" stellen. Dabei werden *vor* jedem rekursiven Aufruf von "summe_1" die beiden Parameter "wert" und "zahl" addiert und von "zahl" der Zahlen-Wert "1" subtrahiert. Somit haben wir bei jedem rekursiven Aufruf im 2. Argument von "summe_1" jeweils aktuelle Werte für die Zwischensumme. Beim 1. rekursiven Aufruf hat das 2. Argument den Zahlen-Wert "5", beim 2. rekursiven Aufruf den Wert "9" usw. Dies können wir prüfen, indem wir die Systemfunktion "BREAK" in der Form "(BREAK)" – innerhalb von "summe_1" – vor der Spezialform "COND" eintragen und den Wert des Parameters "wert" sukzessiv abfragen. Soll eine Funktion mit einem Argument das gleiche Ergebnis wie "summe_1" liefern, so können wir die folgende Funktion vereinbaren:

```
(DEFUN summe_2 (zahl)
   (COND ( (EQUAL zahl 0) 0)
         (      T        (+ zahl (summe_2 (- zahl 1))) )
   )
)
```

Anschließend können wir diese Funktion z.B. durch "(summe_2 5)" zur Ausführung bringen.

Dabei wird während der Evaluierung von "summe_2" die Addition fortlaufend – durch die rekursiven Aufrufe von "summe_2" – zurückgestellt. So muß z.B. bei der Berechnung der Summe von "1" bis "5" zunächst die Summe bis "4" bestimmt werden, und anschließend wird zu diesem Ergebnis der Zahlen-Wert "5" addiert. Vor der Berechnung der Summe bis zum Zahlen-Wert "4" wird die Summe bis "3" bestimmt und anschließend zu diesem Ergebnis der Zahlen-Wert "4" addiert usw. Erst wenn der Parameter "zahl" den Wert "0" hat, wird zum erstenmal eine Addition durchgeführt. Somit muß sich der LISP-Interpreter die Argumente der Additionen merken, die er später ausführen muß.

Lösung 6.5

```
(DEFUN multipliziere (x y)
   (COND ( (EQUAL x 1) y )
         (      T       (+ y (multipliziere (- x 1) y)) )
   )
)
```

Lösung 6.6

Die Zahlenfolge der Fibonacci-Zahlen[4] ist die Lösung einer Aufgabe, die auf Leonardo von Pisa um das Jahr 1220 zurückgeht: Ein Kanninchenpaar soll einmal im Monat ein Paar Nachkommen (das jeweils aus einem Männchen und einem Weibchen besteht) bekommen und es soll einen Monat dauern, bis sich die neuen Paare fortpflanzen. Wieviele Kanninchen gibt es dann nach n Monaten?

---

[4]Zum Einsatz von Fibonacci-Zahlen in der Informatik: siehe z.B. Knuth, D. E.: The Art of Computer Programming, Vol. I, Reading, Mass., Addison Wesley 1968.

Bei der Berechnung der Fibonacci-Zahlen gehen wir von der folgenden rekursiven Regel aus:

$$F_0 = 1$$
$$F_1 = 2$$
$$F_n = F_{n-1} + F_{n-2}$$

Setzen wir diese Regel um, so erhalten wir die folgende Anwenderfunktion:

```
(DEFUN fibonacci_1 (n)
   (COND ( (= n 1) 1 )
         ( (= n 2) 1 )
         ( T      (+ (fibonacci_1 (- n 1))
                     (fibonacci_1 (- n 2))) )
   )
)
```

Diese Funktion "fibonacci_1" ruft sich bei jedem rekursiven Aufruf zweimal auf. Dabei werden die Additionen der Ergebnisse der beiden Argumente "(fibonacci_1 (- n 1))" und "(fibonacci_1 (- n 2))" jeweils zurückgestellt.

Beim Einsatz dieser Funktion werden einige Werte doppelt berechnet. So wird zum Beispiel für "n=5" die 1. Fibonacci-Zahl dreimal und die 2. Fibonacci-Zahl zweimal berechnet. Dabei werden keine Zwischenwerte festgehalten. Dieser Nachteil läßt sich dadurch beheben, daß wir die rekursive Funktion "fibo_hilf" im Rumpf der nicht-rekursiven Funktion "fibonacci_2" aufrufen. In die Parameterliste von "fibo_hilf" setzen wir die beiden zusätzlichen Parameter "x" und "y" ein. Dabei soll − im Laufe der Evaluierung von "fibo_hilf" − "x" an die zuletzt berechnete Fibonacci-Zahl und "y" an die vorletzte Fibonacci-Zahl gebunden werden. Insgesamt haben wir die folgenden Funktionen:

```
(DEFUN fibonacci_2 (n)
   (fibo_hilf 1 0 n)
)
(DEFUN fibo_hilf (x y n)
   (COND ( (= n 1) x )
         ( T     (fibo_hilf (+ x y) x (- n 1)) )
   )
)
```

Setzen wir – innerhalb von "fibo_hilf" – vor der Spezialform "COND" die Systemfunktion "BREAK" in der Form "(BREAK)" ein, so können wir sehen, daß die Parameter "x" und "y" – nach dem 1. rekursiven Aufruf – immer an eine Fibonacci-Zahl gebunden sind.

Den Ablauf der beiden Funktionen "fibonacci_1" und "fibonacci_2" ("fibo_hilf") und die jeweiligen Parameter können wir auch durch den Einsatz der Spezialform "TRACE" verfolgen.

Lösung 6.7

Sofern z.B. die S-Ausdrücke "(3 h 23 min)" und "(5 h 12 min)" – in dieser Reihenfolge – in der Datei "test.lsp" gespeichert sind, kann etwa der folgende Dialog geführt werden:

```
> (SETQ daten (OPEN "test.lsp" :DIRECTION :INPUT))
#<File-Stream: #58b43998>
(DEFUN einlesen (datei)
   (LET ( (s_ausdruck (READ datei)) )
      (COND ( (NULL s_ausdruck) 'datei_ende )
            ( (PRINT s_ausdruck) (einlesen datei) )
      )
   )
 )
EINLESEN
> (einlesen daten)
(3 H 23 MIN)
(5 H 12 MIN)
DATEI_ENDE
> (CLOSE daten)
NIL
```

Dabei ist zu beachten, daß das Dateiende durch die Ausgabe von "NIL" angezeigt wird. Enthält eine Datei, auf die wir mit der Funktion "einlesen" zugreifen wollen, die leere Liste als Datum, so werden nur die S-Ausdrücke gelesen, die vor der leeren Liste gespeichert sind.

Lösung 6.8

Die Systemfunktionen "NULL" und "NOT" liefern bei ihrer Anwendung auf die gleichen Argumente die gleichen Ergebnisse. Die Systemfunktion

"NOT" sollte – bei einem guten Programmierstil – allein zur Negation und die Systemfunktion "NULL" allein zur Prüfung von Listen eingesetzt werden.

Lösung 7.1

Die Systemfunktion "LENGTH" läßt sich z.B. wie folgt nachbilden:

```
(DEFUN LENGTH_eigen (liste)
   (COND ( (EQUAL NIL liste) 0 )
         ( T   (+ 1 (LENGTH_eigen (CDR liste)))) )
   )
)
```

Lösung 7.2

Beim LISP-Interpreter "XLISP" erhalten wir die folgenden Ergebnisse:

Argumente		Ergebnisse der Evaluierungen der Funktionen mit den Argumenten "a_1" und "a_2":		
a_1	a_2	(CONS a_1 a_2)	(CAR (CONS a_1 a_2))	(CDR (CONS a_1 a_2))
(a b)	(1 2)	((a b) 1 2)	(a b)	(1 2)
a	b	(a . b)	a	b
a	(b 1)	(a b 1)	a	(b 1)
(a b)	1	((a b) . 1)	(a b)	1
		(LIST a_1 a_2)	(CAR (LIST a_1 a_2))	(CDR (LIST a_1 a_2))
(a b)	(1 2)	((a b) (1 2))	(a b)	((1 2))
a	b	(a b)	a	(b)
a	(b 1)	(a (b 1))	a	((b 1))
(a b)	1	((a b) 1)	(a b)	(1)
		(APPEND a_1 a_2)	(CAR (APPEND a_1 a_2))	(CDR (APPEND a_1 a_2))
(a b)	(1 2)	(a b 1 2)	a	(b 1 2)
a	b	b	Fehlermeldung	Fehlermeldung
a	(b 1)	(b 1)	b	(1)
(a b)	1	(a b . 1)	a	(b . 1)

Lösung 7.3

```
(DEFUN MEMBER_eigen (element liste)
   (COND ( (EQUAL NIL liste) liste )
         ( (EQUAL element (CAR liste)) liste )
         (         T        (MEMBER_eigen element (CDR liste)) )
   )
)
```

Lösung 7.4

```
(DEFUN index (n)
  (COND
    ( (> 1 n) NIL )
    ( T (APPEND (index (- n 1)) (LIST n)) )
  )
)
```

Lösung 7.5

```
(DEFUN zaehle_tiefe (liste)
  (COND ( (EQUAL NIL liste) 0 )
        ( (ATOM liste)      0 )
        (     T  (maximum (+ 1 (zaehle_tiefe (CAR liste)))
                 (zaehle_tiefe (CDR liste))) )
  )
 )

(DEFUN maximum (wert_1 wert_2)
  (COND ( (< wert_1 wert_2) wert_2 )
        (          T        wert_1 )
  )
)
```

Lösung 7.6

```
1. (DEFUN zaehle_atom_1 (liste)
     (COND ( (EQUAL NIL liste) 0 )
           ( (ATOM liste) 1 )
           ( T (+ (zaehle_atom_1 (CAR liste))
                  (zaehle_atom_1 (CDR liste))) )
     )
   )

2. (DEFUN zaehle_atom_2 (liste)
     (COND ( (EQUAL NIL liste) 0 )
           ( (ATOM liste) 1)
           ( T (APPLY '+ (MAPCAR 'zaehle_atom_2 liste)) )
     )
   )

3. (DEFUN zaehle_atom_3 (liste)
     (COND ( (ATOM liste) 1 )
           ( T (EVAL (CONS '+ (MAPCAR 'zaehle_atom_3 liste))) )
     )
   )
```

Lösung 7.7

```lisp
(DEFUN pruefe_atom (atom liste)
   (COND ( (EQUAL NIL liste) NIL )
         ( (ATOM liste)  (EQUAL atom liste) )
         ( T    (OR (pruefe_atom atom (CAR liste))
                    (pruefe_atom atom (CDR liste))) )
   )
)
```

Lösung 7.8

```lisp
(DEFUN zaehle_vorkommen (atom liste)
    (COND ( (ATOM liste)
            (COND ( (EQUAL atom liste) 1 )
                  (       T          0 )
            )
          )
          ( T (EVAL (CONS '+ (MAPCAR
                                (LAMBDA (liste_1)
                                   (zaehle_vorkommen atom liste_1))
                                liste)
                    )
              )
          )
    )
)
```

Lösung 7.9

```lisp
(DEFUN APPEND_eigen (vorder_liste hinter_liste)
   (COND ( (EQUAL NIL vorder_liste) hinter_liste )
         ( (OR (ATOM vorder_liste) (ATOM hinter_liste))
           'keine_Listen )
         (   T  (CONS (CAR vorder_liste)
                      (APPEND_eigen (CDR vorder_liste)
                                    hinter_liste)) )
   )
)
```

Lösung 7.10

```
1. (DEFUN REVERSE_eigen_1 (liste)
     (COND ( (EQUAL NIL liste) NIL )
           ( T  (APPEND_eigen (REVERSE_eigen_1 (CDR liste))
                              (CONS (CAR liste) NIL)) )
     )
   )

   (DEFUN APPEND_eigen (vorder_liste hinter_liste)
      (COND ( (EQUAL NIL vorder_liste) hinter_liste )
            ( (OR (ATOM vorder_liste) (ATOM hinter_liste))
              'keine_Listen )
            ( T (CONS (CAR vorder_liste)
                      (APPEND_eigen (CDR vorder_liste)
                                    hinter_liste)) )
      )
   )

2. (DEFUN REVERSE_eigen_2 (liste_1 liste_2)
      (COND ( (EQUAL NIL liste_1) liste_2 )
            (    T   (REVERSE_eigen_2 (CDR liste_1)
                                      (CONS (CAR liste_1) liste_2)))
      )
   )
```

Wollen wir mit "REVERSE_eigen_2" z.B. die Liste "(a b c)" invertieren, so müssen wir eine Anforderung in der Form "(REVERSE_eigen_2 '(a b c) NIL)" stellen.

Lösung 7.11

```
(DEFUN palindrom (liste)
   (EQUAL liste (REVERSE liste))
)
```

Lösung 7.12

```
1. (DEFUN skalar_1 (vektor_1 vektor_2)
     (EVAL (CONS '+ (MAPCAR '* vektor_1 vektor_2)))
   )

2. (DEFUN skalar_2 (vektor_1 vektor_2)
     (APPLY '+ (MAPCAR '* vektor_1 vektor_2))
   )
```

266

Lösung 7.13

```
(DEFUN vergangen (satz)
  (COND ( (EQUAL satz 'bin) 'war )
        ( (EQUAL satz 'sind) 'waren )
        ( (EQUAL satz 'ist) 'war )
        ( (EQUAL satz 'hier) 'dort )
        (      T              satz )
  )
)
(MAPCAR 'vergangen '(ich bin hier))
```

Lösung 7.14

```
(DEFUN auswerten (x)
  (COND ( (NUMBERP x) x )
        (      T        (operator (CADR x)
                                  (auswerten (CAR x))
                                  (auswerten (CADDR x))) )
  )
)
(DEFUN operator (op x y)
  (COND ( (EQUAL op '+) (+ x y) )
        ( (EQUAL op '-) (- x y) )
        ( (EQUAL op '*) (* x y) )
        ( (EQUAL op '/) (/ (FLOAT x) (FLOAT y)) )
        (      T        'fehlerhafter_Ausdruck )
  )
)
```

Lösung 7.15

```
1. (DEFUN aufloesen_1 (liste)
     (COND
         ( (NULL liste) NIL )
         ( (ATOM liste) (LIST liste) )
         (      T   (APPEND (aufloesen_1 (CAR liste))
                            (aufloesen_1 (CDR liste))) )
     )
   )

2. (DEFUN aufloesen_2 (liste)
     (COND
         ( (NULL liste) NIL )
         ( (ATOM liste) (LIST liste) )
```

```
           (    T  (APPLY 'APPEND (MAPCAR 'aufloesen_2 liste)) )
        )
   )
```

Lösung 7.16

```
   (DEFUN mobile (liste)
      (COND ( (ATOM liste) liste )
            (      T       (pruefe (CAR liste)
                                   (mobile (CADR liste))
                                   (mobile (CADDR liste))) )
      )
   )
   (DEFUN pruefe (wurzel links rechts)
      (AND links
           rechts
           (= links rechts)
           (+ wurzel links rechts)
      )
   )
```

Lösung 7.17

```
   (LET ( (var_1 s_ausdruck_1)
          (var_2 s_ausdruck_2) )
          rumpf
   )
```

Lösung 8.1

```
   (DEFUN eintragen (stadt_1 stadt_2)
     (LET ( (von_stadt_1 (GET stadt_1 'nachbarn))
            (von_stadt_2 (GET stadt_2 'nachbarn)) )
       (COND ( (NOT (MEMBER stadt_2 von_stadt_1))
               (SETF (GET stadt_1 'nachbarn)
                     (CONS stadt_2 von_stadt_1)) )

       )
       (COND ( (NOT (MEMBER stadt_1 von_stadt_2))
               (SETF (GET stadt_2 'nachbarn)
                     (CONS stadt_1 von_stadt_2)) )
       )
     )
   )
```

Mit dem Einsatz dieser Funktion können wir den folgenden Dialog führen:

```
> (eintragen 'ham 'koe)
(HAM)
> (GET 'koe 'nachbarn)
(HAM)
> (GET 'ham 'nachbarn)
(KOE)
> (eintragen 'ham 'koe)
NIL
```

Lösung 9.1

```
(DEFUN ASSOC_eigen (schluessel a_liste)
   (COND ( (NULL a_liste) NIL )
         ( (EQUAL schluessel (CAAR a_liste)) (CAR a_liste) )
         (    T   (ASSOC_eigen schluessel (CDR a_liste)) )
   )
)
```

Lösung 9.2

```
(SETQ reihe_1 '((jan 500) (feb 300) (maerz 100)))
(SETQ reihe_2 '((jan 400) (feb 500) (maerz 100)))
(DEFUN trend (schluessel reihe_1 reihe_2)
   (LET ( (differenz (- (suchen schluessel reihe_1)
                        (suchen schluessel reihe_2))) )
      (COND ( (< differenz 0) 'steigend )
            ( (> differenz 0) 'fallend  )
            (        T        'neutral  )
      )
   )
)
```

```
(DEFUN suchen (key a_liste)
   (COND ( (ASSOC key a_liste) (CADR (ASSOC key a_liste)) )
         (          T                'falscher_schluessel      )
   )
)
```

Lösung 9.3

```
(DEFUN verkette (liste_1 liste_2 a_liste)
   (COND ( (NULL liste_1) a_liste )
         (          T
          (CONS (LIST (CAR liste_1) (CAR liste_2))
                (verkette (CDR liste_1) (CDR liste_2) a_liste)) )
   )
)
```

Lösung 9.4

Für die Eingabe des Lageplans können wir die folgenden Funktionen vereinbaren:

```
(DEFUN eingabe ()
   (PRIN1 'Gib_Uebergaenge:)
   (SETQ plan (bau_liste_2 (READ)))
)
(DEFUN bau_liste_2 (liste_1)
   (COND ( (EQUAL liste_1 NIL) liste_1 )
         (    T    (CONS liste_1 (bau_liste_2 (READ))) )
   )
)
```

Nach dem Aufruf von "eingabe" und der schrittweisen Eingabe von Unter-Listen wie z.B. ""(raum_5 raum_2 raum_4)" erhalten wir – nach der abschließenden Eingabe von "()" – eine Liste in der Form

```
((eingang_1)(eingang_2)(raum_1 eingang_1)(raum_2 raum_1)
(raum_3 raum_6) (raum_4 raum_1)(raum_5 raum_2 raum_4)
(raum_6 raum_5)(raum_7 raum_8)(raum_8 raum_5)
(raum_9 eingang_2)(ausgang_1 raum_3)(ausgang_2 raum_7))
```

angezeigt. Somit gibt z.B. "(raum_5 raum_2 raum_4)" an, daß "raum_5" direkt durch eine der Türen der beiden Vorzimmer "raum_2" oder "raum_4" erreichbar ist. "raum_2" kennzeichnet den Übergang zu "raum_5" durch die 1. Tür und "raum_4" den Übergang durch die 2. Tür.

Zur Feststellung, ob es einen Weg zwischen einem Startraum und einem Zielraum oder zwischen einem der Ausgänge und einem der Eingänge gibt, setzen wir die folgenden Funktionen ein:

```
(DEFUN tuer_1 (raum)
   (CADR (ASSOC raum plan))
)
(DEFUN tuer_2 (raum)
   (CADDR (ASSOC raum plan))
)
(DEFUN vorzimmer (raum)
   (vereinige (AND (tuer_1 raum) (LIST (tuer_1 raum)))
              (AND (tuer_2 raum) (LIST (tuer_2 raum)))
   )
)
(DEFUN vereinige (liste_1 liste_2)
   (COND ( (NULL liste_1) liste_2)
         ( (MEMBER (CAR liste_1) liste_2)
           (vereinige (CDR liste_1) liste_2) )
         (         T
           (CONS (CAR liste_1) (vereinige (CDR liste_1) liste_2)) )
   )
)
(DEFUN weg (ziel start)
(PRIN1 ziel) (PRINC " ")
   (COND ( (NULL ziel) NIL )
         ( (MEMBER start (vorzimmer ziel)) T  )
         (       T       (OR (weg (tuer_1 ziel) start)
                             (weg (tuer_2 ziel) start)) )
   )
)
```

Durch den Aufruf der Funktion "weg" z.B. in der Form "(weg 'ausgang_1 'eingang_1)" erreichen wir, daß ausgehend von "ausgang_1" *rückwärts* ein Weg zu "eingang_1" gesucht wird.

<u>**Literaturverzeichnis:**</u>

Abelson H., Sussman G.J.: Struktur und Interpretation von Computerprogrammen, Springer Verlag, Berlin 1991.

Betz D. M.: XLISP: An Object-oriented Lisp, Dokumentation, 1988.

Henderson P.: Functional programming, Application and Implementation, Prentice/Hall International, 1980.

Hofstadter D.R: Metamagicum, Klett-Cotta, Stuttgart, 1988.

Leckebusch J.: Lisp – Die Programmiersprache der KI-Profis, München, Systhema Verlag, 1988.

Steele G.L., Fahlman S.E. et al.: Common LISP – The language, Digital Press, Digital Equipment Corp., 1984.

Stoyan H., Görz G.: LISP – Eine Einführung in die Programmierung, Springer Verlag, Berlin, 1986.

Tanimoto S.L.: The elements of artificial intelligence, an introduction using LISP, Computer Science Press Inc., 1987.

Touretzky D.S.: LISP – A Gentle Introduction to Symbolic Computation, Harper & Row Publishers, New York, 1984.

Winston P.H., Horn B.K.P: LISP, 3rd Edition, Addison-Wesley Publ. Co., Reading Mass., 1989.

Index

:TEST 142, 246

A-Liste 210
Abbruchkriterium 124, 126
Absolutbetrag 23
aktueller Parameter 65
AND 118f.
Anforderung 2
Anfügen von Listen 143
anonyme Funktion 164
Anwenderfunktion 62ff.
APPEND 143
APPLY 160
Arbeitsspeicher 247
arithmetische Funktion 6, 23ff.
ASSOC 211f.
Assoziationsliste 210ff.
Atom 6, 28, 31, 44
ATOM 53f.
atomarer Ausdruck 6
atomarer S-Ausdruck 53
Ausgabe 86ff.
Auswertungsreihenfolge 22

Basisfunktion 62
Baum 186
Bedingung 53
Bestwegsuche 216ff.
Bewertungsfunktion 218
Binärbaum-Darstellung 242
BOUNDP 57
BREAK 95
Breitensuche 189ff., 196f.

CAR 35f.
CAR-Zelle 242
CDR 36f.
CDR-Zelle 242

CLOSE 101
Common Lisp 3
COND 107ff.
CONS 45ff., 159, 243
CONS-Zelle 242
CONTINUE 95

Datei 97
Datei-Bearbeitung 99ff.
Daten 2, 32
DEFMACRO 93
DEFUN 63ff.
Dialogbeginn 7f.
Dialogende 9
Differenzfunktion 12
Division 24
Divisionsfunktion 13
Divisionsrest 13f.
DRIBBLE 97

Editor 241
Eigenschaftsliste 173ff.
Eigenschaftsname 173, 175
Eigenschaftswert 173, 175
Eingabe 86ff.
Entfernen von Listenelementen 144f.
EQ 55, 142, 212, 245f.
EQUAL 54f., 246
EVAL 158
Evaluierung 10f., 17, 22, 33, 44, 64ff.,
        68f., 108, 158ff.
EVENP 61
EXIT 9

Fallunterscheidung 107, 117
falsch 52
false 52
FIRST 39

Form 32
formaler Parameter 65
FORMAT 97f.
formatierte Datenausgabe 97ff.
Formatierungs-Vorschrift 98
FOURTH 39
FUNCALL 161f.
funktionale Programmiersprache 4, 30
Funktionsargument 5, 65f.
Funktionsaufruf 5, 65f.
Funktionsergebnis 11, 70
Funktionsname 5, 64
Funktionsrumpf 64

ganzzahlige Division 13
garbage collection 247
gerichtete Kante 185
gerichteter Graph 185
GET 173f., 177f.
GETPROP 177
globale Variable 76, 81f.
Grundrechenarten 23
Gültigkeitsbereich 81f.

heuristisches Suchverfahren 197

Invertierung von Listen 143f.
Iteration 126

Kern-LISP 62
KI-Bereich 1
Klausel 107
Knotenexpansion 185
Kommentar 73
Komposition 20, 126
Konditionalform 107
Kontrollstruktur 128
künstliche Intelligenz 1, 171

LAMBDA 164ff.
leere Anforderung 44
leere Liste 43f., 50
LENGTH 140
LET 77f.
LISP 2
LISP-Dialekt 3

LISP-Interpreter 2, 34, 238
LIST 48ff.
List-Notation 242
Liste 28f., 31
Listenaufbau 45
Listenelement 28
Listenklammer 5, 29
Listenreduktion 144
LISTP 57f.
LOAD 239
lokale Variable 77, 81f.
Länge einer Liste 140

Makro 93
MAPCAR 162f.
MEMBER 141f.
minimaler Knoten 221
MINUSP 60
Mischform 249
Multiplikationsfunktion 6, 11
Musterliste 146
Mustervariable 146
Mustervergleich 142, 146

Netzwerk 202
nicht-atomarer S-Ausdruck 53
NIL 43
NOT 120
NTH 39
NULL 56
NUMBERP 58
numerisches Atom 7, 44

ODDP 61
OPEN 100, 102
Optionalklammer 48
OR 119f.

P-Liste 174
Paarliste 46, 248
Parameter 64, 68
Parameterliste 64
pattern matching 146ff.
Platzhalter 5, 64
PRINC 88
PRINT 86f., 100
Programmiersprache 1

Prompt 7
PROPLIST 176
Protokoll-Datei 97
Prüfliste 146
Prädikat 52
Prädikatsfunktion 52ff., 145
Pseudofunktion 64
Public Domain Software 237
Punkt-Liste 248
Punkt-Notation 248
PUT 179
PUTPROP 179

Quadratwurzel 25
QUOTE 34
Quotierung 32ff.

READ 87f., 102
READ-EVAL-PRINT-Schleife 3
Rekursion 121ff.
rekursive Definition 128
rekursive Funktion 126
rekursive Programmierung 126
REMOVE-IF 144f.
REMPROP 176
Repetition 126
Restliste 36
RESTORE 239
REVERSE 143f.
ROUND 25
Rundung 25

S-Ausdruck 30f.
SAVE 239
Schachtelung von Funktionsaufrufen
    19f.
Schlüssel 210
SECOND 39
Seiteneffekt 76, 164
Sequenz 73, 104
SETF 173f., 178
SETQ 15f.
simultane Verarbeitung 162f.
Speicherbereinigung 247
Spezialform 15
spezielles Atom 44, 53
SQRT 25

Startknoten 185
String 88
Struktogramm 34, 114, 189, 193, 225
Suchgraph 185
Summationsfunktion 11
SYMBOL-PLIST 176
symbolische Programmiersprache 30
symbolischer Ausdruck 30
symbolisches Atom 6, 44, 64
Systemfunktion 63

T 53
tail-rekursive Funktion 127
Testausdruck 107
Testfunktion 144
THIRD 39
Tiefensuche 192ff., 196f.
Trace-Liste 94
TRACE 93f.
true 52

Überdeckung 75
UNTRACE 94

Variable 14
Variablenname 14
Vergleich von Listen 146ff.
Vergleichsfunktion 58ff.
verschachtelte Liste 29
Verschachtelung 20, 29, 40f., 66, 115,
    126

wahr 52
Wahrheitswert 52f.
Wandlung von Zahlen 24
Wildcard-Zeichen 146, 148
Winkelfunktion 25

XLISP 3, 237ff.

Zeichenmuster 55
Zeilenvorschub 98
ZEROP 60
Zielknoten 185
zyklenfrei 204
Zyklus 204